高等职业教育机电类专业"十三五"规划教材

单片机应用技术项目化教程

陆冬明　李金喜　主编

中国铁道出版社有限公司
CHINA RAILWAY PUBLISHING HOUSE CO., LTD.

内 容 简 介

本书内容包括单片机应用项目分析、流水灯的设计、数字钟的设计、简易计算器的设计、数字电压表的设计、恒温箱温度控制器的设计和电动阀门智能控制器的设计七个项目。本书内容翔实、由浅入深、讲解透彻，结构安排合理，案例丰富实用，能够使读者快速、全面地掌握51单片机各功能模块的应用。

本书最大的特点是以读者熟悉的单片机实际应用案例为分析对象，引入单片机知识，以项目化的形式强化单片机应用技能，采用 Proteus 仿真软件和硬件实验板相结合的方式对项目进行仿真实践，采用汇编语言与 C51 语言两种编程语言互为补充作为各项目的编程语言。

本书适合作为高职高专自动化、机电一体化、计算机、电子信息技术等专业的教材，也可作为工程技术人员学习单片机技术的参考书。

图书在版编目（CIP）数据

单片机应用技术项目化教程/陆冬明，李金喜主编．—北京：
中国铁道出版社，2016.1（2024.7 重印）
高等职业教育机电类专业"十三五"规划教材
ISBN 978-7-113-21237-7

Ⅰ．①单…　Ⅱ．①陆…　②李…　Ⅲ．①单片微型计算机-
高等职业教育-教材　Ⅳ．①TP368.1

中国版本图书馆 CIP 数据核字（2015）第 312086 号

书　　名：**单片机应用技术项目化教程**
作　　者：陆冬明　李金喜

策　　划：何红艳　　　　　　　　　　　　编辑部电话：（010）63560043
责任编辑：何红艳
编辑助理：绳　超
封面设计：付　巍
封面制作：白　雪
责任校对：王　杰
责任印制：樊启鹏

出版发行：中国铁道出版社有限公司（100054，北京市西城区右安门西街 8 号）
网　　址：https://www.tdpress.com/51eds/
印　　刷：三河市兴达印务有限公司
版　　次：2016 年 1 月第 1 版　　　2024 年 7 月第 3 次印刷
开　　本：787 mm×1 092 mm　1/16　印张：17.5　字数：425 千
书　　号：ISBN 978-7-113-21237-7
定　　价：37.00 元

单片微型计算机（简称"单片机"）自 20 世纪 70 年代问世以来，作为微型计算机一个很重要的分支，广泛应用在工业测控、机电一体化、智能仪表、家用电器、航空航天及办公自动化等领域。特别是 21 世纪以来，单片机的开发应用已对人类生产和生活的自动化和智能化的实现及扩大起到重要作用。

单片机课程是自动化、机电一体化、计算机、电子信息技术等专业的一门重要的专业课程，其实践性强，理论与实践紧密结合。本书通过项目的形式，由浅入深，介绍了单片机基本知识点和基本技能，各设计类项目以系统设计为主线，做到了软件、硬件的结合。全书共包含七个项目，分别为单片机应用项目分析、流水灯的设计、数字钟的设计、简易计算器的设计、数字电压表的设计、恒温箱温度控制器的设计和电动阀门智能控制器的设计。书中详细介绍了不同应用系统开发的流程、方法、技巧和设计思想，这些项目都具有一定的代表性和广泛性，除项目一的其他项目都具有硬件电路设计、软件流程图设计、源程序代码等。本书项目的源代码部分有的采用汇编语言编写，有的采用 C51 语言编写，可以帮助读者掌握这两种语言的编程技巧。

本书具有以下特色：

1. 在内容组织方面，以单片机应用项目的具体设计任务为主线，以设计工作过程为导向，通过设计不同的项目载体，将单片机技术所涉及的主要知识和技能融入各个项目的组织结构之中。内容选择上以"必需"与"够用"为度，对知识点进行有机整合，由浅入深、循序渐进，强调实用性、可操作性和可选择性。

2. 在教学实施方面，将理论教学与技能训练有机结合，以精心设计的具体学习项目为平台，便于采用项目教学法完成理实一体化教学，通过教、学、做紧密结合，能够有效培养和提高学生的操作能力、设计能力和创新能力。

3. 在学生学习方面，按照学生的认知规律，遵循由单一到综合、由简单到复杂的原则，合理编排教材内容，尽量降低学习难度，提高学生学习兴趣。书中利用 Proteus 仿真软件对每个项目进行了仿真操作（相关图中的图形符号与国家标准图形符号对照表详见附录 C），同时进行了硬件电路设计制作，项目兼顾了汇编语言和 C51 语言，多数项目中给出了两种语言例程，更便于学生学习。

本书由陆冬明、李金喜任主编，薛君妍、马文静、张慧、荀磊参与了本书的编写。具体分工如下：项目一由李金喜编写，项目二、项目三由马文静编写，项目四、项目七由张慧编写，项目五由荀磊编写，项目六由陆冬明、薛君妍编写。全书由陆冬明、李金喜统稿并对各项目进行了适当补充，相关教师也对本书提出了许多宝贵意见，在此表示感谢。

由于编者水平有限，加之时间匆忙，疏漏和不足之处在所难免，敬请各位读者批评指正。

编 者

2015 年 12 月

CONTENTS | 目 录

项目一 | 单片机应用项目分析

学习目标

1. 了解单片机应用系统的组成及开发过程；
2. 熟悉 89C51 单片机的结构及内部资源；
3. 理解 89C51 单片机的工作原理和基本时序；
4. 掌握 89C51 单片机的存储器结构；
5. 掌握单片机应用项目的分析方法。

项目内容

一、背景说明

单片机是一种集成电路芯片，是采用超大规模集成电路技术把具有数据处理能力的中央处理器(CPU)、随机存储器(RAM)、只读存储器(ROM)、多种 I/O 端口和中断系统、定时器、计数器等功能集成到一块硅片上构成的一个小而完善的微型计算机系统。

目前单片机已渗透到人们生活的各个领域，几乎很难找到哪个领域没有单片机的踪迹。单片机应用已涵盖消费类电子(如电视机、录像机、空调控制器等)、汽车电子(如恒温空调、胎压检测仪、倒车雷达、汽车内各种控制器等)、农业类产品(如温湿度控制、自动灌溉等产品)、数据采集类产品(如气象数据采集、电量数据采集等产品)、智能仪器仪表(各种电量测量仪、高精度测试电源等)、智能大厦安全防护产品(录像监控、火灾报警、门禁系统等)、计量类产品(民用 IC 卡电表、水表、燃气表、标准表等)、休闲娱乐类产品(智能玩具、跑步机、按摩椅等)。据统计，我国的单片机年容量约 10 亿片，且每年都在以一定速度增长。单片机作为智能器件，在日常生活中使用越来越多。

学习单片机在我国有着广阔的前景，但若学不得法，则入门较难。本项目以基于单片机控制的家用智能豆浆机为载体，系统介绍了单片机及其应用系统。

二、项目描述

通过对家用智能豆浆机结构及控制器进行分析，从而使读者了解或掌握以下学习内容：

(1)了解单片机的发展、分类、特点与应用，以及典型单片机系列的基本情况。

(2)了解单片机内部所包含的硬件资源及其功能特点和使用方法，注意几个概念：振荡周期、时钟周期、机器周期和指令周期的意义及它们之间的关系。

(3)了解单片机应用系统的组成及开发过程。

(4)掌握单片机芯片的内部组成及存储器结构，特别是片内 RAM 和 4 个并行 I/O 端口的使用方法。

(5)理解单片机时钟电路与时序、输入/输出端口以及引脚的使用。注意"地址重叠"的问题,注意程序状态字(PSW)中各位的含义。

(6)理解单片机常用外围电路的工作原理。

三、项目方案

1. 智能豆浆机的机械结构

本项目所涉及的某品牌智能豆浆机,采用微型计算机控制,实现预热、打浆、煮浆和延时熬煮过程全自动化,具有"文火熬煮"处理程序,使豆浆加工过程更加科学合理,提高了豆浆的加工品质。其机械结构组成如图1-1所示。

(1)杯体:杯体像一个硕大的茶杯,有把手和流口,主要用于盛水或豆浆。杯体有的用塑料制作,有的用不锈钢制作,但都是符合食品卫生标准的聚碳酸酯或不锈钢材质。在杯体上标有上水位线和下水位线,以此规范对杯体的加水量。杯体的上口沿恰好套住机头下盖,对机头起固定和支撑作用。

(2)机头:机头是智能豆浆机的总成,除杯体外,其余各部件都固定在机头上。机头外壳分上盖和下盖。上盖有提手、工作指示灯和电源插座;下盖用于安装各主要部件,在下盖上部(也即机头内部)安装有计算机板、变压器和打浆电动机。伸出

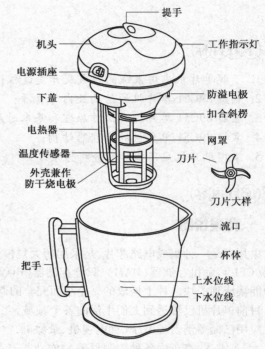

图1-1 智能豆浆机机械结构组成

下盖的下部有电热器、刀片、网罩、防溢电极、温度传感器以及防干烧电极。

(3)电热器:加热功率800 W,不锈钢材质,用于加热豆浆。

(4)防溢电极:用于检测豆浆沸腾,防止豆浆溢出。它的外径为5 mm,有效长度为15 mm,处在杯体上方。为保障防溢电极正常工作,必须及时将其清洗干净,否则会造成接触电阻太大,单片机对溢出信号检测失灵。

(5)温度传感器:用于检测"预热"时杯体内的水温。当水温小于温度传感器的设定温度时,温度传感器内部触点断开;当水温达到温度传感器的设定温度(一般要求80 ℃左右)时,温度传感器内部触点闭合。控制器检测温度传感器内部触点闭合后,启动搅拌电动机开始打浆。

(6)防干烧电极:该电极并非独立部件,而是利用温度传感器的不锈钢外壳兼作防干烧电极。外壳外径为6 mm,有效长度为89 mm,长度比防溢电极长很多,插入杯体底部。杯体水位正常时,防干烧电极下端应当被浸泡在水中。当杯体中水位偏低或无水,或机头被提起,并使防干烧电极下端离开水面时,控制器通过防干烧电极检测到这种状态后,为保安全,将禁止智能豆浆机工作。

(7)刀片:外形酷似船舶螺旋桨,是高硬度不锈钢材质,用于粉碎豆粒。

(8)网罩:用于盛豆子,过滤豆浆。图1-1中为了能够看清其他部件,图中未将网罩的网孔画出来,而且将网罩与机头下盖画成分开的,实际工作时,网罩通过扣合斜楞而与机头下盖是扣

合在一起的。

2. 智能豆浆机的控制系统

该品牌智能豆浆机控制系统基本组成如图 1-2 所示。其中控制器为一片 8 位的单片机。单片机接收的输入信号包括温度传感器、防干烧电极、防溢出电极、按键,输出信号用于控制工作状态显示器件、搅拌电动机、加热器及蜂鸣器。单片机在内部程序的作用下,可以实时检测输入端信号的变化,在设定程序的控制下,控制输出端的电平信号,从而控制工作状态显示、搅拌电动机、加热器及蜂鸣器做相应的动作,最终实现豆浆的研磨、蒸煮、报警等功能的自动化。该控制系统是一套典型的单片机应用系统,其中作为控制器的单片机在该系统中处于核心地位,相当于整个控制系统的大脑。系统中,各部分器件在单片机预设程序的统一指挥下,有序工作。

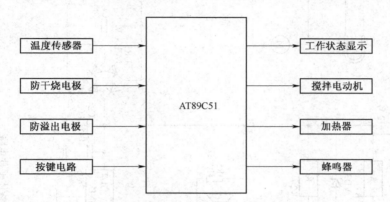

图 1-2　智能豆浆机控制系统基本组成

 项目实施

一、硬件系统

系统的整体硬件电路如图 1-3 所示。智能豆浆机控制系统以单片机 AT89C51 为核心控制器,包括系统电源电路,晶振电路,复位电路,按键及传感器检测电路,加热、搅拌、报警及指示电路等。

1. 电源电路

单片机工作电源为低电压直流电源。普通家用智能豆浆机大多从市电获取电源,而我国工频交流电电压为 220 V,频率为 50 Hz。220 V 的交流电源不能直接接在单片机的电源端 VCC 上,大部分的单片机的工作电源是 3.3 V 或 5 V。3.3 V 的单片机工作电压范围是 2.5~3.6 V,5 V 的单片机工作电压范围是 2.0~5.5 V,不同的单片机具体要求又有所不同,对不同的单片机选择工作电源时,应参照该型号单片机的数据手册。

这里单片机 AT89C51 的工作电源为 5 V,其电源电路如图 1-4 所示。电源电路由电源变压器、桥式整流器件、滤波电容器、78 系列固定三端稳压块 7805 等组成。

电源电路中保护熔断器 F1 的熔断值为 5 A,对配合 800 W 的电热管比较合适。如使用快速熔断器,可以将熔断值降为 4 A,这样对电热管的保护更为有效。

2. 晶振电路

单片机是一种时序电路,必须有脉冲信号才能工作,在它的内部有一个时钟产生电路,有两种振荡方式,常用内部振荡方式,只要接上 2 个电容器和 1 个晶振即可,如图 1-5 所示。

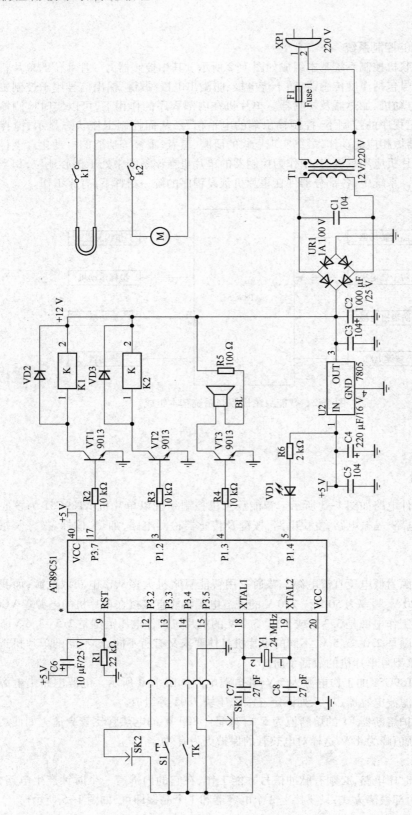

图1-3 系统的整体硬件电路

（注：104=10×10⁴ pF=0.1μF）

晶振的作用是选频,晶振具有一个固定的谐振频率。它的工作原理是利用谐振去选择频率;电路工作时会有很多不同频率的分量,当晶振接于电路时,与晶振发生谐振的频率分量将被选通,从而再进一步放大,形成一个闭环工作。

晶振电路是单片机工作的主时钟电路。单片机所有的工作都是在由晶振产生的节拍的控制下工作的。晶振就是单片机的心脏,用它的上下变化产生的时钟来触发单片机操作。

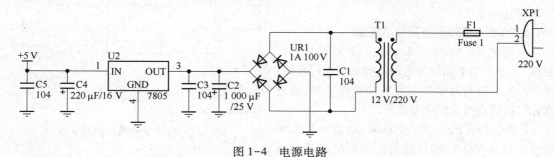

图 1-4 电源电路

3. 复位电路

复位就是让单片机从程序的最初开始重新运行,就像计算机的重启一样。单片机执行程序时总是从地址 0000H 开始的,所以在进入系统时必须对 CPU 进行复位,又称初始化;另外,由于程序运行中的错误或操作失误使系统处于死锁状态时,为了摆脱这种状态,也需要进行复位,就像计算机"死机"了要重新启动一样。

智能豆浆机控制系统所采用的复位电路如图 1-6 所示。它由电解电容器和电阻器串联组成,在系统加电时,加在单片机复位端 RST 一段高电平信号,完成复位操作后,RST 端电平信号变低。有了复位电路,就保证了每次开机时,系统都是从固定的初始状态开始运行。

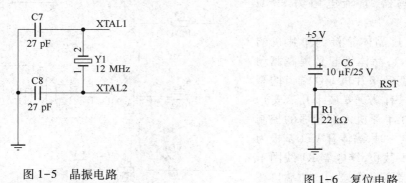

图 1-5 晶振电路   图 1-6 复位电路

4. 按键及传感器检测电路

智能豆浆机的按键及传感器检测电路包括 1 个按键,3 个传感器,如图 1-7 所示。

S1 是一只轻触按钮,与单片机 P3.3 端相连。在烧煮豆浆程序中,当按下 S1 键,则单片机检测豆浆机符合工作条件,启动豆浆机工作程序。

SK1 和 SK2 分别是水位检测传感器。为了减少制造成本,许多厂家采用探针来代替这两个传感器。使用中,将金属杯接控制电路的公共点"地",探针分别通过传输线与单片机 P3.5 端和 P3.2 端连接。

TK 是一只双金属片传感器。TK 在温度为 80 ℃ 以下时,内部呈现断开形式;在温度为 80 ℃ 以上时,内部呈现接通形式。

图 1-7 中 S1、SK1、SK2、TK 的公共端接地,另一端分别送单片机的输入/输出端口。这里所

采用的单片机 P3.2、P3.3、P3.4、P3.5 这 4 个端口,内部带上拉电阻器。这样,当外部无输入信号时,各端口为高电平;但某一传感器检测到信号变化,如 TK 闭合,则 P3.4 端口变为低电平。单片机根据各输入/输出端口电平的变化,可以判断出外部信号的变化。

5. 加热、搅拌、报警及指示电路

该智能豆浆机,通过 U 形发热管对豆浆进行加热;通过小型单相异步电动机对豆浆进行搅拌;通过蜂鸣器进行豆浆加工完成的报警工作;通过发光二极管进行工作电源指示。

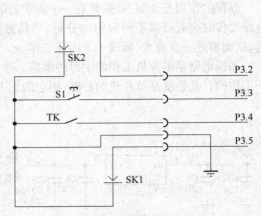

图 1-7　按键及传感器检测电路

U 形发热管的功率为 800 W,也有一些豆浆机中用的是 600 W 的发热管。粉碎电动机为异步交流电动机。该种电动机力矩大、转速高,特别适合智能豆浆机中使用,其功率为 60~120 W。

加热、搅拌、报警及指示电路如图 1-8 所示。其中 K1、K2 为普通的 12 V 小继电器,其触点最大电流为 2 A,型号为 4123/12V。VD2 和 VD3 是 2 只整流二极管,在电路中起整流作用,以提高 K1、K2 的复位速度,减小触点间的接触火花,保护继电器触点。BL 为一只外径 12 mm 的蜂鸣器,直流电阻为 32 Ω 左右。

K1、K2 通过晶体管接到单片机的 P3.7、P1.2 端口,晶体管起到提高驱动电流的作用(普通单片机 I/O 端口的驱动能力较小,只有几毫安或十几毫安)。当 P3.7 端口在单片机内部程序的控制下,输出为低电平时,晶体管 VT1 基极为低电平,则 VT1 截止,继电器 K1 线圈不得电,则加热器不工作;当 P3.7 端口在单片机内部程序的控制下,输出为高电平时,晶体管 VT1 基极为高电平,则 VT1

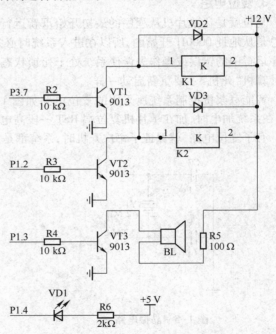

图 1-8　加热、搅拌、报警及指示电路

导通,继电器 K1 线圈得电,则加热器工作。P1.2 端口控制的搅拌电动机、P1.3 端口控制的蜂鸣器的工作原理和加热器的控制工作原理一致。当 P1.2 端口输出低电平时,则搅拌电动机停止;当 P1.2 端口输出高电平时,则搅拌电动机转动。当 P1.3 端口输出低电平时,则蜂鸣器停止;当 P1.3 端口输出高电平时,则蜂鸣器工作。可见,可以通过软件,控制单片机输入/输出端口的电平状态,配合合适的驱动电路,可以控制外围设备的工作状态。

VD1 为发光二极管,用于指示单片机所处的工作状态。若单片机的 P1.4 端口输出高电平,则发光二极管处于截止状态,不发光;若单片机通过软件,设定 P1.4 端口输出低电平,则发光二极管处于导通状态,正常发光,表示单片机处于工作状态。

二、软件系统

1. 智能豆浆机工作过程

本项目所涉及的智能豆浆机各部分在单片机的统一控制下，有序工作，最终完成豆浆的加工流程。具体的工作过程如下：

单片机完成初始化后即开始运行程序。程序运行的第一步是通过单片机中的中央处理器（CPU）将 P1.4 端口变成低电平，使发光二极管 VD1 发光显示，以示电源电路正常，单片机也已开始工作。

第二步为水位检查程序。单片机进入工作状态后 CPU 将以访问 P3.5 端口电位的形式来判断检查智能豆浆机中是否有水，以及检查水位是否符合要求。如果 P3.5 端口为高电平，说明水位不符合要求，单片机就令 P1.3 端口输出提示信号，通过 VT3 放大后推动，使蜂鸣器发出"嘀、嘀、嘀"的急促响声，同时 CPU 令 P1.4 端口输出间断的电信号，使 VD1 闪烁发光显示。如果 P3.5 端口为低电平，则说明水位的高度符合要求，单片机即进入下一工作程序。

第三步为水加热程序。当水位符合要求后，CPU 就令 P3.7 端口由低电平变成高电平，使 VT1 导通，驱动继电器 K1 动作，通过触点作用将电热管与 220 V 电源接通，于是电热管对冷水开始加热，直至将水加热到 80 ℃左右，这种加热又称预加热，主要是为了防止在以后粉碎黄豆等物时，产生大量泡沫。预加热后，在烧煮豆浆时就不会因泡沫过多而造成频繁溢出，造成加热频繁被迫停止，从而缩短了豆浆的加工时间。所以，预加热在智能豆浆机中是很有必要的。当冷水被加热到 80 ℃左右时，温度传感器 TK 的内部触点就闭合，通过 P3.4 端口给单片机输入一个控制信号。当 CPU 接收到来自 P3.4 端口的"停止加热"控制信号后，即令 P3.7 端口为低电位，使 VT1 截至→K1 释放→电热管失电而停止加热，直至水加热程序结束。

第四步为粉碎程序。当水温加热到 80 ℃左右后，单片机进入粉碎程序。在粉碎过程中，CPU 令 P1.2 端口输出高电平，使 VT2 导通，驱动继电器 K2 吸合，再接通粉碎电动机的工作电源，使粉碎电动机高速旋转，带动刀片高速切削，实施对粉碎物的粉碎。为了减少电动机的发热量，粉碎电动机每粉碎 15 s，就停下 5 s，然后再开始第二轮粉碎。在粉碎过程中，如果出现溢出现象，CPU 即令 P1.2 端口停止高电平输出而变成低电平输出，于是 VT2 截止→K2 复位→电动机失电停转→粉碎停止。待溢出现象消失，粉碎工作再次进行。粉碎电动机每粉碎 15 s，停下 5 s 为一轮，这种工作过程共循环 5 次，然后停止粉碎程序。

第五步为煮浆程序。当粉碎程序结束，接下来就进入煮浆阶段。虽然黄豆是在 80 ℃左右水温下进行粉碎的，但是还是会产生较多的泡沫。所以，该阶段出现的是加热与溢出的一对矛盾。为了使智能豆浆机适应更多种类植物的加热需要，该程序中采用了 1 次加热如溢出 1 次为 1 次循环，并对循环次数进行累计计算，或是计算总的加热时间（包括溢出时间在内）的 2 种计算方式并用，即在"加热→溢出→停止加热"共循环 10 次或是煮浆到达 2 min 的两种计算方式中，只要一种先被确认，就告"煮浆程序"结束。这种智能控制设计，可以保证得到满意的豆浆加工效果。煮浆过程：P3.7 端口高电平→VT1 导通→K1 吸合→开始煮浆；如果出现溢出现象时，就将豆浆的防溢电极与溢出触点相通路，将 P3.2 端口的高电平拉低为低电平，CPU 即令 P3.7 端口为低电平→VT1 截止→K1 释放→电热管失电→煮浆停止。当 P3.2 端口的电平信号由低电平变为高电平时，表示溢出现象消失，则 CPU 令 P3.7 端口为高电平，电热管又一次得电开始加热。

第六步为报警程序。一旦豆浆煮好，CPU 令 P1.3 端口输出缓慢的 1 000 Hz 音频信号，通过 VT3 使蜂鸣器 BL 发出"嘀、嘀、嘀"的响声；同时，P1.4 端口输出间断的电信号，使 VD1 也随着"嘀、嘀"响声节奏而闪光。

至此，智能豆浆机的整个工作过程结束。

2. 智能豆浆机工作流程图

为了更直观地表示智能豆浆机的工作过程,将单片机的工作程序用流程图进行了表示,如图 1-9 所示。

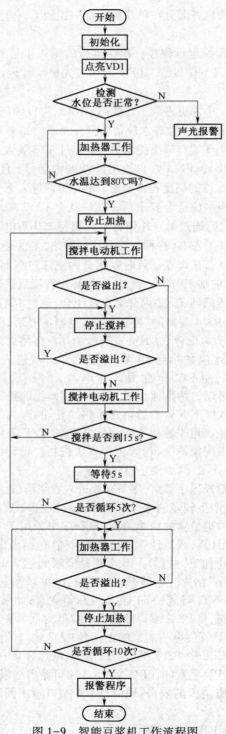

图 1-9　智能豆浆机工作流程图

相关知识

一、单片机及单片机应用系统

所谓单片机(Single Chip Microcomputer),是指在一块芯片中集成有中央处理器(CPU)、存储器(RAM 和 ROM)、基本 I/O 接口以及定时器、计数器等部件,并具有独立指令系统的智能器件,即在一块芯片上实现一台微型计算机的基本功能。

单片机是由 Intel 公司发明的,最早的系列是 MCS-48,后来有了 MCS-51 系列,现在还有 MCS-96 系列,一般经常提到的 51 系列单片机就是 MCS-51,它是一种 8 位的单片机,而 MCS-96 系列则是一种 16 位的单片机。

1. 单片机的分类

(1)8051 单片机。最早由 Intel 公司推出的 8051/31 类单片机,是世界上使用量最大的几种单片机之一。由于 Intel 公司将重点放在 8086、80386、奔腾等与 PC 类兼容的高档芯片开发上,8051 类单片机主要由 Philips、三星、华邦等公司接手,这些公司在保持与 8051 单片机兼容的基础上改善了 8051 的许多特点,提高了运算速度,降低了时钟频率,放宽了电源电压的动态范围,降低了产品价格。

(2)AVR 系列单片机。AVR 系列单片机是 ATMEL 公司生产的一种 8 位单片机,它采用的是一种称为 RISC(精简指令集计算机)的结构,所以它的技术和 51 系列单片机有所不同,开发的设备也是和 51 系列单片机不通用的,它的一条指令的运行速度可以达到纳秒级(即每秒 1 000 000 000 次),是 8 位单片机中的高端产品。由于它的出色性能,目前应用范围越来越广,大有取代 51 系列单片机的趋势。

(3)PIC 系列单片机。PIC 系列单片机是美国 MicroChip 公司生产的一种 8 位单片机。PIC 系列单片机采用的也是 RISC 的结构,它的指令系统和开发工具与 51 系列单片机更是不同,但由于它的低价格和高性能,目前国内使用的用户越来越多。

(4)MSP430 系列单片机。MSP430 系列单片机是由 TI 公司开发的 16 位单片机。其突出特点是超低功耗,非常适合于各种低功率要求的场合。它有多个系列和型号,分别由一些基本功能模块按不同的应用目标组合而成。典型应用是流量计、智能仪表、医疗设备和保安系统等方面。由于其较高的性能价格比,应用已日趋广泛。

以上几种只是比较多见的单片机系列,其实还有许多的公司生产各种各样的单片机,比如 MOTOROLA 的 MC68H 系列(老牌的单片机),凌阳公司的 μ′nSP(Microcontroller and Signal Processor)16 位微处理器 SPMC75 系列单片机,还有日本的 TOSHIBA、HITACH,德国的西门子 SIEMENS 等,它们都有各自的结构体系,并不与 51 系列单片机兼容。

2. 单片机的发展阶段

单片机的发展可分为 4 个阶段:

(1)第一阶段:单片机探索阶段。有通用 CPU 68×× 系列,专用 CPU MCS48 系列。

(2)第二阶段:单片机完善阶段。表现在:

①面对对象,突出控制功能,专用 CPU 满足嵌入功能;

②寻址范围为 16 位或 8 位;

③规范的总线结构,8 位数据总线,16 位地址总线,以及多功能异步串行端口(UART);

④特殊功能寄存器(SFR)的集中管理模式;

⑤海量位地址空间,提供位寻址及位操作功能;

⑥指令系统突出控制功能。

（3）第三阶段：单片机形成阶段，形成系列产品。以 8051 系列为代表，如 8031、8032、8051、8052 等。

（4）第四阶段：单片机百花齐放阶段。表现在：

①电器商、半导体商广泛加入；

②满足最低层电子技术的应用（玩具、小家电）；

③大力发展专用型单片机；

④致力于提高单片机的综合品质。

3. 单片机的发展方向

（1）主流型机发展趋势。8 位机为主流，少量 32 位机，16 位机可能被淘汰。

（2）全盘 CMOS 化趋势。指在 HCMOS 基础上的 CMOS 化，CMOS 速度慢、功耗小，HCMOS 具有综合优点。

（3）RISC 体系结构的发展。早期 RISC 指令较复杂，指令代码周期数不统一，难以实现流水线作业（单周期指令仅为 1 MIPS），通过精简指令系统，绝大部分为单周期指令，可实现流水线作业（单周期指令可达 12 MIPS）。

（4）大力发展专用单片机。

（5）OTPROM、FlashROM 成为主流供应状态。

（6）ISP 及 ISP 的开发环境。FlashROM 的应用推动了 ISP（系统可编程技术）的发展，这样就可实现目标程序的串行下载。PC 可通过串行电缆对远程目标高度仿真、更新软件等。

（7）单片机的软件嵌入。目前的单片机只提供程序空间，没有嵌入软件。ROM 空间足够大后可装入如平台软件、虚拟外设软件、用于系统诊断管理的软件等，以提高开发效率。

（8）实现全面功耗管理。

（9）推行串行扩展总线，如 IIC 总线等。

4. 单片机应用系统的结构

单片机应用系统的结构分 3 个层次（见图 1-10）：

（1）单片机：通常指应用系统主处理机，即为所选择的单片机器件。

（2）单片机系统：指按照单片机的技术要求和嵌入对象的资源要求而构成的基本系统，如时钟电路、复位电路、扩展存储器等与单片机构成了单片机系统。

（3）单片机应用系统：指能满足嵌入对象要求的全部电路系统。在单片机系统的基础上加上面向对象的接口电路，如前向通道、后向通道、人机交互通道（键盘、显示器、打印机等）、串行通信端口（RS-232）、应用程序等。

5. 单片机的应用开发过程

单片机开发的一般过程是首先进行硬件设计，然后根据硬件和系统的要求在开发环境中编写程序，经多次使用仿真器把程序调试成功后，再通过烧录器把程序写到单片机里。

所谓硬件（Hardware），就是看得到、摸得到的实体。有了这样的硬件，才有了实现计算和控制功能的可能性，硬件设计就是根据要设计的系统来找到实现这个系统所需要的硬件，并根据一定的电气规则把它们组合起来（前期用来做试验的硬件又称开发系统）。

单片机要真正地进行计算和控制，还必须要有软件（Software）的配合。软件主要指的是各种程序，只有将各种正确的程序"灌入"（存入）单片机，它才能有效地工作。所谓程序，就是人们为了告诉单片机要做什么事而编写的，单片机能够理解的一串指令（又称"代码"）。单片机能自动地进行运算和控制，是由于人把实现计算和控制的步骤一步步地用命令的形式，即一条条指令

（Instruction）预先存入到存储器中，单片机在中央处理器（又称"内核"）的控制下，将指令一条条地取出来，并加以翻译和执行。

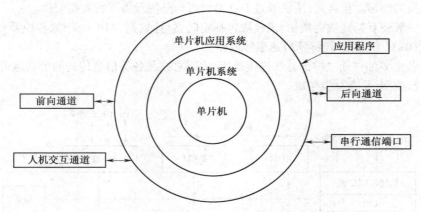

图 1-10　单片机应用系统的 3 个层次关系

由于单片机只认识"0"和"1"，为了让单片机认识用户编写的程序，这就需要一个"中间人"来充当翻译，把程序翻译成"0"和"1"的一系列组合（"0"和"1"的一系列组合又称目标码或机器码），这个"中间人"就是人们通常所说的开发环境（又称"编译器"），为了把翻译的结果"灌入"（存入）单片机，人们发明了下载器（又称"烧录器"）。

同时，为了更加方便地检查用户编写的程序是否符合设计系统的要求（或者说更好地进行程序调试），人们又发明了仿真机，当用户的程序仿真成功以后，再下载到设计的系统上，这样不仅为程序调试提供了方便，也减少了把一个有误的程序下载到设计的系统上的可能。

总体来讲，单片机的应用开发可分为以下 5 个过程：

（1）硬件系统设计调试。如电路设计、PCB（印制电路板）绘制等。

（2）应用程序的设计。可使用如 Keil 等编译工具软件进行源程序编写、编译、调试等。

（3）应用程序的仿真调试。指用仿真器对硬件进行在线调试或软件仿真调试，在调试中不断修改、完善硬件及软件。

（4）单片机应用程序的烧写。用专用的单片机烧录器可将编译过的二进制源程序文件写入单片机芯片（FlashROM）内。

（5）系统脱机运行检查。进行全面检查，针对出现的问题对硬件、软件或总体设计方案进行修正。

二、单片机的基本结构与工作原理

1. 单片机的基本结构

典型系列单片机是由 CPU 系统、存储器、输入/输出（I/O）端口 3 个部分组成的，如图 1-11 所示。

CPU 系统即中央处理器，是单片机核心部件，在控制器的作用下完成数据运算、处理等功能。

存储器包括 RAM 和 ROM 两部分：

（1）RAM（Random Access Memory，随机存储器）：主要用于存放运算中间数据、运算结果数据或作为通用寄存器、数据堆栈和数据缓冲器之用。

（2）ROM（Read Only Memory，只读存储器）：主要用于存放应用程序，故又称程序存储器。也常用于存放常量数据,如一些数据表等。

输入/输出(I/O)端口:I/O 端口是计算机输入/输出端口的简称,是计算机主机与被控对象进行信息交换的纽带。换言之,主机通过 I/O 端口可与外围设备进行数据交换。

单片机一般还有特殊功能模块,该模块包括定时器/计数器、ADC(模-数转换器)、DAC(数-模转换器)、DMA(直接存储器存取)通道等电路。

CPU 与各主要部件通过内部总线连接通信,内部总线是各类信息传送的公共通道;由地址总线、数据总线、控制/状态总线组成。

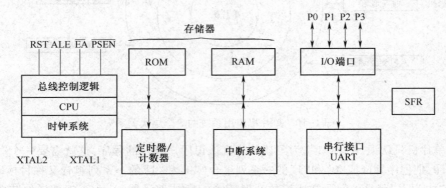

图 1-11   89C51 系列单片机的基本结构

2.CPU 系统

CPU 系统包括 CPU、时钟系统、总线控制逻辑 3 个部分。

(1)CPU:包含算术逻辑单元和控制单元,专门为面向控制对象、嵌入式特点而设计,有突出控制功能的指令系统。

①算术逻辑单元(ALU)。8051 的 ALU 是一个性能极强的运算器,它既可以进行加、减、乘、除四则运算,也可以进行与、或、非、异或等逻辑运算,还具有数据传送、移位、判断和程序转移、位变量处理等功能。

②控制单元(CU)。控制单元是用来统一指挥控制计算机进行工作的部件。它的功能是从程序存储器中提取指令,送到指令寄存器,再进入指令译码器进行译码,并通过定时和控制电路,在规定的时刻发出各种操作所需要的全部内部控制信息及 CPU 外部所需要控制信号,使各部分协调工作,完成指令所规定的各种操作。

(2)时钟系统:包含振荡器、外接谐振元件,可关闭振荡器或 CPU 时钟。

(3)总线控制逻辑:主要用于管理外部并行总线时序及系统的复位控制,外部引脚有 RST、ALE、$\overline{EA}$、$\overline{PSEN}$。

①RST:系统复位用;

②ALE:数据(地址)复用控制;

③$\overline{EA}$:外部/内部程序存储器选择;

④$\overline{PSEN}$:外部程序存储器的取指控制。

3.CPU 外围电路

CPU 外围电路包括 ROM、RAM、I/O 端口、SFR 共 4 个部分。

(1)ROM:程序存储器,地址范围为 0000H ~ FFFFH(64KB)。

(2)RAM:数据存储器,地址范围为 00H ~ FFH(256B),是一个多用多功能数据存储器,有数据存储空间、通用工作寄存器、堆栈、位地址等空间。

（3）I/O 端口：80C51 系列单片机具有 4 个 8 位 I/O 端口，分别为 P0、P1、P2、P3。P0 口为数据总线端口，P2、P0 口组成 16 位地址总线，P1 口为用户口，P3 口作为基本功能单元的输入/输出端口以及用于并行扩展总线的读/写控制。P0、P2 口可作用户 I/O 端口，P3 口不作基本功能单元的输入/输出端口时，可作用户 I/O 端口。

（4）SFR（特殊功能寄存器）是单片机中的重要控制单元，CPU 对所有片内功能单元的操作是通过访问 SFR 实现的。

4. 基本功能单元

基本功能单元包括定时器/计数器、中断系统、串行接口 UART 共 3 个部分。

（1）定时器/计数器：89C51 有 2 个 16 位定时器/计数器，定时是靠内部的分频时钟频率计数实现的；作计数器时，对 P3.4（T0）或 P3.5（T1）端口的低电平脉冲计数。

（2）中断系统：89C51 共有 5 个中断源，2 个外部中断源 INT0、INT1，2 个定时器溢出中断（T0、T1），1 个串行中断。

（3）串行接口 UART：它是一个带有移位寄存器工作方式的通用异步收发器，不仅可用于串行通信，还可用于移位寄存器方式的串行外围扩展。RXD（P3.0）引脚为接收端口，TXD（P3.1）引脚为发送端口。

5. 单片机内部资源的配置

单片机内部资源可根据需要进行扩展与删减，单片机中许多型号系列是在基核的基础上扩展部分资源形成的，这些可扩展的资源有：

（1）时钟系统的频率扩展，从 12 MHz 到 40 MHz。

（2）ROM 的容量扩展，从 8 KB、16 KB 到 64 KB。

（3）RAM 的容量扩展，从 256 B、512 B 到 1 024 B。

（4）I/O 端口的数量扩展，从 4 个 I/O 端口到 7 个 I/O 端口。

（5）SFR 的功能扩展，如 ADC、PWM、WDT、模拟比较器等。

（6）中断系统的中断源扩展。

（7）定时器/计数器的数量扩展、功能扩展。

（8）串行接口的增强扩展。

（9）电源供给系统的宽电压适应性扩展，从 2.7 V 到 6 V。

为了满足小型廉价的要求，可将单片机的某些资源删减，某些功能加强，以达到不同场合的使用要求，这些删减、加强资源的内容有：

（1）总线删减。如 89C1051、89C2051 删去并行总线，成为 20 引脚封装。

（2）功能删减。如 89C1051 只有 1 KB 的 ROM、64 B 的 RAM、1 个定时器/计数器，删除了串行接口 UART 单元。

（3）某些功能加强。如增加模拟比较器、计数器捕捉功能等。

三、89C51 单片机的引脚分配及功能描述

AT89C51 是美国 ATMEL 公司生产的低电压、高性能 CMOS 8 位单片机，提供以下标准功能：4 KB Flash 闪速存储器，128 B 内部 RAM，32 个 I/O 端口线，2 个 16 位定时器/计数器，1 个 5 中断源两级中断结构，1 个全双工串行通信口，片内振荡器及时钟电路。同时，AT89C51 可降至 0 Hz 的静态逻辑操作，并支持 2 种软件可选的节电工作模式。空闲方式停止 CPU 的工作，但允许RAM、定时器/计数器、串行通信口及中断系统继续工作。掉电方式保存 RAM 中的内容，但振荡

器停止工作并禁止其他所有部件工作直到下一个硬件复位。

89C51 系列单片机引脚图如图 1-12 所示。

1.89C51 单片机的引脚功能

（1）VCC（40），VSS（20）：电源引脚，分别接电源 +5 V 和地（GND）。

（2）P0 口：P0 口是一组 8 位漏极开路型双向通 I/O 端口，即地址/数据总线复用端口。作为输出端口用时，每位能以吸收电流的方式驱动 8 个 TTL 逻辑门电路，对端口写"1"可作为高阻抗输入端口用。在访问外部数据存储器或程序存储器时，这组口线分时转换地址(低 8 位)总线和数据总线复用；在访问期间，激活内部上拉电阻器；在 Flash 编程时，P0 口接收指令字节；在程序校验时，输出指令字节，校验时，要求外接上拉电阻器。

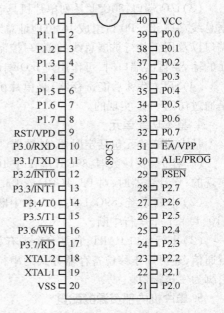

图 1-12　89C51 系列单片机引脚图

（3）P1 口：P1 口是一个带内部上拉电阻器的 8 位双向 I/O 端口，P1 口的输出缓冲级可驱动（吸收或输出电流)4 个 TTL 逻辑门电路。对端口写"1"，通过内部的上拉电阻器把端口拉到高电平，此时可作输入端口。Flash 编程和程序校验期间，P1 口接收低 8 位地址。

（4）P2 口：P2 口是一个带有内部上拉电阻器的 8 位双向 I/O 端口，P2 口的输出缓冲级可驱动（吸收或输出电流)4 个 TTL 逻辑门电路。对端口写"1"，通过内部的上拉电阻器把端口拉到高电平，此时可作输入端口。

在访问外部程序存储器或 16 位地址的外部数据存储器（例如，执行 MOVX@ DPTR 指令）时，P2 口送出高 8 位地址数据。在访问 8 位地址的外部数据存储器（例如，执行 MOVX@ RI 指令）时，P2 口线上的内容，即特殊功能寄存器（SFR）区中 R2 寄存器的内容，在整个访问期间不改变。Flash 编程或校验时，P2 口亦接收高位地址和其他控制信号。

（5）P3 口：P3 口是一个带有内部上拉电阻器的 8 位双向 I/O 端口，P3 口的输出缓冲级可驱动（吸收或输出电流)4 个 TTL 逻辑门电路。对端口写"1"，通过内部的上拉电阻器把端口拉到高电平，此时可作为输入端口。

P3 口除了作为一般的 I/O 端口外，更重要的用途是它的第二功能，项目二中再来讲述。

（6）RST：复位输入。当振荡器工作时，RST 引脚出现 2 个机器周期以上高电平，将使单片机复位。

（7）ALE/$\overline{PROG}$：当访问外部程序存储器或数据存储器时，ALE（地址锁存允许）输出脉冲用于锁存地址的低 8 位字节。即使不访问外部存储器，ALE 仍以时钟振荡频率的 1/6 输出固定的正脉冲信号，因此它可对外输出时钟或用于定时目的。要注意的是：每当访问外部数据存储器时，将跳过一个 ALE 脉冲。对 Flash 存储器编程期间，该引脚还用于输入编程脉冲（$\overline{PROG}$）。

如有必要，可通过对特殊功能寄存器（SFR）区中的 8EH 单元的 D0 位置位，可禁止 ALE 操作。该位置位后，只有一条 MOVX 和 MOVC 指令，ALE 才会被激活。此外，该引脚会被微弱拉高，单片机执行外部程序时，应设置 ALE 无效。

（8）$\overline{PSEN}$：程序储存允许。输出是外部程序存储器的读选通信号，当 89C51 由外部程序存储器取指令(或数据)时,每个机器周期 2 次 $\overline{PSEN}$ 有效,即输出 2 个脉冲。在此期间,当访问外部数据存储器时,这 2 次有效的 $\overline{PSEN}$ 信号不出现。

(9)EA/VPP:外部访问允许。欲使 CPU 仅访问外部程序存储器(地址范围为 0000H ~ FFFFH),EA 端必须保持低电平(接地)。要注意的是:如果加密位 LB1 被编程,复位时内部会锁存 EA 端状态。如 EA 端为高电平(接 VCC 端),CPU 则执行内部程序存储器中的指令。

Flash 存储器编程时,该引脚加上 +12 V 的编程允许电压 VPP,当然这必须是该器件是使用 +12 V 编程允许电压 VPP。

(10)XTAL1:振荡器反相放大器及内部时钟发生器的输入端。

(11)XTAL2:振荡器反相放大器的输出端。

2.89C51 单片机引脚功能分类

(1)基本引脚:电源 VCC、VSS,时钟 XTAL2、XTAL1,复位 RST。

(2)并行扩展总线:数据总线 P0 口,地址总线 P0 口(低 8 位)、P2 口(高 8 位),控制总线 ALE、$\overline{PSEN}$、$\overline{EA}$。

(3)串行通信总线:发送口 TXD,接收口 RXD。

(4)I/O 端口:P1 口为普通 I/O 端口,P3 口可复用作普通 I/O 端口,P0、P2 口不作并行口时也可作普通 I/O 端口。

四、89C51 单片机存储器系统

1.89C51 存储器的结构

89C51 单片机存储结构的主要特点是采用了哈佛结构,将程序存储器(见图 1-13)和数据存储器(见图 1-14)分开并有各自的寻址机构和寻址方式。

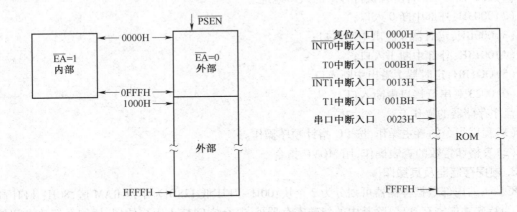

图 1-13　89C51 程序存储器系统结构

标准 89C51 单片机在物理上有 4 个存储空间:片内程序存储器、片外程序存储器、片内数据存储器、片外数据存储器。程序存储器用于存放编好的程序、表格和常数。89C51 单片机的片内程序存储器和片外程序存储器物理上独立,逻辑上却是统一编址的;数据存储器用于存放运算的中间结果,进行数据暂存以及数据缓冲等。89C51 单片机的片内数据存储器和片外数据存储器无论在物理上还是在逻辑上,其地址空间都是彼此独立的,各自有不同的寻址指令。

程序存储器寻址范围为 64KB(0000H ~ FFFFH),片内数据存储器寻址范围为 256 B,80H ~ FFH 只能间接寻址,片外数据存储器寻址范围为 64 KB(0000H ~ FFFFH)。

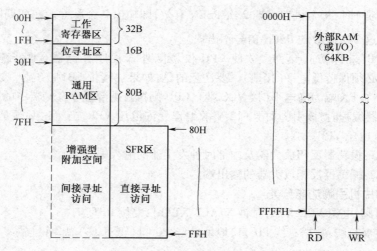

图 1-14　89C51 数据存储器结构

2. 程序存储器及其操作

程序存储器用来存放应用程序和表格常数,设计中应根据要求选择容量。最大容量为 64 KB,单片机复位时 PC 指针从 0000H 地址开始执行,应用程序的第一条指令的入口必须是 0000H。89C51 单片机内部有 4 KB 程序存储器,地址为 0000H~0FFFH,片外可扩展 64KB 程序存储器,89C51 程序存储器系统结构如图 1-13 所示。

程序存储器中有 6 个单元具有特殊功能,这些单元不得随意被其他程序指令占用。具体如下:

(1)0000H~0002H:所有执行程序的入口地址。

(2)0003H:外部中断 0 入口;

(3)000BH:定时器 0 溢出中断入口;

(4)0013H:外部中断 1 入口;

(5)OO1BH:定时器 1 溢出中断入口:

(6)0023H:串行接口中断入口。

程序存储器的操作有:

(1)程序指令的自主操作,按 PC 指针顺序操作。

(2)表格和常数的查表操作,用 MOVC 指令。

3. 数据存储器及其操作

89C51 的内部数据存储器可划分为 2 个块:00H~7FH 低 128B 为用户 RAM 区,80H~FFH 高 128B 为特殊功能寄存器区,除其中的特殊寄存器外,其余空间禁止用户使用,详细介绍请参阅特殊寄存器指令说明。

用户 RAM 区按照功能不同,可分为工作寄存器区、位寻址区、通用 RAM 区共 3 个区域。

(1)工作寄存器区:在用户 RAM 区中,32 个工作寄存器占用 00H~1FH 单元,分为 4 组,构成工作寄存器区。每组由 8 个工作工作寄存器(R0~R7)组成。通过对 PSW 中的 RS1 和 RS0 的设置可决定选用哪一组工作寄存器,见表 1-1。不用的工作寄存器区单元可以作为一般的 RAM 使用。在某一时刻,CPU 只能使用其中的一组,CPU 复位后总是选中第 0 组工作寄存器。其作用就相当于一般微处理器中的通用寄存器。

表 1-1 RS0、RS1 的组合关系

RS1	RS0	工作寄存器组
0	0	0 组（00H～07H）
0	1	1 组（08H～0FH）
1	0	2 组（10H～17H）
1	1	3 组（18H～1FH）

（2）位寻址区：内部 RAM 的 20H～2FH 空间为位寻址区。这 16B 单元具有双重功能。它们既可以像普通 RAM 单元一样按字节存取，也可以对每个 RAM 单元中的任何一位单独存取，它共有 128 位，依次编址（位地址）00H～7FH。

（3）通用 RAM 区：通用 RAM 区设在 30H～7FH 区域，这些单元可以作为数据缓冲器使用。堆栈区通常也设在该区域。

五、89C51 单片机的特殊功能寄存器（SFR）运行管理

89C51 片内高 128B（080H～0FFH）RAM 为特殊功能寄存器区。特殊功能寄存器又称专用寄存器，专用于控制、管理片内逻辑部件、并行 I/O 端口、串行 I/O 端口、定时器、计数器、中断系统等功能单元的工作。用户在编程时可以置数设定，而不能自由地移作他用。除程序计数器（PC）外，有 21 个特殊功能寄存器分散在 80H～FFH 的 RAM 空间中。其中只有字节地址能被 8 整除的特殊功能寄存器具有位寻址能力，共 11 B，83 位。除其中的特殊功能寄存器按规定使用外，其余空间禁止用户使用，Flash 功能寄存器区也在这里。详细介绍请参阅特殊功能寄存器的指令说明。

1.SFR 清单

89C51 共有 21 个特殊功能寄存器，用于实现对片内 13 个电路单元的操作管理。其中 11 个可位寻址，10 个不可位寻址，见表 1-2。

表 1-2 SFR 清 单

序号	特殊功能寄存器符号	名 称	字节地址	位地址
1	P0	P0 口	80H	87H～80H
2	SP	堆栈指针	81H	—
3	DPL	数据指针 DPTR 低字节	82H	—
4	DPH	数据指针 DPTR 高字节	83H	—
5	PCON	电源控制寄存器	87H	0XXX000B
6	TCON	定时器/计数器控制寄存器	88H	8FH～88H
7	TMOD	定时器/计数器方式控制	89H	—
8	TL0	定时器/计数器 0（低字节）	8AH	—
9	TL1	定时器/计数器 1（低字节）	8BH	—
10	TH0	定时器/计数器 0（高字节）	8CH	—

序号	特殊功能寄存器符号	名　称	字节地址	位地址
11	TH1	定时器/计数器 1(高字节)	8DH	—
12	P1	P1 口寄存器	90H	97H~90H
13	SCON	串行控制寄存器	98H	9FH~98H
14	SBUF	串行发送数据缓冲器	99H	—
15	P2	P2 口寄存器	A0H	A7H~A0H
16	IE	中断允许控制寄存器	A8H	AFH~A8H
17	P3	P3 口寄存器	B0H	B7H~B0H
18	IP	中断优先级控制寄存器	B8H	BFH~B8F
19	PSW	程序状态字寄存器	D0H	D7H~D0H
20	A(ACC)	累加器	E0H	E7H~E0H
21	B	B 寄存器	F0H	F7H~F0H

2.SFR 的应用特性

(1)可以对 SFR 进行编程操作。

(2)对 SFR 编程时,必须了解该 SFR 的位定义、位地址、字节地址等情况。

(3)应用时要区分控制位与标志位。

(4)要了解标志位的清除特性(硬件自动清除或软件清除)。

3. 单片机常用的特殊功能寄存器

(1)程序计数器(PC)。CPU 总是按 PC 的指示读取程序。PC 是一个 16 位的计数器。其内容为将要执行的指令地址(即下一条指令地址),可自动加 1。因此 CPU 执行程序一般是顺序方式。当发生转移、子程序调用、中断和复位等操作,PC 被强制改写,程序执行顺序也发生改变。复位时,PC=0000H。

(2)累加器(ACC)。累加器通常用 A 表示。累加器为 8 位寄存器,是程序中最常用的专用寄存器,功能较多,地位重要。概括起来有以下几项功能:

①累加器用于存放操作数,是 ALU 数据输入的一个重要来源。单片机中大部分单操作数指令的操作数取自累加器,许多双操作数指令中的一个操作数也取自累加器。

②累加器是 ALU 运算结果的暂存单元,用于存放运算的中间结果。

③累加器是数据传送的中转站,单片机中的大部分数据传送都通过累加器进行。

(3)B 寄存器。B 寄存器在做乘法时用来存放一个乘数,在做除法时用来存放一个除数,不做乘除法时可随意使用。

(4)程序状态字寄存器(PSW)。程序状态字寄存器是一个 8 位寄存器,用于寄存指令执行的状态信息。其中,有些位状态是根据指令执行结果,由硬件自动设置的,而有些位状态则是使用软件方法设定的。程序状态字寄存器的位状态可以用专门指令进行测试,也可以用指令读出。一些条件转移指令将根据程序状态字寄存器中有关位的状态,来进行程序转移。该 8 位寄存器,用到了其中的 7 位。其各位的含义见表 1-3。

表 1-3　PSW 各位的含义

位地址	D7	D6	D5	D4	D3	D2	D1	D0
位符号	CY	AC	F0	RS1	RS0	OV	—	P

下面来逐位介绍它的功能：

① CY(进位标志位)。89C51 是一种 8 位的单片机,它的运算结果只能表示到 2^8(即 0～255),但有时候的运算结果要超过 255,此时,就要用 CY 位。例如:79H + 87H(01111001 + 01010111)= 1 00000000,这里的"1"就进到了 CY 位中去了。

② AC(半进位标志位)。当 D3 位向 D4 位进位/借位时,AC = 1,通常用于十进制调整运算中。

③ F0(用户自定义标志位)。由编程人员自行决定,什么时候用,什么时候不用。

④ RS1,RS0(工作寄存器组选择位)。单片机共有 4 个工作寄存器组(0 组～3 组),它们是由 RS1,RS0 来控制的,前面已经介绍过。

⑤ OV(溢出标志位)。有溢出时,OV = 1;否则 OV = 0。

⑥ P(奇偶检验位)。每次运算结束后若 A 中二进制数"1"的个数为奇数,则 P = 1;否则 P = 0。例如:某运算结果是 58H(01011000),显然"1"的个数为奇数,所以 P = 1。

(5)DPTR(DPH,DPL)数据指针。数据指针是一个 16 位的寄存器,是 51 单片机中唯一一个供用户使用的 16 位寄存器。用户可以用它来访问外部 RAM,也可以访问外部 ROM 中的表格。DPTR 在访问外部数据存储器时作地址指针使用,由于外部数据存储器的寻址范围为 64 KB,故把 DPTR 设计为 16 位。此外,在变址寻址方式中,用 DPTR 作基址寄存器,用于对程序存储器的访问。

(6)SP 堆栈指针。堆栈是在内存中开辟一个存储区域,数据一个一个顺序地存入[也就是"压入"(push)]这个区域之中。有一个地址指针总指向最后一个压入堆栈的数据所在的数据单元,存放这个地址指针的寄存器就称为堆栈指针。开始放入数据的单元称为"栈底"。数据一个一个地存入,这个过程称为"压栈"。在压栈的过程中,每有一个数据压入堆栈,就放在和前一个单元相连的后面一个单元中,堆栈指示器中的地址自动加 1。读取这些数据时,按照堆栈指示器中的地址读取数据,堆栈指示器中的地址数自动减 1,这个过程称为"弹出"(pop)。如此就实现了"后进先出"的原则。

数据入栈时,先 SP 自动加 1,后写入数据,SP 始终指向栈顶地址,即"先加后压";数据出栈时,先读出数据,后 SP 自动减 1,SP 始终指向栈顶地址,即"先弹后减"。复位时 SP = 07H,但在程序设计时应将 SP 值初始化为 30H 以后,以免占用宝贵的寄存器区和位地址区。

4.SFR 的复位状态

SFR 的复位状态见表 1-4。

表 1-4　SFR 的复位状态

寄　存　器	复　位　值	寄　存　器	复　位　值
PC	0000H	ACC	00H
B	00H	PSW	00H
SP	07H	DPTR	0000H
P0～P3	FFH	TMOD	XX0000B
TCON	0X000000B	TL0	00H
TH0	00H	TL1	00H
TH1	00H	SCON	00H
SBUF	不变	PCON	0XXX000B

（1）I/O 端口均为 FFH 状态。

（2）栈指示器 SP＝07H。

（3）所有 SFR 有效位均为零。

（4）复位时 RAM 中值不变,但加电复位时 RAM 中为随机数。

（5）SBUF 寄存器为随机数。

六、89C51 单片机的时钟系统

1. 单片机的时序

（1）时序的由来。我们已经知道单片机执行指令的过程就是顺序地从 ROM（程序存储器）中取出指令一条一条顺序执行,然后进行一系列的微操作控制,来完成各种指定的动作。它在协调内部的各种动作时必须要有一定的顺序,即一系列微操作控制信号在时间上要有一个严格的先后次序,这种次序就是单片机的时序。

（2）时序的周期。计算机每访问一次存储器的时间称为 1 个机器周期,它是一个时间基准,计算机中 1 个机器周期包括 12 个振荡周期。振荡周期就是振荡源的周期,也就是用户使用的晶振的时钟周期,一个 12MHz 的晶振,它的时钟周期为 $\frac{1}{12}$ μs（$T＝1/f$）,那么使用 12 MHz 晶振的单片机,它的一个机器周期就应该等于 $12×\frac{1}{12}$ μs,即 1μs。在 MCS-51 系列单片机中,执行 1 条指令所需的机器周期为指令周期,有些指令只需要 1 个机器周期,而有些指令则需要 2 个或 3 个机器周期,另外,还有 2 条指令需要 4 个机器周期。

2. 单片机的时钟电路

89C51 中有一个用于构成内部振荡器的高增益反相放大器,引脚 XTAL1 和 XTAL2 分别是该放大器的输入端和输出端。这个反相放大器与作为反馈元件的片外石英晶体或陶瓷谐振器一起构成自激振荡器,晶振电路如图 1-5 所示。外接石英晶体（或陶瓷谐振器）及电容器 C7、C8 接在放大器的反馈回路中构成并联振荡电路。对外接电容器 C7、C8 虽然没有十分严格的要求,但电容器容量的大小会轻微影响振荡频率的高低、振荡器工作的稳定性、起振的难易程度及温度稳定性。如果使用石英晶体,推荐电容器容量使用（30±10）pF;如果使用陶瓷谐振器,推荐电容器容量使用（40±10）pF。

七、单片机程序设计

程序设计是单片机开发最重要的工作,程序设计就是利用单片机的指令系统,根据应用系统（即目标产品）的要求编写单片机的应用程序。

1. 程序设计语言

这里所讲的语言与我们通常理解的语言是有区别的,它指的是为开发单片机而设计的程序语言。程序语言就是为某些工程应用而设计的计算机程序语言,通俗地讲,它是一种设计工具,只不过这种工具是用来设计计算机程序的。要想设计单片机的程序当然也要有这样一种工具,单片机的程序设计语言基本上有 3 类:

（1）完全面向机器的机器语言。机器语言就是能被单片机直接识别和执行的语言,机器语言就是用一连串的"0"或"1"来表示的数字。例如:MOV A,40H;用机器语言来表示就是 11100101 0100000,很显然,用机器语言来编写单片机的程序不太方便,也不好记忆,因此,必须想办法用更好的语言来编写单片机的程序,于是就有了专门为单片机开发而设计的语言。

（2）汇编语言。汇编语言又称符号化语言，它使用助记符来代替二进制的"0"和"1"，例如：MOV A，40H 就是汇编语言指令，显然用汇编语言写成的程序比机器语言好学、好记，所以单片机的指令普遍采用汇编语言来编写，用汇编语言写成的程序称为源程序或源代码。计算机不能识别和执行用汇编语言写成的程序，而是通过"翻译"，把源代码译成计算机能识别和执行的机器语言，这个过程就称为汇编。汇编工作现在都是由计算机借助汇编程序自动完成的，不过在以前，都是靠手工来操作的。

值得注意的是，汇编语言也是面向机器的，它仍是一种低级语言。每一类计算机都有自己的汇编语言，例如：51 系列单片机有它的汇编语言，PIC 系列单片机也有的汇编语言，微机也有自己的汇编语言，它们的指令系统是各不相同的，也就是说，不同的单片机有不同的指令系统，它们之间是不通用的。为了解决这个问题，人们设计了许多的高级计算机语言，而其中最适合单片机编程的要数 C 语言。

（3）C 语言——高级单片机语言。C 语言是一种通用的计算机程序设计语言，它既可以用来编写通用计算机的系统程序，也可以用来编写一般的应用程序，由于它具有直接操作计算机硬件的功能，所以非常适合用来编写单片机程序，与其他的计算机高级程序设计语言相比，它具有以下的特点：

①语言规模小，使用简单。在现有的计算机设计程序中，C 语言的规模是最小的，ANSIC 标准的 C 语言一共只有 32 个关键字，9 种控制语句，然而它的书写形式却比较灵活，表达方式简洁，使用简单的方法就可以构造出相当复杂的数据类型和程序结构。

②可以直接操作计算机硬件。C 语言能够直接访问单片机的物理空间地址（Keil C51 软件中的 C51 编译器更具有直接操作 51 单片机内部存储器和 I/O 端口的能力），亦可直接访问片内或片外存储器，还可以进行各种位操作。

③表达能力强，表达方式灵活。C 语言有丰富的数据结构类型，可以采用整型、实型、字符型、数组型、指针型、结构型、联合型、枚举型等多种数据类型来实现各种复杂数据结构的运算。利用 C 语言提供的多种运算符，可以组成各种表达式，还可以采用多种方法来获得表达式的值，从而使程序设计具有更大的灵活性。

④可进行结构化设计。结构化程序是单片机程序设计的组成部分，C 语言中的函数相当于汇编语言中的子程序，Keil C51 的编译器提供了一个函数库，其中包含了许多标准函数，如各种数学函数、标准输入/输出函数等，此外还可以根据用户需要编制满足某种特殊需要的自定义函数。C 语言程序就是由许多个函数组成的，一个函数相当于一个程序模块，所以 C 语言可以很容易地进行结构化程序设计。

⑤可移植性。前面已经讲过，由于单片机的结构不同，所以不同类型的单片机就要用不同的汇编语言来编写程序，而 C 语言则不同，它是通过汇编来得到可执行代码的，所以不同的机器上有 80%的代码是公用的，一般只要对程序稍加修改，甚至不加修改就可以方便地把代码移植到另一种单片机中。这对于已经掌握了一种单片机的编程原理，又想用另一种单片机的用户来说，可以大大地缩短学习周期。

2. 单片机程序设计的步骤

单片机程序设计的步骤通常包括根据任务建立数学模型、绘制程序流程图、编写程序及汇编 3 个步骤。

（1）根据任务建立数学模型。在单片机的程序设计领域，根据任务建立数学模型是程序设计的关键工作。比如，在一个测量系统中，从模拟通道输入的温度、压力、流量等信息与该信号的实际值是非线性关系，这就需要对其进行线性化处理，此时就要用到指数函数等数学变量来进行计算;再比如,在直接数字化控制的系统中,常采用 PID 控制算法来进行系统的运算,此时又要用到数学中的微分和积分运算等。因此,数学模型对于单片机的程序设计是非常重要的。

(2)绘制程序流程图。所谓流程图,就是用各种符号、图形、箭头把程序的流向及过程用图形表示出来,如图 1-15 所示。绘制程序流程图是单片机程序编写前最重要的工作,通常的程序就是根据程序流程图的指向采用适当的指令来编写的。

(3)编写程序及汇编。程序编写完之后,要把它汇编成机器语言,这种机器语言就是十六进制文件,扩展名为 ＊.HEX,以前还要把它转换成二进制文件,扩展名为 ＊.BIN,不过现在的编程器都能直接读入十六进制文件,就不需要转换了,最后用编程器把程序写入单片机。

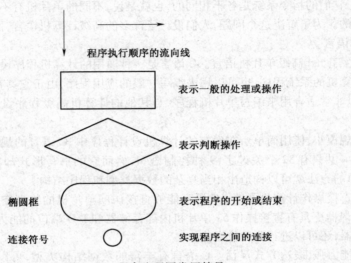

图 1-15　程序流程图常用符号

一、CC2530 单片机简介

CC2530 是一个真正的用于 IEEE 802.15.4,ZigBee 和 RF4CE 应用的片上系统(SoC)解决方案。它能够以非常低的总材料成本建立强大的网络结点。CC2530 集成了业界领先的 RF 收发器、增强工业标准的 8051 MCU,在系统可编程 Flash 存储器,8 KB RAM 和许多其他强大功能。CC2530 有 4 种不同的 Flash 版本:CC2530F 32/64/128/256 ,分别具有 32KB/64KB/128KB/256KB Flash 存储器。CC2530 十分适合需要超低功耗的系统。这由它的多种运行模式所保证。不同运行模式间的短的转换时间更加保证了它的低功耗。

结合得州仪器联盟最高业内水平的 ZigBee 协议栈(Z-StackTM),CC2530 F256 提供了一个强大完整的 ZigBee 解决方案。结合德州仪器联盟最高业内水平的 RemoTI 栈,CC2530 F64 和 CC2530 F128/256 提供了一个强大完整的 ZigBee RF4CE 远程控制解决方案。

(1)特征:

①RF/布局布线:

a. 适应 2.4 GHz IEEE 802.15.4 的兼容 RF 收发器。

b. 极高的接收灵敏度和抗干扰性能。

c. 可编程的输出功率高达 4.5 dBm。

d. 只需要极少的外接元件。

e. 只需要一个晶振,即可满足网状网络系统需要。

f. QFN40 封装,6 mm×6 mm。

g. 适用于遵守世界范围的无线电频率管理规定的系统目标:ETSI EN300 328 和 EN 300440 (欧洲),FCC CFR47 Part 15(美国)和 RF4CE ARIB STD-T-66(日本)。

②低功耗:

a. 主动模式 RX(CPU 空闲):24 mA。

b. 主动模式 TX 在 1dBm 输出功率(CPU 空闲):29 mA。

c. 电源模式 1(4 μs 唤醒):0. 2 mA。

d. 电源模式 2(睡眠定时器运行):1 μA。

e. 电源模式 3(外部中断):0. 4 μA。

f. 电源电压范围宽(2~3. 6 V)。

③微控制器:

a. 高性能、低功耗的具有代码预取功能的 8051 微控制器内核。

b. 32 KB,64 KB,128 KB 或 256 KB 在系统可编程 Flash。

c. 8 KB RAM,具备在各种供电方式下的数据保持能力。

d. 支持硬件调试。

④外围设备:

a. 强大的 5 通道 DMA 功能。

b. IEEE 802. 15. 4 MAC 定时器,3 个通用定时器(1 个 16 位,2 个 8 位)。

c. IR 发生电路。

d. 具有捕获功能的 32 kHz 睡眠定时器。

e. 硬件支持 CSMA/CA。

f. 支持精确的数字化的接收信号强度指示器(RSSI)/链路质量指示(LQI)。

g. 电池监视器和温度传感器。

h. 具有 8 路输入并可配置的 12 位 ADC。

i. 高级加密标准(AES)安全协处理器。

j. 2 个支持多种串行通信协议的强大 USART。

k. 21 个通用 I/O 引脚(19 个 4 mA,2 个 20 mA)。

l. 把关定时器(俗称"看门狗")。

⑤开发工具:

a. CC2530 开发套件。

b. CC2530 ZigBee® 开发套件。

c. 支持 RF4CE 的 CC2530 RemoTITM 开发套件。

d. SmartRFTM 软件。

e. 数据包嗅探器。

f. IAR Embedded WorkbenchTM。

(2)应用:

①2. 4 GHz IEEE 802. 15. 4 系统。

②RF4CE 远程控制系统(64 KB 或者更高的 Flash)。

③ZigBee 系统(256 KB Flash)。

④家庭/建筑自动化。

⑤照明系统。

⑥工业控制和监测。

⑦低功耗无线传感器网络。

⑧消费类电子。

⑨医疗保健。

二、CC2530单片机基本结构及应用

1. CC2530单片机的基本结构

CC2530单片机的基本结构如图1-16所示。可大致分为3类模块:CPU和相关存储器模块,外设、时钟和电源管理模块,无线模块。

(1)CPU和相关存储器模块。CC2530单片机中使用的8051 CPU核心是一个单周期的8051兼容核心。它有3个不同的存储器访问总线(特殊功能寄存器SFR、数据DATA和代码/外部数据CORE/XDATA),单周期访问SFR,DATA和主SRAM,它还包含一个调试接口和扩展的18路输入中断单元。中断控制器共有18个中断源,分为6个中断组,每个中断组赋值为4个中断优先级之一。当该设备处于空闲模式,任何的中断都可以把CC2530恢复到主动模式。某些中断还可以将设备从睡眠模式(电源模式1至电源模式3)唤醒。存储器交叉开关/仲裁位于系统核心,它通过SFR总线将CPU、DMA控制器、物理存储器和所有的外围设备连接起来。存储器仲裁有4个存储器访问点,访问可以被映射到3个物理存储器中的1个:8 KB SRAM,Flash存储器和XREG/SFR寄存器。存储器仲裁负责对访问到同一个物理存储器的同步存储器访问进行仲裁和排序。8 KB SRAM映射到数据存储器空间和部分外部数据存储器空间。8KB SRAM是一个超低功耗的SRAM,甚至当数字部分掉电后(电源模式2和电源模式3)它也能保持数据。32 KB/64 KB/128 KB/256KB Flash块为设备提供了在电路可编程非易失性存储器,并且映射到代码和外部数据存储器空间。除了保持程序代码和常量以外,非易失性存储器允许应用程序保存必须保留的数据,以保证这些数据在设备重启后可用。

(2)外设、时钟和电源管理模块。数字内核和外围设备由一个1.8 V低差稳压器供电。它提供了电源管理功能,可以实现使用不同的电源模式以达到低功耗运行,来延长电池使用寿命。复位设备有5种不同的复位源。

CC2530单片机包括许多不同的外围设备,使得应用程序开发者可以进行高级应用程序开发。

调试接口实现了一个专有的两线串行接口来进行在电路调试。通过调试接口可以对Flash存储器进行全片擦除,控制启动哪一个振荡器,停止和开始执行用户程序,在8051内核上执行供电指示,设置代码断点,在代码中通过指令进行单步调试。利用这些特性可以完美地表现在电路调试和外部Flash编程。

CC2530单片机包含用于存储程序代码的Flash存储器。通过调试接口用软件可以对Flash存储器进行编程。Flash控制器处理对嵌入式Flash存储器的写和擦除,Flash控制器允许页擦除和4字节编程。

I/O控制器负责所有通用I/O引脚。CPU可以配置某些引脚是由外围设备模块控制或由软件控制,可以把每个引脚配置为输入或输出,可以配置是否带上拉或下拉电阻器。可以在每个引脚上单独使能CPU中断。每个连接到I/O引脚的外围设备可以在两种不同的I/O引脚位置进

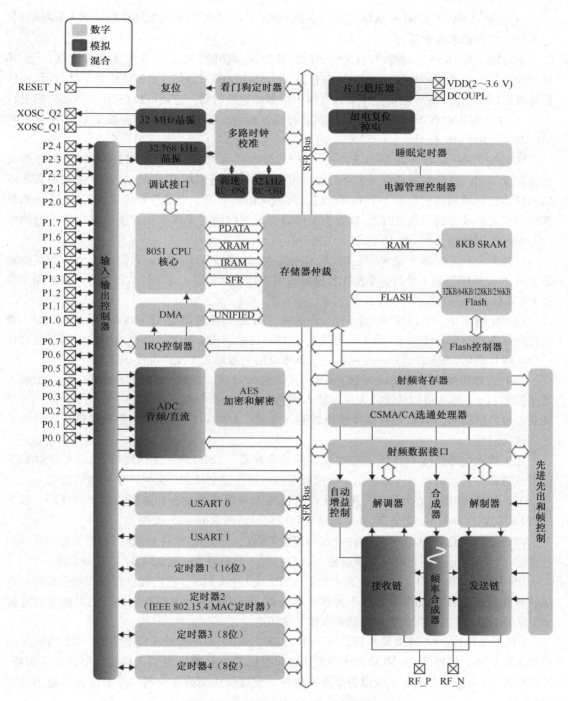

图 1-16   CC2530 单片机的基本结构

行选择以确保在各种应用中的灵活性。

系统内有一个通用的 5 通道 DMA 控制器,并且使用外部数据存储器空间来访问存储器,因此可以访问所有物理存储器。每个通道可以在存储器的任何位置用 DMA 描述来配置(触发、优先顺序、传输模式、寻址方式、源指针和目的指针、传输计数)。很多硬件外围设备(AES 核心、

Flash 控制器、USART、定时器、ADC 接口）依靠 DMA 控制器在 SFR 或 XREG 地址和 Flash/SRAM 之间的数据传输来有效运行。

定时器 1 是 16 位定时器，具有定时、计数、脉宽调制功能。它有 1 个可编程分频器，1 个 16 位周期值和 5 个单独可编程计数器/捕获信道，每个信道有 1 个 16 位比较值。每个计数器/捕获信道可以用来当作 PWM 输出或用来捕获输入信号的边沿时间。它还可以在 IR 产生模式里进行配置，用来计算定时器 3 的周期，输出是同定时器 3 的输出相与，以产生具有最小 CPU 相互影响的已调制的用户 IR 信号。

MAC 定时器（定时器 2）是为支持一个 IEEE 802.15.4 MAC 或其他软件中的时间跟踪协议而特别设计的。该定时器具有 1 个可配置时间周期和 1 个可以用来记录已经发生的周期数轨道的 8 位溢出计数器。它还有 1 个 16 位捕获寄存器，用来记录 1 个帧开始定界符接收/发送的精确时间或者传输完成的精确时间，以及 1 个可以在特定时间对无线模块产生各种命令选通信号（开始接收、开始发送等）的 16 位输出比较寄存器。

定时器 3 和定时器 4 是 8 位定时器，具有定时、计数、PWM 功能。它们有 1 个可编程分频器，1 个 8 位周期值和 1 个具有 8 位比较值的可编程计数器信道。每个计数器信道可以被用来当作 PWM 输出。

睡眠定时器是一个超低功耗定时器，计数 32 kHz 晶体振荡器或 32 kHz RC 振荡器周期。睡眠定时器在所有运行模式下（除了电源模式 3）都可连续运行。睡眠定时器的典型应用是被当作一个实时计数器，或者被当作一个唤醒定时器来跳出电源模式 1 或电源模式 2。

ADC 在理想的 32~40 kHz 带宽下支持 7~12 位分辨率。直流和音频转换最多可达 8 个输入通道（端口 0）。输入可以被选择为单端输入或差分输入。参考电压可以是内部 AVDD，或一个单端或差分外部信号。ADC 也有温度传感器输入通道。ADC 可以自动操作定期采样过程或通道序列转换过程。

随机数发生器使用 1 个 16 位线性反馈移位寄存器（LFSR）来产生伪随机数，它可以被 CPU 读取或被命令选通处理器直接使用。随机数可以被用作安全机制所需要产生的随机密钥。

AES 加密/解密核心允许用户用 128 位密钥的 AES 算法来加密和解密数据。该核心可以支持 IEEE 802.15.4 MAC 安全、ZigBee 网络层和应用层所要求的 AES 操作。

内置看门狗允许 CC2530 在固件挂起时复位它自己。当通过软件使能时，看门狗必须被周期性擦除，否则，时间一到它就会复位设备。或者它可以被配置为一般 32 kHz 定时器使用。

USART0 和 USART1 均可配置为 1 个主从 SPI 或 1 个 UART。它们提供在接收和发送时的双缓冲和硬件流控制，因而非常适合于大吞吐量全双工应用。每一个都有它自己的高精度的波特率发生器，因此可以解放普通计时器出来作其他用途。

（3）无线模块。CC2530 单片机具有一个 IEEE 802.15.4 标准的无线收发器。RF 内核控制模拟无线模块。另外，它为 MCU 和无线模块之间提供了一个接口，使得无线模块可以发送命令、读取状态、自动操作和确定无线设备事件的排序。无线模块部分还包括一个数据包过滤和地址识别模块。

2.CC2530 的封装及引脚描述

CC2530 引脚顶视图如图 1-17 所示，每个引脚的简单描述见表 1-5。

注意：外露的芯片安装衬垫必须连接到 PCB 的接地层，芯片通过该处接地。

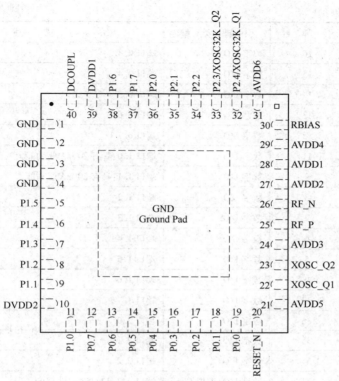

图 1-17　CC2530 引脚顶视图

表 1-5　CC2530 引脚的简单描述

引　脚　名　称	引　脚　号	引　脚　类　型	描　　　　　述
AVDD1	28	电源（模拟）	2~3.6 V 模拟电源连接
AVDD2	27	电源（模拟）	2~3.6 V 模拟电源连接
AVDD3	24	电源（模拟）	2~3.6 V 模拟电源连接
AVDD4	29	电源（模拟）	2~3.6 V 模拟电源连接
AVDD5	21	电源（模拟）	2~3.6 V 模拟电源连接
AVDD6	31	电源（模拟）	2~3.6 V 模拟电源连接
DCOUPL	40	电源（数字）	1.8 V 数字电源退耦。不需要外接电路
DVDD1	39	电源（数字）	2~3.6 V 数字电源连接
DVDD2	10	电源（数字）	2~3.6 V 数字电源连接
GND	—	接地	外露的芯片安装衬垫必须连接到 PCB 的接地层
GND	1,2,3,4	未使用的引脚	连接到 GND
P0.0	19	数字 I/O	端口 0.0
P0.1	18	数字 I/O	端口 0.1
P0.2	17	数字 I/O	端口 0.2

续表

引 脚 名 称	引 脚 号	引 脚 类 型	描　　　述
P0.3	16	数字 I/O	端口 0.3
P0.4	15	数字 I/O	端口 0.4
P0.5	14	数字 I/O	端口 0.5
P0.6	13	数字 I/O	端口 0.6
P0.7	12	数字 I/O	端口 0.7
P1.0	11	数字 I/O	端口 1.0:具有 20 mA 驱动能力
P1.1	9	数字 I/O	端口 1.1:具有 20 mA 驱动能力
P1.2	8	数字 I/O	端口 1.2
P1.3	7	数字 I/O	端口 1.3
P1.4	6	数字 I/O	端口 1.4
P1.5	5	数字 I/O	端口 1.5
P1.6	38	数字 I/O	端口 1.6
P1.7	37	数字 I/O	端口 1.7
P2.0	36	数字 I/O	端口 2.0
P2.1	35	数字 I/O	端口 2.1
P2.2	34	数字 I/O	端口 2.2
P2.3/XOSC32K_Q2	33	数字 I/O,模拟 I/O	端口 2.3/32.768 kHz XOSC
P2.4/XOSC32K_Q1	32	数字 I/O,模拟 I/O	端口 2.3/32.768 kHz XOSC
RBLAS1	30	模拟 I/O	用于连接提供基准电流的外接精密偏置电阻器
RESET_N	20	数字输入	复位,低电平有效
RF_N	26	RF I/O	接收时,负 RF 输入信号到 LNA; 发送时,来自 PA 的负 RF 输出信号
RF_P	25	RF I/O	接收时,正 RF 输入信号到 LNA; 发送时,来自 PA 的正 RF 输出信号
XOSC_Q1	22	模拟 I/O	32 MHz 晶振引脚 1,或外接时钟输入
XOSC_Q2	23	模拟 I/O	32 MHz 晶振引脚 2

3.CC2530 典型应用电路

CC2530 只需要很少的外接元件就可以运行了,典型的应用电路如图 1-18 所示。外接元件的典型值及其描述见表 1-6。

(1)输入/输出匹配。当使用不平衡天线(例如,单极天线)时,为了优化性能,就应当使用不平衡变压器。不平衡变压器可以运行在使用低成本的单独电感器和电容器的场合。推荐使用的不平衡变压器及其配套元件有:C262、L261、C252 和 L252。使用平衡天线(例如,折叠式偶极天线)时,可以省略不平衡变压器。

(2)晶振。外接的 32 MHz 晶振 XTAL1 与 2 个负载电容器(C221 和 C231)一起用于 32 MHz 晶振。

可选项 XTAL2 是一个 32.768 kHz 的晶振与 2 个负载电容器(C321 和 C331)一起用于

32.768 kHz 晶振。32.768 kHz 晶振用在需要非常低的睡眠电流消耗和精确的唤醒时间的应用中。

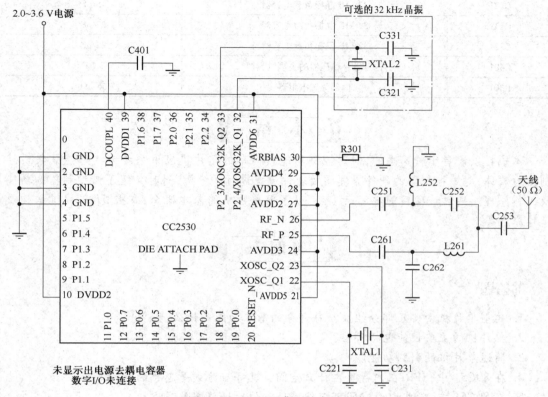

图 1-18 CC2530 典型的应用电路

(3)片上 1.8 V 电源稳压器去耦。1.8 V 片上电源稳压器提供了 1.8 V 数字逻辑。该电源稳压器要求一个去耦电容器(C401)来保证稳定运行。

(4)电源去耦和滤波。为了得到优良的性能,需要电源去耦。为了在应用中获得最佳性能,电源去耦电容器的尺寸、布局和电源的滤波极为重要。TI 公司提供了一个紧凑的参考设计,用户在开发应用的设计中,应该参照进行。

表 1-6 外接元件的典型值及其描述(不包括电源去耦电容器)

元　件	描　述	典 型 值
C251	RF 匹配网络部分	18 pF
C261	RF 匹配网络部分	18 pF
L252	RF 匹配网络部分	2 nH
L261	RF 匹配网络部分	2 nH
C262	RF 匹配网络部分	1 pF
C252	RF 匹配网络部分	1 pF
C253	RF 匹配网络部分	2.2 pF
C331	32 kHz 晶振负载电容器	15 pF

元 件	描 述	典 型 值
C321	32 kHz 晶振负载电容器	15 pF
C231	32 kHz 晶振负载电容器	27 pF
C221	32 kHz 晶振负载电容器	27 pF
C401	内部数字稳压器的去耦电容器	1 μF
R301	内部偏置电阻器	56 kΩ

小 结

本项目以读者比较熟悉的,同时控制功能较简单的单片机应用系统——智能豆浆机控制器为载体,对该控制器的硬件原理图及软件流程进行了分析,同时介绍了该控制器的功能及工作原理。通过该项目的学习,读者可以了解单片机的基本概念,掌握51单片机结构及工作原理等。

习 题 一

简答题

1. 典型单片机由哪几部分组成？每部分的基本功能是什么？
2. 单片机的主要性能包括哪些？
3. 简述单片机的引脚功能。
4. 在89C51中,SFR在内存里占什么空间？其寻址方式是怎样的？
5. 在89C51中,哪些内存空间可以位寻址？位地址范围是多少？
6. 在程序存储器中,程序复位运行及中断入口的地址在哪里？
7. 简述单片机的开发过程。

项目二 流水灯的设计

 学习目标

1. 掌握单片机指令系统；
2. 了解单片机 I/O 端口结构，掌握单片机 I/O 端口使用方法；
3. 掌握电路安装、焊接和调试的基本方法；
4. 会使用 Keil 软件；
5. 完成流水灯设计与制作，并调试运行。

项目内容

一、背景说明

随着电子技术的快速发展尤其是数字电子技术的迅猛发展，多功能流水灯凭着简易、高效、稳定等特点得到了普遍的应用。在各种娱乐场所、店铺门面装饰、家居装潢、城市墙壁更是随处可见，与此同时，还有一些城市采用不同的流水灯打造属于自己的城市文明，塑造自己的城市魅力。目前，多功能流水灯的种类很多，功能也不尽相同，如家居装饰灯、店铺招牌灯等。本项目使用 51 系列单片机来实现流水灯的控制功能。

二、项目描述

基于 AT89C51 单片机的流水灯的设计要求如下：
(1)以单片机最小工作系统作为核心。
(2)以 8 个发光二极管作为流水灯。
(3)流水灯按一定的方式循环闪亮。
(4)按照原理图，安装、焊接电路，并调试运行。

三、项目方案

根据项目描述，本设计采用 AT89C51 单片机、晶振、按键、发光二极管等器件，以单片机为核心控制发光二极管输出流水灯信号，使用汇编语言编程来实现流水灯动态显示的效果。流水灯系统组成框图如图 2-1 所示。

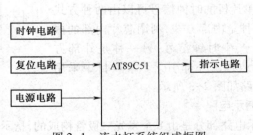

图 2-1　流水灯系统组成框图

项目实施

一、硬件设计

系统的整体硬件电路以 AT89C51 为核心控制器,包括单片机系统电源电路、复位电路、时钟电路、指示电路、按键电路等。电源电路采用直流 5 V 供电,复位电路、时钟电路、指示电路等下面将依次介绍。

1. 复位电路

(1)复位电路的作用。在加电或复位过程中,复位电路控制 CPU 的复位状态。这段时间内让 CPU 保持复位状态,而不是一加电或刚复位完毕就工作,防止 CPU 发出错误指令、执行错误操作,也可以提高电磁兼容性能。无论用户使用哪种类型的单片机,总要涉及单片机复位电路的设计;而单片机复位电路设计的好坏,直接影响到整个系统工作的可靠性。许多用户在设计完单片机系统,并在实验室调试成功后,在现场却出现了"死机""程序走飞"等现象,这主要是单片机的复位电路设计不可靠引起的。

(2)基本的复位方式。单片机在启动时都需要复位,以使 CPU 及系统各部件处于确定的初始状态,并从初始状态开始工作。89 系列单片机的复位信号是从 RST 引脚输入芯片内的施密特触发器中的。当系统处于正常工作状态时,且振荡器稳定后,如果 RST 引脚上有一个高电平并维持 2 个机器周期(24 个振荡周期)以上,则 CPU 就可以响应并将系统复位。单片机系统的复位方式有:手动按钮复位和加电复位,本项目中采用手动按钮复位方式,电路如图 2-2 所示。手动按钮复位一般采用的办法是在 RST 端和正电源 VCC 端之间接一个按钮。当人为按下按钮时,则 VCC 的 +5 V 电平就会直接加到 RST 端。刚加电后,由于电容器的充电作用,使 RST 端持续一段时间的高电平。当单片机已在运行当中时,按下复位按钮后松开,也能使 RST 端持续一段时间的高电平,从而实现加电或手动按钮复位的操作。

图 2-2　复位电路

2. 时钟电路

单片机运行需要时钟支持,就像计算机的 CPU 一样,它控制着计算机的工作节奏。51 单片机的时钟信号可以由两种方式产生:一种是内部方式,利用芯片内部的振荡电路,产生时钟信号;另一种是外部方式,时钟信号由外部引入。本项目中采用前者,电路如图 2-3 所示。

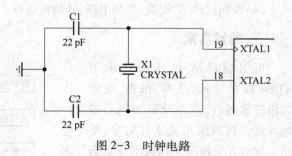

图 2-3　时钟电路

3. 指示电路

指示电路部分是由 8 个发光二极管构成的,指示电路如图 2-4 所示。发光二极管具有单向导电性,一般通过 5 mA 左右的电流就可以发光,一般控制在 3~20 mA 之间。电流越大其亮度越强,若电流过大,会引起发光二极管或单片机 I/O 引脚烧毁。因此在设计硬件电路时,要在发光二极管电路中串联一个限流电阻器,阻值在 300 Ω~1 kΩ 之间,调节阻值的大小可以控制发光二极管的发光亮度。

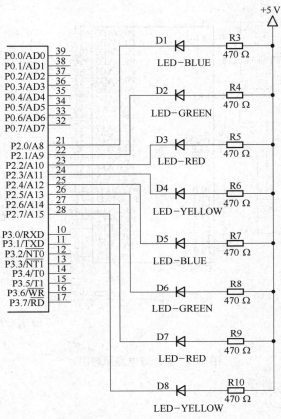

图 2-4　指示电路

单片机 P2 口的输出引脚连接 8 个发光二极管,发光二极管有共阴极接法和共阳极接法,本项目中采用共阳极接法。P2 口的 8 个输出引脚分别接到了 8 个发光二极管的阴极,发光二极管的另一端由阻值为 470 Ω 的限流电阻器上拉至电源 VCC。

4. 流水灯电路图

流水灯电路原理图如图 2-5 所示。它由单片机、时钟电路、晶振电路、显示电路组成。

二、软件设计

流水灯具体任务:做单一灯的左移右移,由硬件电路可知,输出"0"才能使发光二极管亮,开始时,P2.0 亮—P2.1 亮——……—P2.7 亮———P2.0 亮,重复循环。中断时,P2 口的 8 个发光二极管闪烁 3 次(即全亮、全灭 3 次)。

利用控制输出端口指令 MOV P0,A、MOV P1,#data,移位指令 RL A,延时程序实现流水灯任务。

1. 设计思想

流水灯主流程图如图 2-6 所示。首先系统初始化(开中断等)、赋初值、执行左移指令、延时、判断循环次数、决定程序执行方向;中断来时,执行中断服务子程序,如图 2-7 所示,即执行 P2 口的 8 个发光二极管闪烁 3 次(即全亮、全灭 3 次)任务,完成后返回。

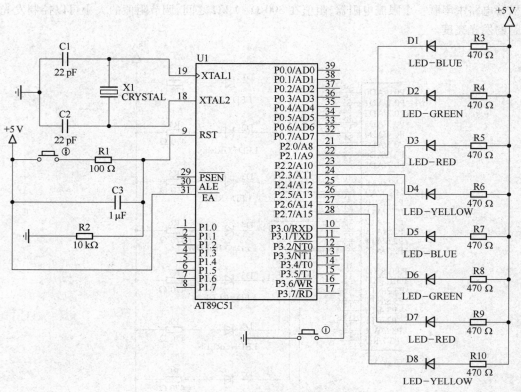

图 2-5　流水灯电路原理图

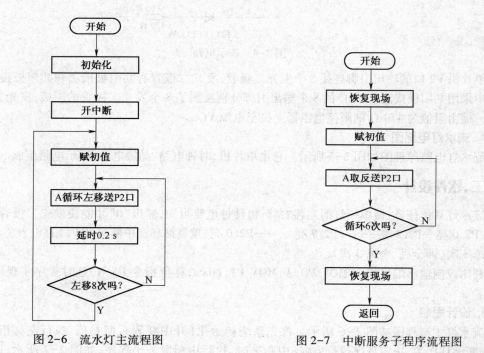

图 2-6　流水灯主流程图　　　　　图 2-7　中断服务子程序流程图

延时时间的设计:石英晶振频率为 12 MHz,1 个机器周期 T_{CY} 为 1 μs。

```
    MOV     R4,#20      ;2 个 T_CY
D1:     MOV R5,#248;2 个 T_CY
    DJNZ    R5,$        ;2 个 T_CY      循环 248 次
    DJNZ    R4,D1       ;2 个 T_CY      循环 20 次
```

$20 \times (2 \times 248 + 2 + 2) + 2 = 10\ 002, 10\ 002 \times 1\ \mu s = 10.002\ ms$。

由上可知,当 R4 = 10,R5 = 248 时,延时 5 ms;当 R4 = 20、R5 = 248 时,延时 10 ms,以此为基本的计时单位。如题目要求 200 ms,10 ms×R3 = 200 ms,则 R3 = 20,延时子程序如下:

```
DELAY:      MOV     R3, #20
D1:         MOV     R4, #20
D2:         MOV     R5, #248
            DJNZ    R5,  $
            DJNZ    R4,  D2
            DJNZ    R3,  D1
            RET
```

2. 源程序

```
            ORG     0000H
            AJMP    MAIN                ;设置主程序入口
            ORG     0003H               ;中断入口
            AJMP    ZZHH                ;转中断服务程序
            ORG     0100H               ;主程序起始地址
MAIN:   MOV     SP,#60H
            SETB    IT0                 ;设边沿触发
            SETB    EX0                 ;开中断
            SETB    EA
L1:     MOV     A, #0FFH                ;设初值,全灭
            MOV     R0, #8
            CLR     C
L2:     RLC     A                       ;循环左移一位
            MOV     P2,A
            ACALL   DELAY               ;延时
            DJNZ    R0,L2
            AJMP    L1
DELAY:  MOV     R5,#4                   ;延时 0.2 s
D1:     MOV     R6,#200
D2:     MOV     R7,#123
            NOP
            DJNZ    R7,$
            DJNZ    R6,D2
            DJNZ    R5,D1
            RET
ZZHH:   PUSH    PSW                     ;保护 PSW
            PUSH    ACC                 ;保护 ACC
            MOV     A,#00H              ;8 个灯全亮
```

```
           MOV     R2,#6                      ;闪烁 3 次
    L3:    MOV     P2,A
           LCALL   DELAY
           CPL     A
           DJNZ    R2,L3
           POP     ACC
           POP     PSW
           RETI                               ;返回主程序
           END
```

3. 用查表法实现流水灯

（1）利用 MOV DPTR,#data 16 指令来使数据指针寄存器指到表的开头。

（2）利用 MOVC A,@ A+DPTR 指令，根据累加器的值再加上 DPTR 的值，就可以使程序计数器 PC 指到表格内所要取出的数据。

（3）通过本例可知，只要把控制码建成一个表，利用 MOVC A,@ A+DPTR 做取码操作，就可以方便地处理一些复杂的控制动作。

（4）流水灯查表法流程图如图 2-8 所示。

（5）程序清单如下：

汇编源程序：

```
           ORG     0000H
    START: MOV     DPTR ,#TABLE ;TABLE 表的地
                                 ;址存入数据指
                                 ;针
    LOOP:  CLR     A            ;清除 ACC
           MOVC    A,@ A+DPTR   ;到数据指针所
                                ;指的地址取码
           CJNE    A,#01,LOOP1  ;取出码是否
                                ;01H? 不是跳
                                ;到 LOOP1
           JMP     START
    LOOP1: MOV     P2,A         ;将 A 输出到 P2
           MOV     R3,#20       ;延时 0.2 s
           CALL    DELAY
           INC     DPTR         ;数据指针加 1,取下一个码
           JMP     LOOP
    DELAY: MOV     R4,#20       ;10 ms
    D1:    MOV     R5,#248
           DJNZ    R5,$
           DJNZ    R4,D1
           DJNZ    R3,DELAY
           RET
    TABLE: DB      0FEH,0FDH,0FBH,0F7H,0EFH,0DFH,0BFH,7FH    ;左移
```

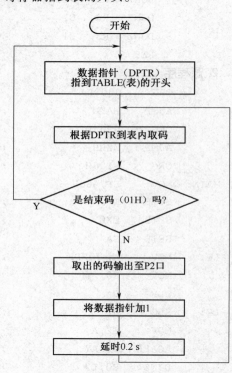

图 2-8　流水灯查表法流程图

```
DB      0BFH,0DFH,0EFH,0F7H,0FBH,0FDH,0FEH, 01H   ;右移,结束码
END
```

三、调试仿真

（1）在 Proteus 仿真软件中绘制流水灯电路图。

（2）启动 Keil，建立工程，编写流水灯程序，编译产生 HEX 文件。

（3）把 HEX 文件导入到 Proteus 仿真软件中仿真调试，流水灯仿真效果如图 2-9 所示，实现了流水灯功能。

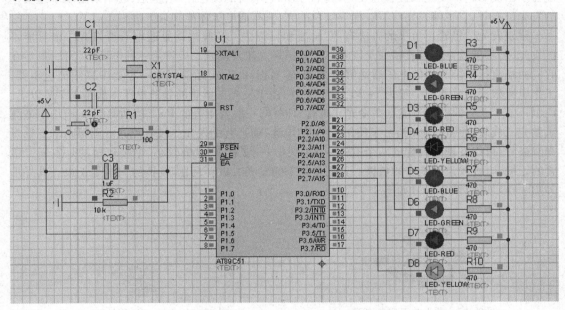

图 2-9　流水灯仿真效果

四、项目制作

1. 安装焊接

（1）元件清单。流水灯所需要的元件见表 2-1。所需要的工具：电烙铁、小刀、剪刀、吸锡器等。按照电路图、电子工艺要求进行安装焊接。

表 2-1　流水灯所需要的元件清单

名　称	数　量	名　称	数　量
89C51	1	LED	8
电容器 22 pF	2	电解电容器 1 μF	1
晶振 12 MHz	1	按钮	1
电阻器 0.47 kΩ	8	插座 40 引脚	1
电阻器 100 Ω	1	焊锡丝	若干
电阻器 10 kΩ	1	导线	若干

（2）识别常用元器件。详述如下：

①发光二极管。发光二极管是一种经常用到的外围器件，用于显示系统的工作状态及报警

提示等。用大量的发光二极管组成方阵就构成了一个 LED 电子显示屏。可以显示汉字和各种图形,如体育馆或会场内的大型显示屏。

发光二极管有红色、绿色和黄色等,有直径 3 mm、5 mm 和 2 mm×5 mm 长方形的。与普通二极管一样,发光二极管也是由半导体材料制成的,也具有单向导电的性质,即只有接对极性才能发光。发光二极管的图形符号比一般二极管多了两个箭头,示意能够发光。通常发光二极管用来作电路工作状态的指示,它比小灯泡的耗电低得多,而且使用寿命也长得多。因为各种色彩都是由红、绿、蓝构成的,而蓝色发光二极管在以前还未大量生产出来,所以一般的电子显示屏都不能显示出真彩色。发光二极管的发光颜色一般和它本身的颜色相同,但是,近年来出现了透明色的发光二极管,它也能发出红、黄、绿等颜色的光,只有通电了才能知道。

辨别发光二极管正负极的方法有:实验法和目测法。实验法就是通电看看发光二极管能不能发光,若不能就是极性接错或是发光二极管损坏。注意发光二极管是一种电流型器件,虽然在它的两端直接接上 3 V 的电压后能够发光,但容易损坏,在实际使用中一定要串联限流电阻器,工作电流根据型号不同一般为 1~30 mA。另外,由于发光二极管的导通电压一般为 1.7 V 以上,所以一节 1.5 V 的电池不能点亮发光二极管。同样,一般万用表的 R×1 挡到 R×1 k 挡均不能测试发光二极管,而 R×10 k 挡由于使用 15 V 的电池,能把有的发光二极管点亮。用眼睛来观察发光二极管,可以发现其内部的两个电极一大一小。一般来说,电极较小、个头较矮的是发光二极管的正极,电极较大的是它的负极。若是新买来的发光二极管,引脚较长的一个是正极。其外形如图 2-10 所示,图形符号如图 2-11 所示。

图 2-10　发光二极管的外形

LED

图 2-11　发光二极管的图形符号

②色环电阻器。色环电阻器是在电阻器封装上(即电阻器表面)涂上一定颜色的色环来代表这个电阻器的阻值。色环电阻器的识别方法:黑,棕,红,橙,黄,绿,蓝,紫,灰,白,金,银分别对应 0,1,2,3,4,5,6,7,8,9,5%,10%;倒数第二环表示零的个数;最后一环表示误差。电阻器色环对照如图 2-12 所示。这个规律有一个巧记的口诀:棕一红二橙是三,四黄五绿六为蓝,七紫八灰九对白,黑是零,金五银十表误差。例如,红,黄,棕,金表示 240Ω。色环电阻器分四环和五环,通常用四环。倒数第二环,可以是金色(代表×0.1)和银色(代表×0.01)的;最后一环误差可以是无色(20%)的。五环电阻器为精密电阻器,前三环为数值,最后一环还是误差色环,通常也是金、银和棕 3 种颜色,金的误差为 5%,银的误差为 10%,棕的误差为 1%,无色的误差为 20%,另外偶尔还有以绿色代表误差的,绿色的误差为 0.5%。精密电阻器通常用于军事、航天等方面。

③电解电容器。电解电容器是电容器的一种,金属箔为正极(铝或钽),与正极紧贴金属的氧化膜(氧化铝或五氧化二钽)是电介质,负极由导电材料、电解质(电解质可以是液体或固体)和其他材料共同组成,因电解质是负极的主要部分,故称该类电容器为电解电容器。电解电容器正负极不可接错。在实际连接中注意观察在电解电容器的侧面有"—"的是负极,如果电解电容器上没有标明正负极,也可以根据它的引脚的长短来判断,长脚为正极,短脚为负极。其外形如图 2-13 所示。

电解电容器单位体积的电容量非常大,比其他种类的电容器大几十倍到数百倍。额定的容

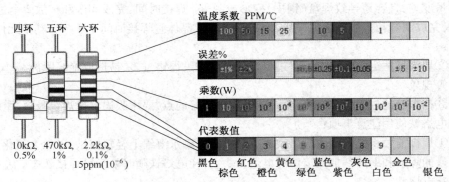

图 2-12 电阻器色环对照

电阻温度系数表示电阻当温度改变 1 ℃时,电阻值的相对变化,单位为 ppm/℃,即 10^{-6}/℃。

量也可以做到非常大,可以轻易做到几万微法甚至几法(但不能和双电层电容器比)。价格比其他种类电容器具有压倒性优势,因为电解电容器的组成材料都是普通的工业材料,比如铝等。制造电解电容器的设备也都是普通的工业设备,可以大规模生产,成本相对比较低。但电解电容器也有缺点,其介质损耗、容量误差较大(最大允许偏差为+100%、-20%),耐高温性较差,存放较长时间后容易失效。

图 2-13 电解电容器外形

电解电容器广泛应用于家用电器和各种电子产品中,其容量范围较大,一般为 1~1 000 μF,额定工作电压范围为 6.3~450 V。有极性电解电容器通常在电源电路或中频、低频电路中起电源滤波、去耦、信号耦合及时间常数设定、隔直流等作用。一般不能用于交流电源电路中,在直流电源电路中作滤波电容器使用时,其正极应与电源的正极端相连接,负极与电源的负极端相连接,不能接反,否则会损坏电解电容器。无极性电解电容器通常用于音箱分频器电路、电视机 S 校正电路及单相电动机的启动电路。

(3)焊接。在焊接前请读者认真阅读、分析流水灯电路原理图(见图 2-5),在理解的基础上,准备元件和工具。此电路板焊接要求使用 25 W 左右电烙铁。插件元件焊接的步骤如下:

①插入。将插件元件插入电路板标示位置过孔中,与电路板紧贴至无缝为止。如未与电路板贴紧,在重复焊接时焊盘高温易使焊盘损伤或脱落,物流过程中也可导致焊盘损伤或脱落。

②预热。电烙铁与元件引脚、焊盘接触,同时预热焊盘与元件引脚,而不是仅仅预热元件引脚,此过程约需 1 s。

③加焊锡。焊锡加在焊盘上(而不是仅仅加在元件引脚上),待焊盘温度上升到使焊锡熔化的温度,焊锡就自动熔化。不能将焊锡直接加在电烙铁上使其熔化,这样会造成冷焊。

④加适量的焊锡,然后先拿开焊锡丝。

⑤焊后加热。拿开焊锡丝后,不要立即拿走电烙铁,而应继续加热,使焊锡完成润湿和扩散 2 个过程,直到是焊点最明亮时再拿开电烙铁,不应有毛刺和空隙。

⑥冷却。在冷却过程中不要移动插件元件。

焊接要素:

①焊接温度和时间。焊接的最佳温度为 350 ℃,温度太低易形成冷焊点,高于 400 ℃易使焊

点质量变差,且容易导致焊盘(铜皮)变形或脱落。焊接时间:完成润湿和扩散2个过程需2~3 s,1 s仅完成润湿和扩散2个过程的35%。一般IC、晶体管焊接时间小于3 s,其他元件焊接时间为4~5 s。

②焊锡量适当。焊点上焊锡过少,机械强度低;焊锡过多,易造成绝缘距离减小,焊点相碰或跳锡等现象。

③在焊接的过程中,如出现虚焊或者焊接不好的点,要用吸锡器把焊锡吸掉,重新再焊。

电烙铁使用注意事项:

①焊接前要将能熔锡的电烙铁头放在松香或蘸水海绵上轻轻擦拭,以除去氧化物残渣;然后把少量的焊料和助焊剂加到清洁的电烙铁头上,让电烙铁随时处于可焊接状态。左手拿焊锡丝,右手拿电烙铁。

②把电烙铁以45°左右夹角与焊盘接触,加热焊盘。

③待焊盘达到温度时,同样从与焊盘呈45°左右夹角方向送焊锡丝。

④待焊锡丝熔化一定量时,迅速撤离焊锡丝。

⑤最后撤离电烙铁,撤离时沿铜丝竖直向上或沿与电路板的夹角45°方向。

⑥使用过程中,电烙铁尖表面应一直保持有薄薄的焊锡层,多余的焊锡可轻轻甩在烙铁架上,或用一块湿布(湿海绵)擦拭一下。暂时不用时,应将电烙铁温度调至最低。

2. 系统调试

应用系统制作完成后,要进行软硬件调试。软件调试可以利用开发及仿真系统进行调试;硬件调试主要是把电路的各种参数调整到符合设计的要求。首先要排除硬件故障,包括一些设计性错误和工艺性故障。排除故障的一般原则是先静态、后动态。

(1)硬件调试。先目测电路板的焊接情况,然后将单片机芯片取下来,对电路板进行通电检查,通过观察,看是否有异常,是否有虚焊情况,然后用万用表测量各电源电压,以上都没问题时,连接仿真机进行联机调试,观察各接口电路是否正常。

用万用表测量各点电压,具体测试方法见表2-2。

表2-2　测量各点电压的具体方法

测 试 点	识 别 值	说 明	测 试 点	识 别 值	说 明
测单片机40引脚与20引脚之间电压	5 V	检测单片机电源是否可靠连接	测单片机20引脚与31引脚之间电压	5 V	检测EA是否连接高电平
测复位功能(20引脚与9引脚)	复位按钮按下为5 V	检测复位功能是否有效	20引脚与P2口各引脚连接	对应发光二极管亮	检测显示电路能否正常工作

(2)软件调试。软件调试是利用仿真软件进行在线仿真调试,除可发现和解决程序错误外,还可发现硬件故障。

程序调试时,要求一个子程序一个子程序地调试,最后连起来统调。在单片机上把各模块程序分别进行调试,直到全都正确为止,然后用系统编程器将程序固化到单片机芯片中,接通电源脱机运行。

 **相关知识**

一、开发单片机应用系统的步骤

1. 需要具备的设备

需要具备的设备见表2-3。

表 2-3　需要具备的设备

设　备　名　称	数　量
计算机	1 台
仿真器	1 个
编程器	1 个
数字万用表	1 块
电烙铁	1 个
钳子	1 把
螺丝刀	1 把
镊子	1 把
吸锡器	1 个
双踪示波器	1 台
多功能信号发生器	1 台
直流稳压电源	1 个

仿真器是调试程序用的,不同的单片机要用不同的仿真器,如 51 系列单片机就要用 51 系列单片机仿真器,这称为 51 系列单片机专用型仿真器,还有多种系列共用的通用型仿真器。专用型仿真器只适用于某一系列,价格比较低;通用型仿真器适用于多个系列,价格比较高。

编程器是固化(或写入)芯片用的,编程器也分简易型和通用型,两者的差别主要是可固化的芯片数目不同,前者数目少,而后者数目多,其售价差别也很大。初学者选一种可固化自己所用芯片的简易编程器即可。不管是仿真器还是编程器都需要和计算机连起来,通过计算机来指挥仿真或编程。

2. 根据项目任务进行总体设计

总体设计包括仪器的结构设计(又称机械设计)和电气设计。结构设计主要考虑包括仪器的形状、体积、面板的尺寸,面板上,如按钮、指示灯、显示器的布置,仪器背板的尺寸,背板上信号线和电源线的引入,接线端子的安排;电气设计主要指软件和硬件的设计,包括单片机的选择,外围器件的选择,编程语言的选择。最后要画出单片机应用系统的结构框图。在结构框图中,要包括所选单片机的框图以及各个功能块的框图。

3. 硬件设计

硬件设计主要是设计能实现所要求功能的硬件电路。根据前面总体设计时设计的系统结构框图画出电路原理图,结合仪器的结构设计和工艺设计,再画出印制电路板图。单片机应用系统的硬件设计主要考虑以下几个方面:

(1)硬件设计中所涉及的具体电路首先是使用自己以前在其他项目上用过的现成的电路,这种电路好用与否自己最清楚;其次是借鉴他人的工作,采用他人使用过的电路。采用他人使用过的电路时自己一定要调试一下,不要拿来就直接放在电路中,因为他人使用过的电路都是在特定的情况下用的,与你用的条件不一定相同,有的还有印制错误,总之,在使用前要做一下试验。

(2)硬件电路采用模块化设计。比如,一个应用系统有单片机、A/D 转换器、时钟电路、LED 或 LCD 显示电路等,可分别作为一个模块来设计。模块化设计的好处是可以"分而治之"。把每个模块调试通了,整个系统的硬件电路就基本调试通了。调试好的模块可方便地移植到其他应用系统中。

（3）选择市场上货源充足的元器件。尤其是集成电路芯片不能选独家产品，因为独家产品售价太高，而且缺货后无计可施。

（4）在硬件设计时要充分考虑系统各部分的驱动能力，驱动能力不够，系统就不能可靠工作，有时甚至完全不能工作。如 8031 的 P0 口可驱动 8 个 TTL 门电路，而 P1 口、P2 口和 P3 口只能驱动 4 个 TTL 门电路。

（5）仪器的机构设计和工艺设计也很重要。此事要和画电路原理图同步进行，在画印制电路板图之前完成，否则印制电路板的个数、大小尺寸和形状均无法确定。

（6）随着绘图软件的进步，绘制电路图的软件也在进步。目前流行的绘制电路图的软件有多种，其中最好和常用的是 Protel 99SE/Protel DXP，因此 Protel 99SE/Protel DXP 是画电路图的首选软件。

（7）用绘图软件 Protel 99SE/Protel DXP 画电路原理图时，要将每一元件的名称编号、参数标出。如画一电阻器，既要标出电阻器名称编号是 R1，又要标出阻值 100 k。

（8）用 Protel 99SE/Protel DXP 画印制电路板图时，要充分考虑抗电磁干扰问题。

（9）用 Protel 99SE/Protel DXP 画印制电路板图时，有几个最小尺寸值必须知道：线宽不小于 12 mil（1mil＝0.0254 mm），一般要大于或等于 15 mil；过孔直径不小于 30 mil；线距（相邻两线的最小间隔）不小于 10 mil。mil 是英制的长度单位，为 1 in（1 in＝0.025 4 m）的千分之一。

（10）在画印制电路板图时，大部分元器件引脚的宽度和间距都是标准的，但有些多脚的接插件却不好画，即使手不离游标卡尺，画好后也不能说一定没问题。

解决的办法是，画好印制电路板图后，先仔细检查一下，然后以 1∶1 的比例打印出一份来，最好是彩色的，找一块平坦的泡沫塑料，把印制电路板图贴上去，再把元器件插上去，看是否合适；如不合适，重新修改，直到合适为止。这样就可避免印制电路板做好后却无法使用的既费时又费钱的尴尬。

4. 软件设计

软件设计主要是在硬件电路的基础上设计出相应的软件来。在软件设计上应注意以下几点：

（1）与硬件设计类似，软件设计中所涉及的实现某一功能的程序首先也是使用自己以前在其他项目上用过的现成的程序模块，因为这些现成的程序模块都是调试通过了的；其次也是借鉴他人的工作，采用他人使用过的程序模块，具体途径是上网查找，包括硬件电路和源代码。不过，在使用之前自己一定要调试一下，不能想当然。调试程序的过程就是做试验的过程，一个程序执行的结果，只有和自己预想一致时，才算调试完成。

（2）与硬件电路采用模块化设计相对应，软件设计也采用模块化。模块化的好处是便于测试、修改和扩展。调试某一模块发现错误时，知道错误的根源就在这个模块中；调试工作可以并行进行，几个调试人员可以同时调试不同的模块。

（3）合理分配内存资源。要给堆栈预留足够的 RAM 区，不能让堆栈溢出。

（4）在软件上采用抗电磁干扰措施，比如采样时要软件滤波，使用看门狗一般也要有软件的配合。

（5）为了提高可读性，要给程序模块增加必要的注释。编过程序的人都知道，程序刚编好时，对每行程序的作用都一清二楚，但时间一长，就会忘得一干二净。为了查错及程序的再利用，给程序增加注释是必要的。

（6）程序语言的选择。C 语言作为一种简洁高效的编译型高级语言，具备了可读性好、可靠性高、函数库功能丰富、运算速度快、编译效率高、可移植性好等特点，并且可以直接实现对系统硬件的控制,因而逐渐成为了单片机应用中的主流编程语言。汇编语言编程的缺点是可读性、可移植性和可维护性差。汇编语言为单片机开发的早期使用语言,现存有大量的汇编语言模块或子程序。

5. 软件调试

程序编写好后一定要经过调试才能使用。调试分各模块单独调试和所有模块一起联调。通常步骤是先把各模块单独调通,再把所有的模块连起来调通。原理图画出后,根据原理图按模块编写程序,编写好后在面包板上搭电路调试一下,调通了,说明硬件电路没有问题。无论单独调试各模块,还是把所有模块连起来调试,所用工具都是单片机仿真器。

6. 软硬件联调

单片机系统的调试包括软件调试和硬件调试,软硬件联调必须在焊好元器件的印制电路板上进行,软硬件联调的步骤如下:

(1)检查印制电路板。在元器件的安装和焊接前,先用眼睛和万用表检查印制电路板是否有短路和断路的地方。尤其是各组(如果有多组的话)电源是否相互短路,电源的地是否和电源电压线相连。

(2)元器件的安装与焊接。一般在研制阶段,如果采用双列直插封装芯片,印制电路板上的集成电路要安插座,产品定型后一般不安插座。电解电容器、二极管、稳压管、TVS(瞬态电压抑制器)是有方向的,晶体管、三端稳压块等是有固定插法的,安装时一定要注意。

(3)检查元器件安装是否正确。检查包括以下几点:

①整体板面焊装是否整洁;

②元器件有无漏焊;

③元器件有无错焊;

④元器件有无连焊。

(4)空载加电。如元器件的安装和焊接正确,就可以空载加电(不插芯片)。首先看电源输出电压是否正确,其次看单片机引脚上电源和地的电位是否正确,再次看其他芯片上电源和地的电位是否正确。

(5)正式加电。若一切正常,将芯片插入各插座,正式加电,再检查各点电位是否正确。但不管空载加电还是正式加电,一旦发现电位不对,或有的元器件发烫甚至冒烟,应立即断电,查找故障原因,排除故障后方可重新加电。

(6)仿真调试。单片机的仿真器是帮助设计者对应用系统调试的专用工具,仿真时在不加电的情况下,一方面把仿真器与 PC 的串行口(或并行口,或 USB 口)相连,另一方面把仿真器的仿真头插入单片机应用系统的单片机插座中。这样 PC、单片机仿真器和单片机应用系统三者就构成了一个联机开发系统。

二、单片机编程常用的数的进制

1. 二进制简介

二进制是用 0 和 1 这 2 个数码来表示的数。它的基数为 2,进位规则是“逢二进一”,借位规则是“借一当二”。

二进制是一种非常古老的进位制,由于在现代被用于电子计算机中,而旧貌换新颜变得身价倍增。二进制的 10 表示 2,100 表示 4,1000 表示 8,10000 表示 16……。二进制同样是“位值制”。同一个数码 1,在不同数位上表示的数值是不同的。如 11111,从右往左数,第一位的 1 就是 1,第二位的 1 表示 2,第三位的 1 表示 4,第四位的 1 表示 8,第五位的 1 表示 16。这里用读者熟悉的

十进制数说明二进制数的含义,有关系式

$$11111B = 1×2^4+1×2^3+1×2^2+1×2^1+1×2^0(十进制)$$

一个二进制整数,从右边第一位起,各位的计数单位分别是 $2^0,2^1,2^2,2^3,\cdots,2^n,\cdots$。

计算机内部之所以采用二进制,其主要原因是二进制具有以下优点:

(1)技术上容易实现。用双稳态电路表示二进制数字 0 和 1 是很容易的事情。

(2)可靠性高。二进制中只使用 0 和 1 这 2 个数码,传输和处理时不易出错,因而可以保证计算机具有很高的可靠性。

(3)运算规则简单。与十进制数相比,二进制数的运算规则要简单得多,这不仅可以使运算器的结构得到简化,而且有利于提高运算速度。

(4)与逻辑量相吻合。二进制数 0 和 1 正好与逻辑量"真"和"假"相对应,因此用二进制数表示二值逻辑显得十分自然。

(5)二进制数与十进制数之间的转换相当容易。人们使用计算机时可以仍然使用自己所习惯的十进制数,而计算机可将其自动转换成二进制数存储和处理,输出处理结果时又将二进制数自动转换成十进制数,这给工作带来极大的方便。

2. 各进制相互转换

计算机中常用的数的进制主要有:二进制、八进制、十六进制。

二进制的数码:0、1。

八进制的数码:0~7。

十进制的数码:0~9。

十六进制就是逢 16 进 1,但我们只有 0~9 这 10 个数字,所以用 A,B,C,D,E,F 这 6 个字母来分别表示 10,11,12,13,14,15。字母不区分大小写。

(1)二进制转换成十进制。由二进制转换成十进制的基本方法是,把二进制数首先写成加权系数展开式,然后按十进制数加法规则求和,这种方法称为按权相加法。

例:二进制 "1101100" $= 1×2^6+ 1×2^5+ 0×2^4+ 1×2^3+ 1× 2^2+ 0×2^1+ 0×2^0 = 64+32+0+8+4+0+0 = 108$

(2)二进制转换成八进制。

例:二进制"10110111011"转换成八进制时,从右到左,3 位 1 组,不够补 0,即

$$010\ 110\ 111\ 011$$

然后每组中的 3 个数分别对应 4、2、1 的状态值,然后将 1 对应的状态值相加,如:

$$010 = 2$$
$$110 = 4+2 = 6$$
$$111 = 4+2+1 = 7$$
$$011 = 2+1 = 3$$

结果为 2673。

(3)二进制转换成十六进制。二进制转换成十六进制的方法是每组 4 位,分别对应 8、4、2、1 就行了,如分解为

$$0101\ 1011\ 1011$$

运算为

$$0101 = 4+1 = 5$$
$$1011 = 8+2+1 = 11(由于 10 为 A,所以 11 为 B)$$
$$1011 = 8+2+1 = 11$$

结果为 5BB。

（4）八进制转换成十进制。八进制就是逢 8 进 1。

八进制数第 0 位的权值为 8^0，第一位权值为 8^1，第二位权值为 8^2……

所以，设有八进制数 1507，转换为十进制为

$$7×8^0+0×8^1+5×8^2+1×8^3=839$$

（5）十六进制转换成十进制。

例：2AF5 转换成十进制为

$$5×16^0+F×16^1+A×16^2+2×16^3=10\ 997$$

（6）十进制转换成二进制。详述如下：

①十进制整数转二进制数："除以 2 取余，逆序输出"。

例：$(89)_{10}=(1\ 011\ 001)_2$

②十进制小数转二进制数："乘以 2 取整，顺序输出"。

$$(0.625)_{10}=(0.101)_2$$
$$0.625×2=1.25 \quad ……1$$
$$0.25×2=0.5 \quad ……0$$
$$0.5×2=1.0 \quad ……1$$

（7）八进制转换成二进制。

例：八进制数 37.416 转换成二进制为

$$3\ 7\ .\ 4\ 1\ 6$$
$$011\ 111\ .100\ 001\ 110$$

即 $(37.416)_8=(11111.10000110)_2$。

注：1 位八进制数对应 3 位二进制数。

（8）十六进制转换成二进制。

例：十六进制数 5DF.9 转换成二进制为

$$5\ D\ F\ .\ 9$$
$$0101\ 1101\ 1111\ .1001$$

即 $(5DF.9)_{16}=(10111011111.1001)_2$。

三、51 系列单片机 I/O 端口结构

51 系列单片机具有 4 个 8 位双向并行 I/O 端口，共 32 线。每位均由自己的锁存器、输出驱动器和输入缓冲器组成。4 个端口在电路结构上基本相同，但又各具特点，因此在功能和使用上各端口之间有一定的差异。

1. P0 口

P0 口为 8 位，可位寻址的输入/输出端口，字节地址为 80H，位地址为 80H~87H。端口的各位口线具有完全相同，但又相互独立的逻辑电路，图 2-14 所示为其中一位的内部结构。

P0 口的特点说明如下：

（1）P0 口的 8 位端口皆为漏极开路输出，每个引脚可驱动 8 个 LS 型 TTL 负载。

（2）P0 口内部无上拉电阻器，所以执行输出功能时，外部必须接上拉电阻器（10 kΩ 即可）。

（3）若系统连接外部存储器，则 P0 口可作为地址总线（A0~A7）及数据总线（D0~D7）的多功能引脚，此时不用外接上拉电阻器。

2. P1 口

P1 口为 8 位,可位寻址的输入/输出端口,字节地址为 90H,位地址为 90H~97H。P1 口只能作为通用的 I/O 端口使用,所以在电路结构上和 P0 口不同,图 2-15 所示为其中一位的内部结构。

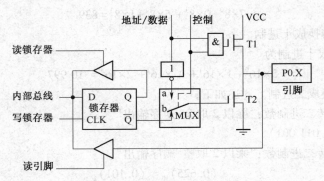

图 2-14　P0 口内部结构(其中一位)

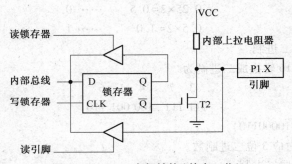

图 2-15　P1 口内部结构(其中一位)

P1 口的特点说明如下:

(1)P1 口内部具备约 30 kΩ 的上拉电阻器,实现输出功能时,不需要连接外部上拉电阻器。

(2)P1 口的 8 位端口类似漏极开路输出,但已经内接了上拉电阻器,每个引脚可驱动 4 个 LS 型 TTL 负载。

(3)P1 口作为输入口使用时,应先向端口锁存器写入 1。

(4)若是 89S51/89S52,进行在线烧录时,其中的 P1.5 当作 MOSI(主输出/从输入)使用,P1.6 当作 MISO(主输入/从输出)使用,P1.7 当作 SCK 使用。

3. P2 口

P2 口为 8 位,可位寻址的输入/输出端口,字节地址为 A0H,位地址为 A0H~A7H。

图 2-16 所示为其中一位的内部结构。

P2 口的特点说明如下:

(1)P2 口内部具备约 30 kΩ 的上拉电阻器,实现输出功能时,不需要连接外部上拉电阻器。

(2)P2 口的 8 位端口类似漏极开路输出,但已经内接了上拉电阻器,每个引脚可驱动 4 个 LS 型 TTL 负载。

(3)P2 口作为输入口使用时,应先向端口锁存器写入 1。

(4)若系统连接外部存储器,而外部存储器的地址总线超过 8 根时,则 P2 口可作为地址总线(A8~A15)引脚。

4. P3 口

P3 口为 8 位,可位寻址的输入/输出端口,字节地址为 B0H,位地址为 B0H～B7H。

图 2-17 所示为其中一位的内部结构。

P3 口的特点说明如下:

(1)P3 口内部具备约 30 kΩ 的上拉电阻器,实现输出功能时,不需要连接外部上拉电阻器。

(2)P3 口的 8 位端口类似漏极开路输出,但已经内接了上拉电阻器,每个引脚可驱动 4 个 LS 型 TTL 负载。

(3)P3 口作为输入口使用时,应先向端口锁存器写入 1。

(4)P3 口的 8 个引脚各自还有其他功能,见表 2-4。

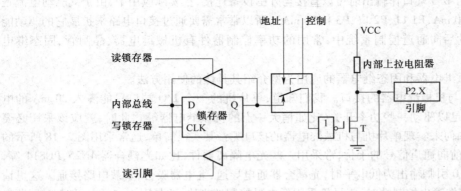

图 2-16　P2 口内部结构(其中一位)

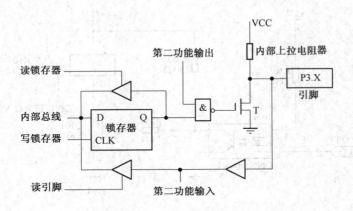

图 2-17　P3 口内部结构(其中一位)

表 2-4　P3 口各引脚的第二功能

端　口　位	第　二　功　能	注　　释
P3.0	RXD	串行口输入
P3.1	TXD	串行口输出
P3.2	INT0	外部中断 0

续表

端 口 位	第 二 功 能	注 释
P3.3	INT1	外部中断 1
P3.4	T0	计数器 0 计数输入
P3.5	T1	计数器 1 计数输入
P3.6	WR	外部 RAM 写入选通信号
P3.7	RD	外部 RAM 读出选通信号

5. 单片机 I/O 端口的连接方法

当单片机的 I/O 端口作输出时可以直接与外围设备连接,在实际应用中,由于其驱动电流是有限的(P0 口 10 mA,P1 口、P2 口、P3 口 20 mA),所以常常需要通过接口电路来扩展它的驱动能力。在单片机的后向通道控制系统中,常用的功率控制器件有机械继电器、晶闸管、固态继电器等。

下面以机械继电器和固态继电器的应用为例介绍其具体的使用方法。

(1)单片机与机械继电器的接口。我们知道,单片机的一个 I/O 端口只能灌入 20 mA 的电流,所以往往不足以驱动一些功率开关(比如稍大一点的机械继电器等),此时,就应该采用必要的扩展电路。如何来实现单片机与机械继电器的接口呢? 其实很简单,通常采用图 2-18 所示的接法,为了防止前向通道信号的干扰,常采用一些光电隔离器件,比如光耦合器 4N25、PC814 等,当单片机的 P1.0 引脚输出为低电平时,光耦合器通电导通,继电器吸合,负载电路接通。这里请注意:P0~P3 口作输出控制端时,应尽量采用低电平控制的方法,这是因为在低电平时,I/O 端口允许灌入的电流比高电平时要大,一般情况下,低电平时的灌入电流为高电平时的 4 倍。

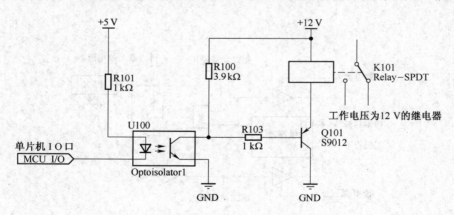

图 2-18 单片机与机械继电器连接

(2)单片机与固态继电器的接口。普通继电器由于开关速度慢、易跳火、易机械磨损,通常用于要求不高的场合,在某些特殊应用场合,比如防火、防爆等系统中,则应采用固态继电器。固态继电器是一种无触点的电子继电器,它的输入端只要很小的控制电流,可以与单片机的 I/O 端口直接连接;输出端则采用双向晶闸管控制,其输入/输出间均通过内部光耦合器隔离,可以防止信号间的干扰,是单片机接口的理想器件。随着其技术的成熟,应用的广泛,价格也已经非常便宜,它与单片机的连接方法如图 2-19 所示。

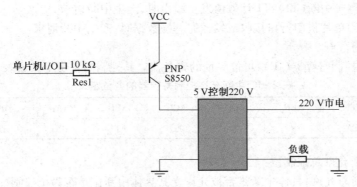

图 2-19 单片机与固态继电器连接

四、中断系统

当 CPU 正在处理某项任务时,如果外部或内部的某种原因,要求 CPU 暂停当前任务而去执行相应的处理任务,待处理完后,再回到原来中断的地方,继续执行被中断的程序,这个过程称为中断;实现中断的硬件逻辑和实现中断功能的指令系统称为中断系统;引起中断的事件称为中断源;实现中断功能的处理程序称为中断服务程序。

对中断系统来说,由中断源向 CPU 所发出的请求中断的信号称为中断请求信号;CPU 中止现行程序执行的位置称为中断断点;CPU 接受中断请求而中止现行程序,转去为中断源服务称为中断响应;由中断服务程序返回到原来程序的过程称为中断返回。

在中断系统中,对中断断点的保护是 CPU 在响应中断时自动完成的,中断服务完成时执行返回执令而得到恢复;对中断断点处其他数据的保护与恢复是通过中断服务程序中采用堆栈操作指令 PUSH 和 POP 来实现的,这种操作称为保护现场和恢复现场。

单片机应用 4 个特殊功能寄存器(IE,TCON ,SCON ,IP)对中断过程进行控制。

1. 中断源

所谓中断源,是指任何能够引起单片机中断的事件,AT89C51 单片机有 2 类共 5 个中断源,分别是 2 个外部中断源 $\overline{INT0}$(P3.2)、$\overline{INT1}$(P3.3)和 3 个内部中断源定时器/计数器 0 中断源、定时器/计数器 1 中断源、串行口中断源。在单片机中实现中断时,用户应在对应的中断入口地址处写一条长跳转指令,跳转到中断服务程序处。单片机中断入口地址是固定的,见表 2-5。

表 2-5 单片机中断入口地址

中 断 源	入口地址	中 断 源	入口地址
外部中断 0	0003H	定时器/计数器 1 中断	001BH
定时器/计数器 0 中断	000BH	串行口中断	0023H
外部中断 1	0013H		

(1)外部中断源:

外部中断 0($\overline{INT0}$):当 P3.2 引脚输入低电平或下降沿信号时,产生中断请求。

外部中断 1($\overline{INT1}$):当 P3.3 引脚输入低电平或下降沿信号时,产生中断请求。

(2)内部中断源:

定时器/计数器 0 中断(T0):T0 计数值发生溢出时,产生中断请求。

定时器/计数器 1 中断(T1):T1 计数值发生溢出时,产生中断请求。

串行口中断:当单片机串行口接收或发送完一帧数据时,产生中断请求。

2. 特殊功能寄存器

(1)中断允许控制寄存器(IE):可位寻址的寄存器。其控制的各位定义见表2-6。

表2-6 中断允许控制寄存器的各位定义

位地址	AFH	AEH	ADH	ACH	ABH	AAH	A9H	A8H
位符号	EA	×	×	ES	ET1	EX1	ET0	EX0

①EA——中断允许总控制位:

软件置1:中断总允许,具体中断是否被允许受其具体中断位是否为1控制;

软件清0:中断总禁止,禁止所有中断,无论其他具体中断位是1还是0。

②EX0(EX1)——外部中断允许控制位:

软件置1:允许外部中断0、外部中断1产生中断;

软件清0:禁止外部中断0、外部中断1产生中断。

③ET0(ET1)——定时器/计数器中断允许控制位:

软件置1:允许定时器/计数器0、定时器/计数器1产生中断;

软件清0:禁止定时器/计数器0、定时器/计数器1产生中断。

④ES——串行中断允许控制位:

软件置1:允许串行中断产生中断;

软件清0:禁止串行中断产生中断。

(2)定时器控制寄存器(TCON):可位寻址的寄存器。其控制的各位定义见表2-7。

表2-7 定时器控制寄存器的各位定义

位地址	8FH	8EH	8DH	8CH	8BH	8AH	89H	88H
位符号	TF1	TR1	TF0	TR0	IE1	IT1	IE0	IT0

①IE0(IE1)——中断请求标志位:

硬件置1:当采样到INT0(INT1)端出现有效中断请求时,硬件自动置1;

硬件清0:成功响应中断请求转入中断服务程序时,硬件自动清0。

②IT0(IT1)——外部中断请求信号方式控制位:

软件置1:代表脉冲触发方式,脉冲下降沿时产生中断;

软件清0:代表电平触发方式,低电平时产生中断。

③TF0(TF1)——计数溢出标志位:

工作于中断方式时,作中断请求位:

硬件置1:计数器溢出时,硬件自动置1;

硬件清0:成功响应中断请求转入中断服务程序时,硬件自动清0。

工作于查询方式时,作查询状态位:

硬件置1:计数器溢出时,硬件自动置1;

软件清0:查询有效后要用软件清0。

④TR0(TR1)——定时器运行控制位:

软件置1:启动定时器/计数器工作;

软件清0:停止定时器/计数器工作。

（3）串行口控制寄存器（SCON）：可位寻址的寄存器。其控制的各位定义见表2-8。

表2-8　串行口控制寄存器的各位定义

位地址	9FH	9EH	9DH	9CH	9BH	9AH	99H	98H
位符号	SM0	SM1	SM2	REN	TB8	RB8	TI	RI

①TI——串行口发送中断请求标志位：

硬件置1：发送完一帧串行数据后，硬件自动置1；

硬件清0：成功响应中断请求转入中断服务程序时，硬件自动清0。

②RI——串行口接收中断请求标志位：

硬件置1：接收完一帧串行数据后，硬件自动置1；

硬件清0：成功响应中断请求转入中断服务程序时，硬件自动清0。

（4）中断优先级控制寄存器（IP）：可位寻址的寄存器。其控制的各位定义见表2-9。

表2-9　中断优先级控制寄存器的各位定义

位地址	BFH	BEH	BDH	BCH	BBH	BAH	B9H	B8H
位符号	×	×	×	PS	PT1	PX1	PT0	PX0

该控制器为两级中断，设置为1是高级中断，设置为0是低级中断。

①PX0——外部中断0优先级别设置位；

②PX1——外部中断1优先级别设置位；

③PT0——定时器/计数器0优先级别设置位；

④PT1——定时器/计数器1优先级别设置位；

⑤PS——串行中断优先级别设置位。

3. 中断过程

中断处理过程：中断源发出中断请求，CPU对中断请求作出响应，执行中断服务程序，返回主程序。此中断过程可具体分为以下几个阶段来完成：

（1）中断请求。当中断源发出中断请求时，将相应的中断请求标志位（在特殊功能寄存器TCON、SCON中）置1，向CPU请求一中断服务。

（2）中断查询。由CPU查询TCON、SCON各个中断请求标志位的状态，确定由哪个中断源发出中断请求，查询时按优先级顺序进行查询（各中断源的优先级可由IP中各位来设置），如果优先级相同，则按自然顺序查询，自然优先级顺序见表2-10。如果查询到某个中断请求标志位为1，则表明有中断发生，接着就从下一个机器周期开始按中断优先级进行中断处理。

表2-10　自然优先级顺序

中　断　源	自然优先级
外部中断0	
定时器/计数器0中断	
外部中断1	高
定时器/计数器1中断	低
串行口中断	

（3）中断响应：

① 中断响应条件。单片机CPU响应中断时必须满足以下3个条件：

a. 有中断源发出中断请求。

b. 中断总允许位为 1, 即 CPU 允许所有中断源申请中断。

c. 申请中断的中断源的中断允许位为 1, 即该中断源可以向 CPU 申请中断。中断总允许位和各中断源允许位均在中断允许寄存器 IE 中。

② 中断受阻。当遇到以下 3 种情况之一时, 中断请求不会立即响应:

a. CPU 正在处理同级或更高级的中断服务。

b. 当前指令还没有执行完毕。

c. 当正在执行的指令是子程序返回指令 RET、中断返回指令 RETI、访问 IP 或 IE 的指令时, 执行完这些指令后, 还必须要再执行一条指令, 才会响应中断请求。

③ 中断响应过程。中断响应时首先将优先级状态触发器置 1, 以阻止同级或低级的中断请求。然后将断点地址压入堆栈保护, 再由硬件执行一条长调用指令将对应的中断入口地址送入程序计数器 PC 中, 使程序转到该中断入口地址, 执行中断服务程序。

4. 中断服务

中断响应后, 程序转到中断入口地址处, 执行中断服务程序(由用户编写), 执行到中断返回指令 RETI 时, 中断服务结束。

5. 中断返回

执行中断返回指令 RETI 时, 将保存在堆栈的断点地址取出, 送入程序计数器 PC 中, 程序转到断点处继续执行原来的程序。同时还将优先级状态触发器清 0, 将部分中断请求标志(除串口中断请求标志 TI 和 RI 外)清 0。

五、51 系列单片机指令系统

一个单片机所需执行指令的集合即为单片机的指令系统。

51 系列单片机共有 111 条指令, 可分为 5 类:

(1)数据传送类指令(共 29 条)。

(2)算术运算类指令(共 24 条)。

(3)逻辑运算及移位类指令(共 24 条)。

(4)控制转移类指令(共 17 条)。

(5)布尔变量操作类指令(共 17 条)。

51 系列单片机寻址方式是指寻找操作数或指令的地址的方式, 有七种寻址方式, 即寄存器寻址、直接寻址、寄存器间接寻址、立即寻址、基址寄存器加变址寄存器变址寻址、相对寻址和位寻址。

1. 寻址方式

(1)直接寻址。指令中操作数直接以单元地址形式出现, 例如:

```
MOV A,68H
```

这条指令的意义是把内部 RAM 中的 68H 单元中的数据内容传送到累加器 A 中。

值得注意的是直接寻址方式只能使用 8 位二进制地址, 因此这种寻址方式仅限于内部 RAM 进行寻址。低 128B 单元在指令中直接以单元地址的形式给出。对于特殊功能寄存器可以使用其直接地址进行访问, 还可以用它们的符号形式给出, 只是特殊功能寄存器只能用直接寻址方式访问, 而无其他方法。

(2)寄存器寻址。寄存器寻址对选定的 8 个工作寄存器 R0 ~ R7 进行操作, 也就是操作数在寄存器中, 因此指定了寄存器就得到了操作数, 寄存器寻址的指令中以寄存器的符号来表示寄存器, 例如:

```
MOV A,R1
```

这条指令的意义是把所用的工作寄存器组中的 R1 的内容送到累加器 A 中。

值得注意的是工作状态寄存器的选择是通过程序状态字寄存器来控制的,在这条指令前,应通过 PSW 设定当前工作寄存器组。

(3)寄存器间接寻址。寄存器寻址方式,寄存器中存放的是操作数,而寄存器间接寻址方式,寄存器中存放的是操作数的地址,也即操作数是通过寄存器指向的地址单元得到的,这便是寄存器间接寻址名称的由来。例如:

```
MOV A,@ R0
```

这条指令的意义是 R0 寄存器指向地址单元中的内容送到累加器 A 中。如果 R0 = #56H,那么是将 56H 单元中的数据送到累加器 A 中。

寄存器间接寻址方式可用于访问内部 RAM 或外部数据存储器。访问内部 RAM 或外部数据存储器的低 256B 时,可通过 R0 和 R1 作为间接寄存器。然而有必要指出,内部 RAM 的高 128B 地址与专用寄存器的地址是重叠的,所以这种寻址方式不能用于访问特殊功能寄存器。

外部数据存储器的空间为 64 KB,这时可采用 DPTR 作为间址寄存器进行访问,例如:

```
MOVX A,@ DPTR
```

这条指令的意义与上述类似,这里不再赘述。

(4)立即寻址。立即寻址就是把操作数直接在指令中给出,即操作数包含在指令中,指令操作码的后面紧跟着操作数,一般把指令中的操作数称为立即数,该寻址方式因此而得名。为了与直接寻址方式相区别,在立即数前加上"#"符号,例如:

```
MOV A,#0EH
```

这条指令的意义是将 0EH 这个操作数送到累加器 A 中。

(5)变址寻址。变址寻址是以 DPTR 或 PC 作为基址寄存器,以累加器 A 作为变址寄存器,将两寄存器的内容相加形成 16 位地址形成操作数的实际地址。例如:

```
MOV   A,@ A+DPTR
MOVX  A,@ A+PC
JMP   @ A+DPTR
```

在这 3 条指令中,A 作为偏移量寄存器,DPTR 或 PC 作为变址寄存器,A 作为无符号数与 DPTR 或 PC 的内容相加,得到访问的实际地址。其中前两条是程序存储器读指令,后一条是无条件转移指令。

(6)位寻址。在 MCS–51 单片机中,RAM 中的 20H~2FH 字节单元对应的位地址为 00H~7FH,特殊功能寄存器中的某些位也可进行位寻址,这些单元既可以采用字节方式访问它们,也可采用位寻址的方式访问它们。

(7)相对寻址。相对寻址方式是为了程序的相对转移而设计的,以 PC 的内容为基址,加上给出的偏移量作为转移地址,从而实现程序的转移。转移的目的地址可参见如下表达式:

$$转移的目的地址=转移指令地址+转移指令字接数+偏移量$$

偏移量是有正负之分的,偏移量的取值范围是在当前 PC 值的−128~+127 之间。

2. 数据传送类指令

数据传送类指令共有 29 条,数据传送类指令一般的操作是把源操作数传送到目的操作数,指令执行完成后,源操作数不变,目的操作数等于源操作数。如果要求在进行数据传送时,目的操作数不丢失,则不能用直接数据传送类指令,而应采用交换型的数据传送类指令,数据传送类指令不影响标志位 C,AC 和 OV,但可能会对奇偶标志位 P 有影响。

符号含义说明：

Rn：R0～R7 寄存器，$n=0～7$。

Direct：直接地址，内部数据区的地址 RAM(00H～7FH)。

SFR(80H～FFH)：B，ACC，PSW，IP，P3，IE，P2，SCON，P1，TCON，P0。

@ Ri：间接地址，Ri=R0 或 R1，8051/31 RAM 地址(00H～7FH)，8052/32 RAM 地址(00H～FFH)。

#data：8 位常数。

#data16：16 位常数。

Addr16：16 位的目标地址。

Addr11：11 位的目标地址。

Rel：相关地址。

Bit：内部数据 RAM(20H～2FH)，特殊功能寄存器的直接地址的位。

(1) 以累加器 A 为目的操作数的指令(4 条)。这 4 条指令的功能是把源操作数指向的内容送到累加器 A。有直接寻址、立即寻址、寄存器寻址和寄存器间接寻址 4 种寻址方式。

```
MOV  A,data   ;(data)→(A) 直接将单元地址中的内容送到累加器 A 中。
MOV  A,#data  ;#data→(A) 将立即数送到累加器 A 中。
MOV  A,Rn     ;(Rn)→(A) 将 Rn 中的内容送到累加器 A 中。
MOV  A,@ Ri   ;((Ri))→(A) 将 Ri 内容指向的地址单元中的内容送到累加器 A 中。
```

(2) 以寄存器 Rn 为目的操作数的指令(3 条)。这 3 条指令的功能是把源操作数指定的内容送到所选定的工作寄存器 Rn 中。有直接寻址、立即寻址和寄存器寻址 3 种寻址方式。

```
MOV  Rn,data   ;(data)→(Rn) 将直接寻址单元中的内容送到寄存器 Rn 中。
MOV  Rn,#data  ;#data→(Rn) 将立即数直接送到寄存器 Rn 中。
MOV  Rn,A      ;(A)→(Rn) 将累加器 A 中的内容送到寄存器 Rn 中。
```

(3) 以直接地址为目的操作数的指令(5 条)。这 5 条指令的功能是把源操作数指定的内容送到由直接地址 data 所选定的片内 RAM 中。有直接寻址、立即寻址、寄存器寻址和寄存器间接寻址 4 种寻址方式。

```
MOV  data,data   ;(data)→(data) 将直接地址单元中的内容送到直接地址单元。
MOV  data,#data  ;#data→(data) 将立即数送到直接地址单元。
MOV  data,A      ;(A)→(data) 将累加器 A 中的内容送到直接地址单元。
MOV  data,Rn     ;(Rn)→(data) 将寄存器 Rn 中的内容送到直接地址单元。
MOV  data,@ Ri   ;((Ri))→(data) 将寄存器 Ri 中的内容指定的地址单元中数据送到直接地址
```
单元。

(4) 以间接地址为目的操作数的指令(3 条)。这 3 条指令的功能是把源操作数指定的内容送到以 Ri 中的内容为地址的片内 RAM 中。有直接寻址、立即寻址和寄存器寻址 3 种寻址方式。

```
MOV  @ Ri,data   ;(data)→((Ri)) 将直接地址单元中的内容送到以 Ri 中的内容为地址的 RAM
                 ;单元。
MOV  @ Ri,#data  ;#data→((Ri)) 将立即数送到以 Ri 中的内容为地址的 RAM 单元。
MOV  @ Ri,A      ;(A)→((Ri)) 将累加器 A 中的内容送到以 Ri 中的内容为地址的 RAM 单元。
```

(5) 查表指令(2 条)。这 2 条指令的功能是对存放于程序存储器中的数据表格进行查找传送，使用变址寻址方式。

```
MOVC  A,@ A+DPTR  ;((A))+(DPTR)→(A) 将表格地址单元中的内容送到 A 中。
MOVC  A,@ A+PC    ;((PC))+1→(A),((A))+(PC)→(A) 将表格地址单元中的内容送到累加器
                  ;A 中。
```

（6）累加器 A 与片外数据存储器 RAM 传送指令（4 条）。这 4 条指令的功能是累加器 A 与片外 RAM 间的数据传送，使用寄存器寻址方式。

```
MOVX  @ DPTR,A    ;(A)→((DPTR)) 将累加器中的内容送到数据指针指向片外 RAM 地址中。
MOVX  A, @ DPTR   ;((DPTR))→(A) 将数据指针指向片外 RAM 地址中的内容送到累加器 A 中。
MOVX  A, @ Ri     ;((Ri))→(A) 将寄存器 Ri 指向片外 RAM 地址中的内容送到累加器 A 中。
MOVX  @ Ri,A      ;(A)→((Ri)) 将累加器 A 中的内容送到寄存器 Ri 指向片外 RAM 地址中。
```

（7）堆栈操作类指令（2 条）。这类指令只有 2 条，下述的第一条称为入栈操作指令，第二条称为出栈操作指令。需要指出的是，单片机开机复位后，(SP)默认为 07H，但一般都需要重新赋值，设置新的 SP 首址。入栈的第一个数据必须存放于 SP+1 所指存储单元中，故实际的堆栈底为 SP+1 所指的存储单元。

```
PUSH  data    ;(SP)+1→(SP),(data)→(SP) 堆栈指针首先加 1，直接寻址单元中的数据送到堆
              ;栈指针 SP 所指的单元中。
POP   data    ;(SP)→(data)(SP)-1→(SP) 堆栈指针 SP 所指的单元数据送到直接寻址单元
              ;中,堆栈指针 SP 再进行减 1 操作。
```

（8）交换指令（5 条）。这 5 条指令的功能是把累加器 A 中的内容与源操作数所指的数据相互交换。

```
XCH   A,Rn    ;(A)←→(Rn) 累加器 A 与工作寄存器 Rn 中的内容互换。
XCH   A,@ Ri  ;(A)←→((Ri)) 累加器 A 与工作寄存器 Ri 所指的存储单元中的内容互换。
XCH   A,data  ;(A)←→(data) 累加器 A 与直接地址单元中的内容互换。
XCHD  A,@ Ri  ;(A3-0)←→((Ri)3-0) 累加器 A 与工作寄存器 Ri 所指的存储单元中的内容低半
              ;字节互换。
SWAP  A       ;(A3-0)←→(A7-4) 累加器 A 中的内容高低半字节互换。
```

（9）16 位数据传送指令（1 条）。这条指令的功能是把 16 位常数送入数据指针寄存器。

```
MOV DPTR,#data16  #dataH→(DPH),#dataL→(DPL)将 16 位常数的高 8 位送到 DPH,低
                  ;8 位送到 DPL。
```

3. 算术运算类指令

算术运算类指令共有 24 条，算术运算主要是执行加、减、乘、除四则运算。另外 MCS-51 指令系统中有相当一部分是进行加 1、减 1 操作，BCD 码的运算和调整，都归类为算术运算类指令。虽然 MCS-51 单片机的算术逻辑单元 ALU 仅能对 8 位无符号整数进行运算，但利用进位标志位，则可进行多字节无符号整数的运算。同时利用溢出标志位，还可以对有符号数进行补码运算。除加 1、减 1 操作外，这类指令大多数都会对 PSW（程序状态字）有影响。

（1）加法指令（4 条）。这 4 条指令的作用是把立即数、直接地址、工作寄存器及间接地址内容与累加器 A 的内容相加，运算结果存在累加器 A 中。

```
ADD A,#data  ;(A)+#data→(A) 累加器 A 中的内容与立即数#data 相加,结果存在 A 中。
ADD A,data   ;(A)+(data)→(A) 累加器 A 中的内容与直接地址单元中的内容相加,结果存在
             ;A 中。
ADD A,Rn     ;(A)+(Rn)→(A) 累加器 A 中的内容与工作寄存器 Rn 中的内容相加,结果存在
             ;A 中。
ADD A,@ Ri   ;(A)+((Ri))→(A) 累加器 A 中的内容与工作寄存器 Ri 所指向地址单元中的内容
             ;相加,结果存在 A 中。
```

（2）带进位加法指令（4 条）。这 4 条指令除与加法指令功能相同外，在进行加法运算时还需考虑进位问题。

```
ADDC  A,data     ;(A)+(data)+(C)→(A) 累加器 A 中的内容与直接地址单元的内容连同进位
                 ;位相加,结果存在 A 中。
ADDC  A,#data    ;(A)+#data +(C)→(A) 累加器 A 中的内容与立即数连同进位位相加,结果存
                 ;在 A 中。
ADDC  A,Rn       ;(A)+Rn+(C)→(A) 累加器 A 中的内容与工作寄存器 Rn 中的内容、连同进位位
                 ;相加,结果存在 A 中。
ADDC  A,@ Ri     ;(A)+((Ri))+(C)→(A) 累加器 A 中的内容与工作寄存器 Ri 指向地址单
                 ;元中的内容、连同进位位相加,结果存在 A 中。
```

（3）带借位减法指令（4 条）。这 4 条指令包含立即数、直接地址、间接地址及工作寄存器与累加器 A 连同借位位 C 内容相减,结果存在累加器 A 中。

```
SUBB  A,data     ;(A)-(data) -(C)→(A) 累加器 A 中的内容与直接地址单元中的内容、连
                 ;同借位位相减,结果存在 A 中。
SUBB  A,#data    ;(A)-#data -(C)→(A) 累加器 A 中的内容与立即数、连同借位位相减,结果
                 ;存在 A 中。
SUBB  A,Rn       ;(A)-(Rn) -(C)→(A) 累加器 A 中的内容与工作寄存器中的内容、连同借位
                 ;位相减,结果存在 A 中。
SUBB  A,@ Ri     ;(A)-((Ri)) -(C)→(A) 累加器 A 中的内容与工作寄存器 Ri 指向的地址单
                 ;元中的内容、连同借位位相减,结果存在 A 中。
```

（4）乘法指令（1 条）。这条指令的作用是把累加器 A 和 B 寄存器中的 8 位无符号数相乘,所得到的是 16 位乘积,这个结果低 8 位存在累加器 A,而高 8 位存 B 在寄存器中。如果 OV=1,说明乘积大于 FFH;否则 OV=0,但进位标志位 CY 总是等于 0。

```
MUL  AB          ;(A)×(B)→(A)和(B) 累加器 A 中的内容与 B 寄存器中的内容相乘,结果存在 A、
                 ;B 中。
```

（5）除法指令（1 条）。这条指令的作用是把累加器 A 的 8 位无符号整数除以 B 寄存器中的 8 位无符号整数,所得到的商存在累加器 A 中,而余数存在 B 寄存器中。除法运算总是使 OV 和进位标志位 CY 等于 0。如果 OV=1,表明 B 寄存器中的内容为 00H,那么执行结果为不确定值,表示除法有溢出。

```
DIV  AB          ;(A)÷(B)→(A)和(B) 累加器 A 中的内容除以 B 寄存器中的内容,所得到的商存在
                 ;累加器 A 中,而余数存在 B 寄存器中。
```

（6）加 1 指令（5 条）。这 5 条指令的功能均为原寄存器的内容加 1,结果送回原寄存器。上述提到,加 1 指令不会对任何标志有影响,如果原寄存器的内容为 FFH,执行加 1 指令后,结果为 00H。这 5 条指令有直接寻址、寄存器寻址、寄存器间址等寻址方式。

```
INC  A           ;(A)+1→(A) 累加器 A 中的内容加 1,结果存在 A 中。
INC  data        ;(data)+1→(data) 直接地址单元中的内容加 1,结果送回原地址单元中。
INC  @ Ri        ;((Ri))+1→((Ri)) 寄存器的内容指向的地址单元中的内容加 1,结果送回原
                 ;地址单元中。
INC  Rn          ;(Rn)+1→(Rn) 寄存器 Rn 的内容加 1,结果送回原地址单元中。
INC  DPTR        ;(DPTR)+1→(DPTR) 数据指针的内容加 1,结果送回数据指针中。
```

在 INC data 这条指令中,如果直接地址是 I/O,其功能是先读入 I/O 锁存器的内容,然后在 CPU 进行加 1 操作,再输出到 I/O 上,这就是"读—修改—写"操作。

（7）减 1 指令（4 条）。这 4 条指令的作用是把所指的寄存器内容减 1,结果送回原寄存器,若原寄存器的内容为 00H,减 1 后即为 FFH,运算结果不影响任何标志位,这 4 条指令有直接寻址、

寄存器寻址、寄存器间址等寻址方式,当直接地址是 I/O 端口锁存器时,"读—修改—写"操作与加 1 指令类似。

```
DEC   A          ;(A)-1→(A)累加器 A 中的内容减 1,结果送回累加器 A 中。
DEC   data       ;(data)-1→(data)直接地址单元中的内容减 1,结果送回直接地址单元中。
DEC   @ Ri       ;((Ri))-1→((Ri))寄存器 Ri 指向的地址单元中的内容减 1,结果送回原地址单
                 ;元中。
DEC   Rn         ;(Rn)-1→(Rn)寄存器 Rn 中的内容减 1,结果送回寄存器 Rn 中。
```

(8)十进制调整指令(1 条)。在进行 BCD 码运算时,这条指令总是跟在 ADD 或 ADDC 指令之后,其功能是将执行加法运算后存于累加器 A 中的结果进行调整和修正。

```
DA   A           ;把 A 中的十六进制数自动调整为十进制数
```

4. 控制转移类指令

控制转移类指令用于控制程序的流向,所控制的范围即为程序存储器区间,MCS-51 系列单片机的控制转移类指令相对丰富,有可对 64 KB 程序空间地址单元进行访问的长调用、长转移指令,也有可对 2 KB 程序空间地址单元进行访问的绝对调用和绝对转移指令,还有在一页范围内短相对转移指令及其他无条件转移指令,这些指令的执行一般都不会对标志位有影响。

(1)无条件转移指令(4 条)。这 4 条指令执行完后,程序就会无条件转移到指令所指向的地址上去。长转移指令访问的程序存储器空间为 16 位地址 64 KB,绝对转移指令访问的程序存储器空间为 11 位地址 2 KB。

```
LJMP  addr16     ;addr16→(PC),给程序计数器赋予新值(16 位地址)。
AJMP  addr11     ;(PC)+2→(PC),addr11→(PC10-0)程序计数器赋予新值(11 位地址),
                 ;(PC15-11)不改变。
SJMP  rel        ;(PC)+ 2 + rel→(PC)当前程序计数器先加上 2 再加上偏移量,给程序计数
                 ;器赋予新值。
JMP   @ A+DPTR   ;(A)+(DPTR)→(PC)累加器所指向地址单元的值加上数据指针的值给程序计
                 ;数器赋予新值。
```

(2)条件转移指令(8 条)。程序可利用这组丰富的指令根据当前的条件进行判断,看是否满足某种特定的条件,从而控制程序的转向。

```
JZ  rel              ;A=0,(PC)+ 2 + rel→(PC),累加器中的内容为 0,
                     ;则转移到偏移量所指向的地址,否则程序往下执行。
JNZ  rel             ;A≠0,(PC)+ 2 + rel→(PC),累加器中的内容不为 0,
                     ;则转移到偏移量所指向的地址,否则程序往下执行。
CJNE  A, data, rel   ;A≠(data),(PC)+ 3 + rel→(PC),累加器中的
                     ;内容不等于直接地址单元的内容,则转移到偏移量所指向的地址,否则程
                     ;序往下执行。
CJNE  A, #data, rel  ;A≠#data,(PC)+ 3 + rel→(PC),累加器中的内容不等于立即数,
                     ;则转移到偏移量所指向的地址,否则程序往下执行。
CJNE  Rn, #data, rel ;A≠#data,(PC)+ 3 + rel→(PC),工作寄存器 Rn 中的内容不等于立
                     ;即数,则转移到偏移量所指向的地址,否则程序往下执行。
CJNE  @ Ri, #data, rel;A≠#data,(PC)+ 3 + rel→(PC),工作寄存器 Ri 指向地址单元中的
                     ;内容不等于立即数,则转移到偏移量所指向的地址,否则程序往下执行。
DJNZ  Rn, rel        ;(Rn)-1→(Rn),(Rn)≠0,(PC)+ 2 + rel→(PC)工作寄存器 Rn 减
                     ;1 不等于 0,则转移到偏移量所指向的地址,否则程序往下执行。
```

```
DJNZ  data, rel        ;(Rn)-1→(Rn),(Rn)≠0,(PC)+2+rel→(PC)直接地址单元中的
                       ;内容减1不等于0,则转移到偏移量所指向的地址,否则程序往下执行。
```

(3)子程序调用和返回指令(2条)。子程序是为了便于程序编写,减少那些需要反复执行的程序占用多余的地址空间而引入的程序分支,从而有了主程序和子程序的概念,需要反复执行的一些程序,我们在编程时一般都把它们编写成子程序,当需要用它们时,就用一个调用命令使程序按调用的地址去执行,这就需要子程序的调用指令和返回指令。

```
LCALL  addr16 ;长调用指令,可在 64 KB 空间调用子程序。此时(PC)+3→(PC),(SP)+1→
              ;(SP),(PC7-0)→(SP),(SP)+1→(SP),(PC15-8)→(SP),addr16→
              ;(PC),即分别从堆栈中弹出调用子程序时压入的返回地址。
ACALL  addr11 ;绝对调用指令,可在 2 KB 空间调用子程序,此时(PC)+2→(PC),(SP)+1→
              ;(SP),(PC7-0)→(SP),(SP)+1→(SP),(PC15-8)→(SP),addr11→
              ;(PC10-0)。
RET           ;子程序返回指令。此时(SP)→(PC15-8),(SP)-1→(SP),(SP)→(PC7-0),
              ;(SP)-1→(SP)。
RETI          ;中断返回指令,除具有 RET 功能外,还具有恢复中断逻辑的功能,需要注意的是,
              ;RETI 指令不能用 RET 代替。
```

(4)空操作指令(1条)。

```
NOP  ;这条指令除了使 PC 加1,消耗1个机器周期外,没有执行任何操作。可用于短时间的延时
```

5. 位操作指令

(1)位传送指令(2条)。位传送指令就是可寻址位与累加位 CY 之间的传送,该类指令有2条。

```
MOV  C,bit         ;bit→CY,某位数据送 CY。
MOV  bit,C         ;CY→bit,CY 数据送某位。
```

(2)位置位复位指令(4条)。这些指令对 CY 及可寻址位进行置位或复位操作,共有4条指令。

```
CLR   C            ;0→CY,清 CY。
CLR   bit          ;0→bit,清某一位。
SETB  C            ;1→CY,置位 CY。
SETB  bit          ;1→bit,置位某一位。
```

(3)位运算指令(6条)。位运算都是逻辑运算,有与、或、非3种指令,共6条。

```
ANL  C,bit         ;(CY)∧(bit)→CY
ANL  C,/bit        ;(CY)∧(bit)→CY
ORL  C,bit         ;(CY)∨(bit)→CY
ORL  C,/bit        ;(CY)∧(bit)→CY
CPL  C             ;/(CY)→CY
CPL  bit           ;/(bit)→bit
```

(4)位控制转移指令(5条)。位控制转移指令是以位的状态作为实现程序转移的判断条件。

```
JC  rel        ;(CY)=1 转移,(PC)+2+rel→PC,否则程序往下执行,(PC)+2→PC。
JNC rel        ;(CY)=0 转移,(PC)+2+rel→PC,否则程序往下执行,(PC)+2→PC。
JB  bit, rel   ;位状态为1转移。
JNB bit, rel   ;位状态为0转移。
JBC bit, rel   ;位状态为1转移,并使该位清"0"。
```

后 3 条指令都是三字节指令,如果条件满足,则(PC)+3+rel→PC;否则程序往下执行,(PC)+3→PC。

六、Keil 软件介绍

随着单片机开发技术的不断发展,从普遍使用汇编语言到逐渐使用高级语言开发,单片机的开发软件也在不断发展,Keil 软件是目前最流行的开发 MCS-51 系列单片机的软件,其软件图标如图 2-20 所示。Keil 提供了包括 C 编译器、宏汇编、连接器、库管理和一个功能强大的仿真调试器等在内的完整开发方案,通过一个集成开发环境(μVision)将这些部分组合在一起。运行 Keil 软件需要 Pentium 或以上的 CPU,16 MB 或更多 RAM,20 MB 以上空闲的硬盘空间,Windows 98、Windows NT、Windows 2000、Windows XP 等操作系统。

图 2-20 Keil 软件图标

掌握这一软件的使用对于使用 51 系列单片机的爱好者来说是十分必要的,如果你使用 C 语言编程,那么 Keil 几乎就是你的不二之选,即使不使用 C 语言而仅用汇编语言编程,其方便易用的集成环境、强大的软件仿真调试工具也会令你事半功倍。

Keil 的使用方法如下:

1. 启动 Keil 软件

双击 Keil 图标,打开图 2-21 所示界面。

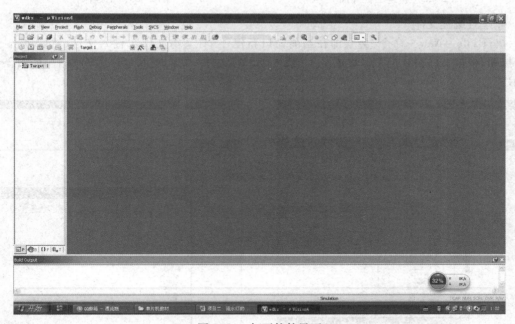

图 2-21 打开软件界面

2. 建立一个工程

新建一个文件夹,如 D:\lsd\,用于存放工程文件。执行 Project→New μVision Project…命令,新建工程操作如图 2-22 所示,给工程取名 lsd,单击"保存"按钮如图 2-23 所示。

3. 选择单片机(MCU)型号

这里选择的是 Atmel 下的 AT89C51 单片机,单击 OK 按钮,如图 2-24 所示,Keil 软件弹出对话框询问是否将初始化代码一起加入工程,一般选择"否"。

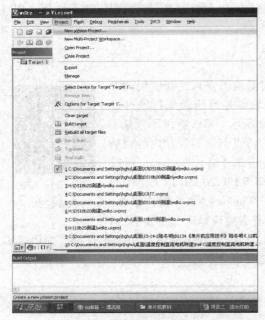

图 2-22　新建工程界面

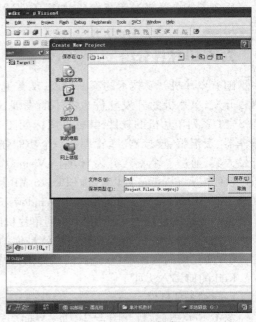

图 2-23　工程保存

4. 建立编程文件

执行 File→New…命令,会立即在当前窗口新建一个"文本文件",输入文件,然后单击"保存"按钮,根据文件格式把它保存成 *.C(或 *.ASM)文件。我们输入 LSD.ASM 保存,如图 2-25 所示。

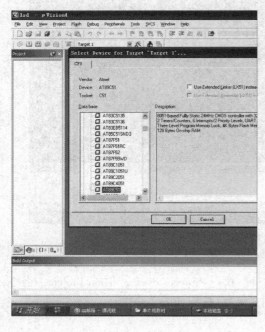

图 2-24　选择单片机型号

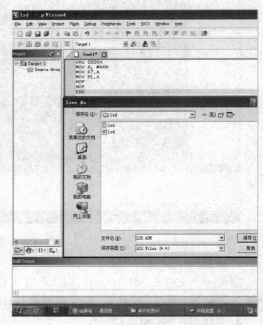

图 2-25　新建文件(*.C 或 *.ASM)

5. 添加编程文件到工程中

单击 Target1→Source Group,这个工程目录下没有文件。右击 Source Group,如图 2-26 所示,找到刚才建立文件 LSD. ASM,单击 Add 按钮后,再单击 Close 按钮关闭对话框,在弹出的快捷菜单中选择 Add Files to Group'Source Group 1'···命令如图 2-27 所示。这时,源程序组中看到 LSD. ASM 程序了。

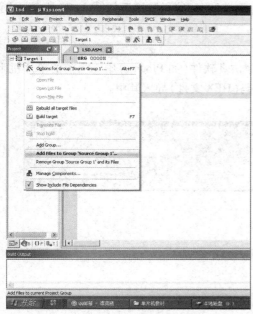

图 2-26 添加文件 1   图 2-27 添加文件 2

6. 工程属性设置

右击工程名,在弹出对话框中切换到 Output 选项卡,选中 Create HEX File 复选框,生成 HEX 文件;Debug 选项卡中,选中 Use Simulator 单选按钮,进行软件仿真,选中右侧 Use 单选按钮,进行硬件仿真,如图 2-28 所示。

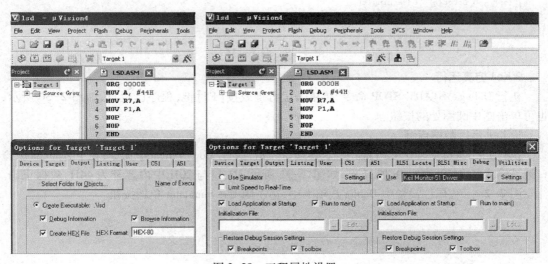

图 2-28 工程属性设置

7. 编译链接

编写完程序后,要进行"编译"和"链接"。所谓的编译,就是把高级语言变成计算机可以识别的二进制语言,计算机只认识1和0,编译程序把人们熟悉的语言换成二进制。这个过程程序会告诉用户,其程序哪里有错误。如果有错误,用户可以按照提示更改,更改后可再次编译。"链接"是让 Keil 生成用户需要的文件。"编译"是图 2-29 中标注按钮的第一个;第二个是"链接"按钮;第三个是"重新编译链接",一般直接单击第三个按钮即可,编译链接后如图 2-29 所示,图示窗口下方显示无警告、无错误,已生成 HEX 文件。

8. 看程序运行的结果

如将程序下载到单片机上,或是将程序导入其他仿真软件(如 Proteus)中。当前的单片机下载器或是 Proteus,其实都是将 Keil 最后生成的机器码(HEX 文件)导入其中。

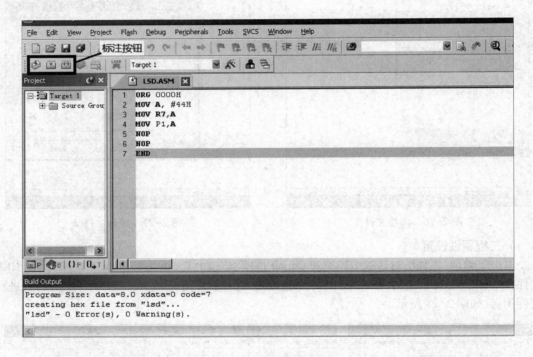

图 2-29　编译链接

9. Keil 仿真运行

执行 Debug→START/STOP 命令,再单击运行键或按【F5】键,程序已运行,如图 2-30 所示,也可单击图中圆圈处的按钮。

10. Keil 运行数据查询

执行 Peripherals→P0-P3 口命令,观察端口数据,执行 View→Memory 命令,在下方 Memory 窗口地址输入 d:0x20,观察 0x20 结果,如图 2-31 所示,P1 口与 20H 中内容都为 44H,数据正确。注意图 2-28 工程属性设置中 Debug 选项卡中,选左侧 Use Simulator 单选按钮。

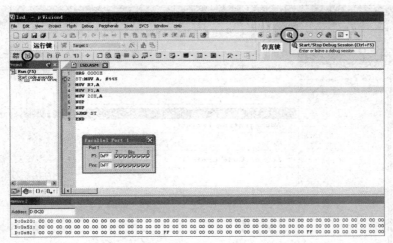

图 2-30 仿真运行

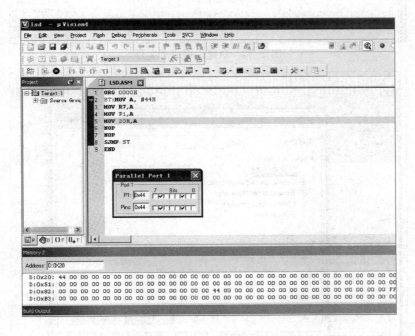

图 2-31 仿真结果

知识拓展

Keil C 开发环境不适应前面讲的 CC2530 单片机,CC2530 单片机可在 IAR 开发环境下,进行程序的编辑、编译及调试,下面就来讲 IAR 开发环境的使用方法。

1. 打开 IAR 开发环境

安装完成后桌面上将会出现图标 。双击该图标打开 IAR 开发环境。

2. 建立一个新的工程

(1)执行 Project→Creat New Project 命令,如图 2-32 所示。

(2)然后会弹出图 2-33 所示对话框,在对话框中选择 Empty Project 命令。

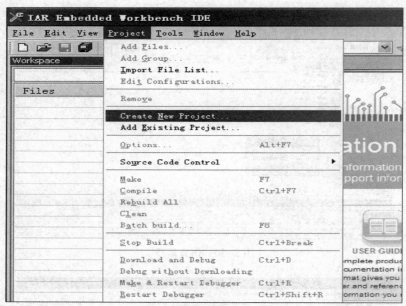

图 2-32 新建工程或者文件

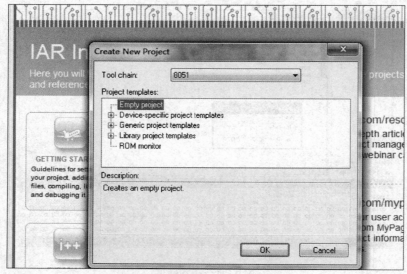

图 2-33 新建工程对话框

（3）单击 OK 按钮，在"文件名"文本框中键入新建工程的名字：CC2530Project，然后选择工程所保存的路径，单击"保存"按钮，工程就建立完成了。

3. 新建文件

（1）建立新的 xx. c 文件。在工程界面下执行 File→New→File 命令，如图 2-34 所示。

（2）编辑 C 语言代码，保存文件并为文件命名 main. c，工程文件路径下就完成了文件的建立，如图 2-35 所示。

4. 添加文件到工程中

新建保存后的文件并不属于工程，需要用户手动添加。把 main. c 文件添加到工程中，如图 2-36 所示。

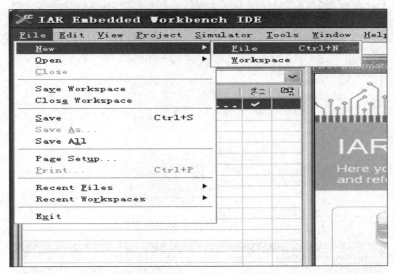

图 2-34　新文件建立对话框

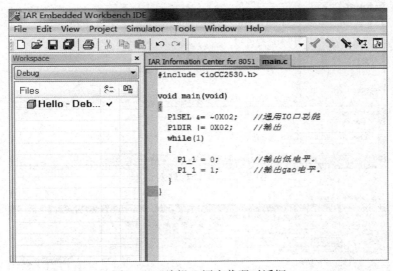

图 2-35　编辑 C 语言代码对话框

5. 编译程序

单击图 2-37 工具栏中右上角方框处的按钮,便启动了编译工作,编译的结果显示在下面的信息栏中。

6. 下载调试程序

单击图 2-37 右上角方框处的按钮,便执行程序下载;同时进入程序调试界面,如图 2-38 所示。

(1)在调试对话框中执行 View Watch 命令,便会出现一个观察窗口,如图 2-39 所示。

(2)将需要观察的对象(变量名、寄存器名)填写到观察窗口中的 Expression 下,如图 2-40 所示。然后单击"单步运行"按钮观察它们的变化。

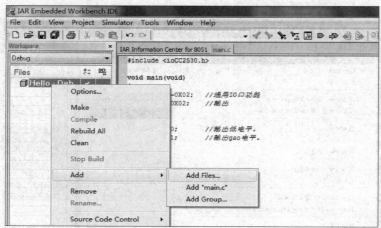

图 2-36　在工程中添加文件对话框

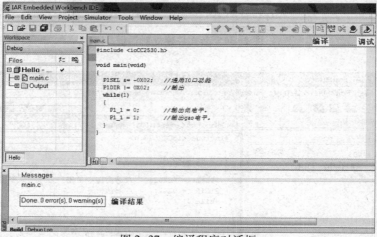

图 2-37　编译程序对话框

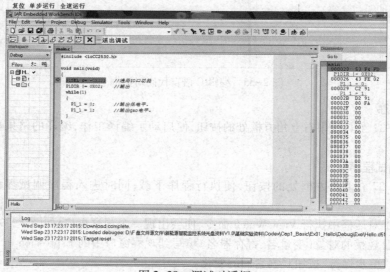

图 2-38　调试对话框

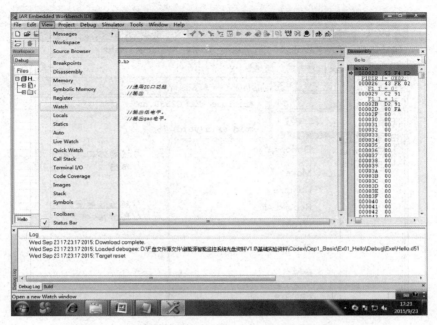

图 2-39 观察窗口打开界面

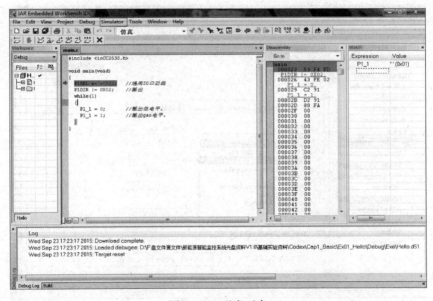

图 2-40 观察对象

7. 硬件调试

新建完毕的工程,调试时默认为仿真状态(见图 2-40)。在仿真状态下,代码并不会下载到硬件中执行。为了观察实际效果,需要将调试方式修改为硬件调试。具体步骤如下:

(1)在工程文件(见图 2-41)处右击,在弹出的快捷菜单中选择 Options 命令。

(2)弹出图 2-42 所示的对话框,在 Debugger 选项中选择 Texas Instruments 命令,然后单击 OK 按钮。

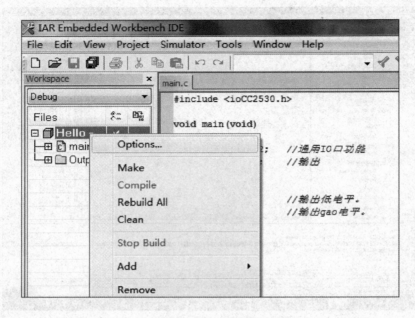

图 2-41　从仿真切换到硬件调试 1

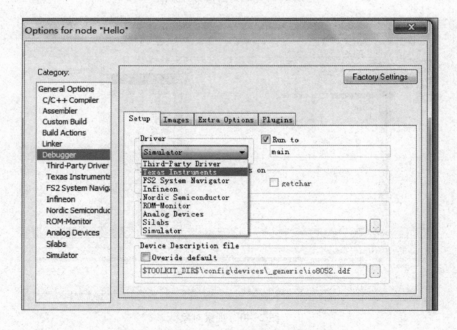

图 2-42　从仿真切换到硬件调试 2

（3）看到工程文件菜单栏第 5 项发生变化，如图 2-43 所示。

图 2-43 硬件调试状态

小 结

本项目介绍了数制及其相互转换,*I/O* 端口的工作原理及使用方法,中断的基本概念,单片机指令系统以及 *Keil* 软件的应用,还介绍了电路安装焊接的相关知识、给出了流水灯等的电路原理图、程序流程图及仿真图等。

习 题 二

一、判断题

1. PC 可以看作是指令存储区的地址指针。(　　)

2. SP 内装的是栈顶首址的内容。(　　)

3. 指令周期是执行一条指令的时间。(　　)

4. 在 MCS-51 系统中,PUSH、POP 动作每次仅处理 1 字节。(　　)

5. MOVC 是用来访问外部数据存储器的指令助记符。(　　)

6. 在一个完整的程序中,伪指令 END 是可有可无的。(　　)

7. 调用子程序及返回与堆栈有关。(　　)

8. RET 和 RETI 两条指令不可以互换使用。(　　)

9. 低优先级的中断请求不能中断高优先级的中断请求,但是高优先级的中断请求能中断低优先级的中断请求。(　　)

10. 各中断源发出的中断请求信号,都会标记在 MCS-51 系统的 IP 寄存器中。(　　)

二、选择题

1. PC 是(　　)。

　(A)一根硬件信号线　　　　　　　　(B)一个可由用户直接读写的 8 位 PAM 寄存器

　(C)一个能自动加 1 的 16 位的计数器　(D)一个能自动加 1 计数的 ROM 存储单元

2. PC 的值是(　　)。

　(A)当前正在执行指令的前一条指令的地址　　(B)当前正在执行指令的地址

（C）当前正在执行指令的下一条指令的地址　（D）控制器中指令寄存器的地址

3. MCS-51 的并行 I/O 信息有 2 种读取方法,一种是读引脚,还有一种是( )。

（A）读锁存　　　（B）读数据　　　（C）读累加器 A　　　（D）读 CPU

4. 已知 PSW=10H,通用寄存器 R0~R7 的地址分别为( )。

（A）00H~07H;　　（B）08H~0FH;　　（C）10H~17H;　　　（D）18H~1FH A R7;

5. 关于 MCS-51 单片机堆栈操作,下列描述错误的是( )。

（A）遵循先进后出,后进先出的原则　　　（B）出栈时栈顶地址自动加 1

（C）调用子程序及子程序返回与堆栈有关（D） 堆栈指针是一个特殊功能寄存器

6. MCS-51 单片机的并行 I/O 端口读—改—写操作,是针对该口的( )。

（A）引脚　　　（B）片选信号　　　（C）地址线　　　（D）内部锁存器

7. 要用传送指令访问 MCS-51 单片机片外 RAM,它的指令操作码助记符应是( )。

（A）MOV　　　（B）MOVX　　　（C）MOVC　　　（D）以上都是

8. 指令 ALMP 的跳转范围是( )。

（A）256 B　　　（B）1 KB　　　（C）2 KB　　　（D）64 KB

9. 下列程序段中使用了位操作指令的有( )。

（A）MOV DPTR,#1000H　　　　　　（B）MOV C,45H

　　MOVX A,@ DPTR　　　　　　　　　CPL　ACC. 7

（C）MOV A, 45H　　　　　　　　　　（D）MOV　R0,23H

　　XCH A,27H　　　　　　　　　　　MOV　A,@ R0

10. ( )并非单片机系统响应中断的必要条件。

（A）TCON 或 SCON 寄存器内的有关中断标志位为 1

（B）IE 中断允许寄存器内的有关允许位置为 1

（C）IP 中断优先级寄存器内的有关位置为 1

（D）当前一条指令执行完

三、简答题

1. MCS-51 系列中断系统包括几个中断源和几个中断优先级? 写出所有的中断源的符号、名称及其入口地址。

2. MCS-51 系列单片机中用于中断允许和中断优先级控制的寄存器分别是什么? 写出中断允许控制寄存器的各控制位的符号及含义。

四、程序分析题

1. 设 A=83H,R0=17H,(17H)=34H;写出下列程序中每条指令执行后的结果:

```
ANL  A,#17H
ORL  17H,A
XRL  A,@ R0
CPL  A
```

2. 设 A=40H,R1=23H,(40)=05H。执行下列 2 条指令后,累加器 A 和 R1 以及内部 RAM 中 40H 单元的内容各为何值?

```
XCH  A,R1
XCHD A,@ R1
```

3. 假定,SP = 60H,A = 30H,B = 70H,执行下列指令:

```
PUSH  A
PUSH  B
```

后,(SP) = ＿,(61H) = ＿,(62H) = ＿。

五、程序设计题(按下面要求编写相应的程序)

1. 数据块传送:试编程将片内 40H~60H 单元中的内容传送到以 2100H 为起始地址的存储区。

2. 工作单元清零:将内部 50H 开始的连续 30 个单元的内容清 0。

项目三 数字钟的设计

学习目标

1. 了解使用单片机处理复杂逻辑的方法；
2. 掌握 51 系列单片机内部定时/计数的原理及应用；
3. 掌握多位数码动态显示方法；
4. 会使用 Proteus 仿真软件；
5. 完成数字钟的设计与制作，并调试运行。

项目内容

一、背景说明

时钟在人类生产、生活、学习等多个领域应用非常广泛。近年来，人们对数字钟的要求越来越高，传统的时钟已经不能满足人们的需求。时钟已不仅仅是一种用来显示时间的工具，在很多实际应用中它还需要能够实现更多其他功能。比如闹钟功能、日历显示、整点报时、湿度测量、温度测量、电压测量、频率测量等。人们对数字钟的功能和工作程序都非常熟悉，但是却很少知道它的内部结构及工作原理。由单片机作为数字钟的核心控制器，可以通过它的时钟信号进行计时，实现数字钟的各种功能，将其时间数据经单片机输出，利用显示器显示出来。通过键盘可以进行定时、校时。输出设备显示器可以为液晶显示器或数码管。

二、项目描述

以 51 单片机为核心，设计一个具有校时功能的数字钟。具体要求如下：

（1）用 AT89C52 单片机的定时器/计数器 T0 产生 1 s 的定时时间，作为秒计数时间。

（2）当 1 s 产生时，秒计数加 1，当加到 60 s 向分钟位进 1，当分钟位加到 60 时，向时钟位进 1。

（3）计时满 23-59-59 时，返回 00-00-00 重新计时。

（4）采用七段数码管显示。

（5）利用按键实现"秒""分""时"的加 1 校时功能。

（6）利用按键实现复位功能，如果按下复位键，计数器全部归零。

三、项目方案

基于 AT89C51 单片机的数字钟由电源电路、复位电路、时钟电路、显示电路、按键电路等组成。可使用汇编语言编程来实现数字钟相应的功能。系统框图如图 3-1 所示。

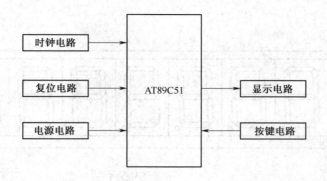

图 3-1　基于 AT89C51 单片机的数字钟系统框图

 项目实施

一、硬件设计

系统的整体硬件电路以 AT89C51 为核心控制器,包括单片机系统、电源电路、复位电路、按键电路、显示电路等。

1. 按键电路

按键电路如图 3-2 所示。秒、分、时校时按键接单片机 P1.0、P1.1、P1.2,复位键 RESET 接 P1.3。按键按下为低电平,松开为高电平。

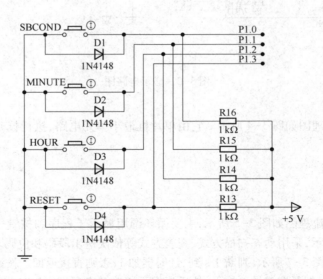

图 3-2　按键电路

2. 显示电路

显示电路如图 3-3 所示。单片机 P0 口通过驱动芯片 74LS245 送出段码至七段数码管段码

端,单片机 P3 口送出位码至七段数码管位码端。

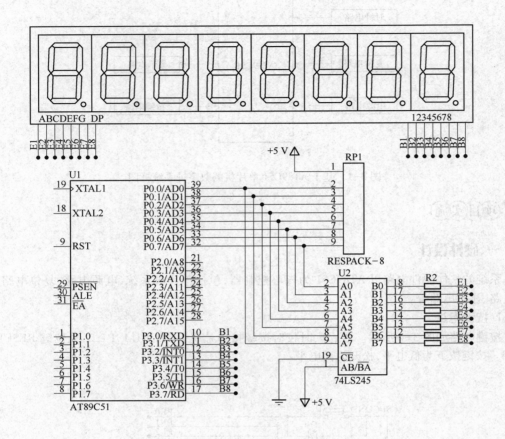

图 3-3　显示电路图

3. 数字钟电路

数字钟电路原理图如图 3-4 所示。它由单片机最小单元电路、执行校时功能按键电路和显示电路组成。

二、软件设计

1. 设计思想

数字钟主程序流程图如图 3-5 所示,主要循环调用显示子程序和按键子程序。显示子程序流程图如图 3-6 所示,采用动态扫描方式、查表方式等依次送出段码和位码。定时器中断服务子程序所示流程图如图 3-7 所示,判断 1 s 到,计时器加 1;否则直接返回。按键校时子程序流程图如图 3-8 所示,首先判断按键是否按下,然后根据不同按键实现相应校时功能。

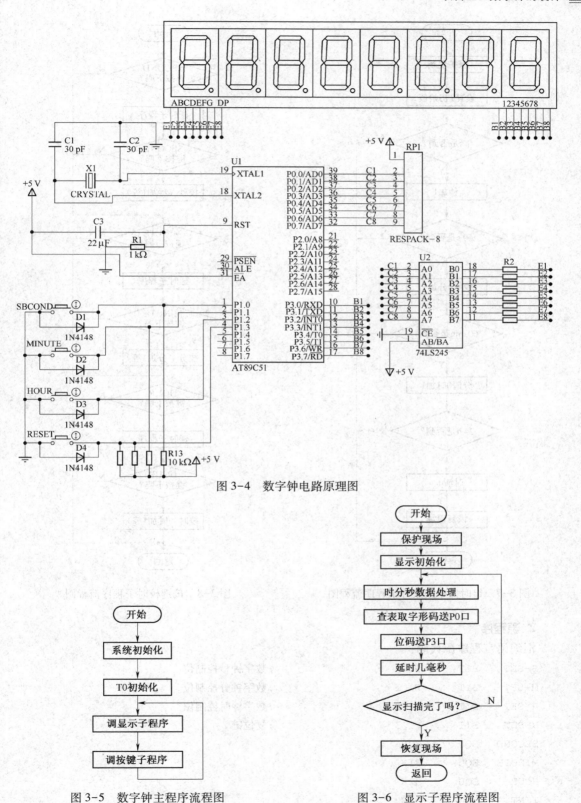

图 3-4 数字钟电路原理图

图 3-5 数字钟主程序流程图

图 3-6 显示子程序流程图

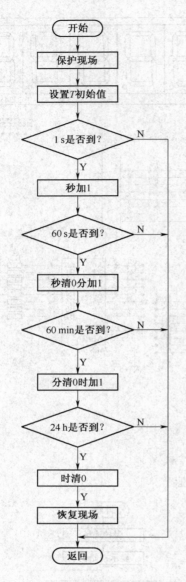

图 3-7　定时器中断服务子程序流程图

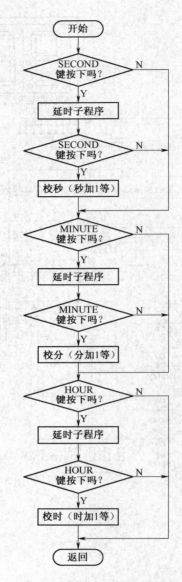

图 3-8　按键校时子程序流程图

2. 源程序

汇编语言程序源代码：

```
S-SET     BIT     P1.0          ;数字钟秒控制位
M-SET     BIT     P1.1          ;数字钟分控制位
H-SET     BIT     P1.2          ;数字钟时控制位
RESET     BIT     P1.3          ;复位键
SECOND    EQU     30H
MINUTE    EQU     31H
HOUR      EQU     32H
TCNT      EQU     34H
```

```
//* * * * * * * * * * * * * * * * * * 初始化* * * * * * * * * * * * * * * * * *
        ORG     0000H
        SJMP    START
        ORG     000BH
        LJMP    INT-T0
START:MOV     DPTR, #TABLE
        MOV     HOUR, #0                        ;初始化
        MOV     MINUTE, #0
        MOV     SECOND, #0
        MOV     TCNT, #0
        MOV     TMOD, #01H
        MOV     TH0, #(65536-50000)/256        ;定时 50 ms
        MOV     TL0, #(65536-50000)MOD 256
        MOV     IE, #82H
        SETB    TR0
//* * * * * * * * * 主程序,调显示子程序、按键子程序* * * * *
MAIN:   LCALL    DISPLAY
        LCALL    AJ
        LCALL    MAIN
//* * * * * * * * * * * * * * * 按键子程序* * * * * * * * * * * * * * * * *
AJ:     MOV     P1, #0FFH
        JNB     S-SET, S1
        JNB     M-SET, S2
        JNB     H-SET, S3
        JNB     RESET,START
        LJMP    RET
S1:     LCALL    DELAY                          ;去抖动
        JB      S-SET,EXIT
        INC     SECOND                          ;秒数值加 1
        LCALL    DISPLAY
        MOV     A,SECOND
        CJNE    A,#60,J0                        ;判断是否到 60 s
        MOV     SECOND,#0
        LJMP    K1
S2:     LCALL    DELAY
        JB      M-SET,EXIT
K1:     INC     MINUTE                          ;分数值加 1
        MOV     A,MINUTE
        CJNE    A, #60,J1                       ;判断是否到 60 min
        MOV     MINUTE,#0
        LJMP    K2
S3:     LCALL    DELAY
        JB      H-SET,EXIT
K2:     INC     HOUR                            ;小时数值加 1
```

```
              MOV     A, HOUR
              CJNE    A,#24,J2                              ;判断是否到 24 h
              MOV     HOUR,#0
              MOV     MINUTE,#0
              MOV     SECOND,#0
    EXIT:     RET
//* * * * * * * * * * * * * * * * 等待按键抬起* * * * * * * * * * * * * * * *
    J0:       JB      S-SET,EXIT
              LCALL   DISPLAY
              SJMP    J0
    J1:       JB      M-SET,EXIT
              LCALL   DISPLAY
              SJMP    J1
    J2:       JB      H-SET,EXIT
              LCALL   DISPLAY
              SJMP    J2
//* * * * * * * * * 定时器中断服务程序实现秒分时计数* * * * * * * * * * * * *
    INT-T0:   MOV     TH0,#(65536-50000)/256
              MOV     TL0,#(65536-50000)MOD 256
              INC     TCNT
              MOV     A, TCNT
              CJNE    A,#20,RETUNE                          ;计时 1 s
              INC     SECOND
              MOV     TCNT,#0
              MOV     A, SECOND
              CJNE    A,#60,RETUNE
              INC     MINUTE
              MOV     SECOND,#0
              MOV     A, MINUTE
              CJNE    A,#60,RETUNE
              INC     HOUR
              MOV     MINUTE,#0
              MOV     A,HOUR
              CJNE    A,#24,RETUNE
              MOV     HOUR,#0
              MOV     MINUTE,#0
              MOV     SECOND,#0
              MOV     TCNT,#0
    RETUNE:RET1
//* * * * * * * * * * * * * * * * 显示控制子程序* * * * * * * * * * * * * * *
    DISPLAY:MOV   A ,SECOND                               ;显示秒
            MOV   B,#10
            DIV   AB
            CLR   P3.6
```

```
MOVC    A,@ A+DPTR
MOV     P0,A
LCALL   DELAY
SETB    P3.6
MOV     A,B
CLR     P3.7
MOVC    A, @ A+DPTR
MOV     P0,A
LCALL   DELAY
SETB    P3.7
CLR     P3.5
MOV     P0,#40H                      ;显示分隔符
LCALL   DELAY
SETB    P3.5
MOV     A, MINUTE                    ;显示分
MOV     B,#10
DIV     AB
CLR     P3.3
MOVC    A, @ A+DPTR
MOV     P0,A
LCALL   DELAY
SETB    P3.3
MOV     A,B
CLR     P3.4
MOVC    A, @ A+DPTR
MOV     P0,A
LCALL   DELAY
SETB    P3.4
CLR     P3.2
MOV     P0,#40H                      ;显示分隔符
LCALL   DELAY
SETB    P3.2
MOV     A,HOUR                       ;显示时
MOV     B,#10
DIV     AB
CLR     P3.0
MOVC    A, @ A+DPTR
MOV     P0,A
LCALL   DELAY
SETB    P3.0
MOV     A,B
CLR     P3.1
MOVC    A, @ A+DPTR
MOV     P0,A
```

```
        LCALL  DELAY
        SETB   P3.1
        RET
TABLE:  DB     3FH,06H,5BH,4FH,66H          ;共阴 0~9 段码
        DB     6DH,7DH,07H,7FH,6FH
DELAY:  MOV    R6,#5
D1:     MOV    R7,#250
        DJNZ   R7,$
        DJNZ   R6,D1
        RET
        END
```

三、调试仿真

（1）在 Proteus 仿真软件中绘制数字钟电路图。

（2）启动 Keil 软件,建立工程,编写程序,编译产生 HEX 文件。

（3）Proteus 与 Keil 软件联合仿真,把 HEX 文件导入到 Proteus 中调试仿真,数字钟仿真结果如图 3-9 所示,实现了数字钟的功能。

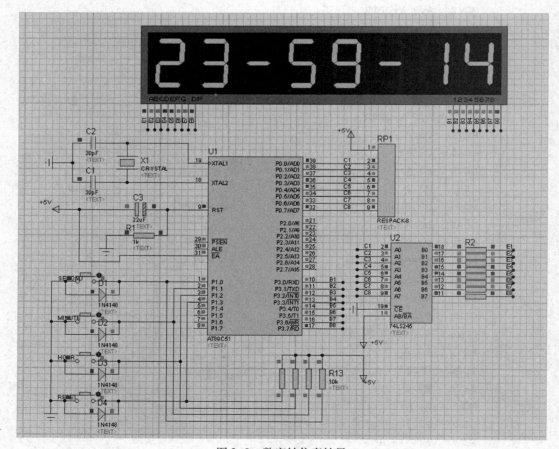

图 3-9　数字钟仿真结果

四、项目制作

1. 安装焊接

基于 AT89C51 单片机数字钟的元件清单见表 3-1。按照电路图、电子工艺要求进行安装焊接。

表 3-1　基于 AT89C51 单片机数字钟的元件清单

元件名称	型号	数量	用途	元件名称	型号	数量	用途
单片机	AT89C51	1 个	控制核心	数码管	7 段 4 位	2 个	显示电路
晶振	12 MHz	1 个	晶振电路	电阻器	500 Ω	8 个	
电容器	30 pF	2 个		集成块	74LS245	1 个	
电解电容器	22 μF/10 V	1 个	复位电路	电源	+5 V/0.5 A	1 个	提供+5 V 电源
电阻器	10 kΩ	1 个					
按键	—	1 个					
电阻器	10 kΩ	4 个	按键电路				
按键	—	4 个				—	
晶体管	IN4148	4 个					

2. 系统调试

应用系统制作完成后,要进行软硬件调试。软件调试可以利用开发及仿真系统进行调试;硬件调试主要是把电路的各种参数调整到符合设计的要求。首先要排除硬件故障,包括一些设计性错误和工艺性故障。排除故障的一般原则是先静态、后动态。

(1)硬件调试。先目测电路板的焊接情况,然后将单片机芯片取下来,对电路板进行通电检查,通过观察,看其是否有异常,是否有虚焊情况,然后用万用表测量各电源电压,以上都没问题时,连接仿真器进行联机调试,观察各接口电路是否正常,用万用表测量各点电压。

(2)软件调试。软件调试是利用仿真软件进行在线仿真调试,除可发现和解决程序错误外,还可发现硬件故障。

程序调试时,要求一个子程序一个子程序地调试,最后连起来统调。在单片机上把各模块程序分别进行调试,直到全都正确为止,然后用系统编程器将程序固化到单片机芯片中,接通电源脱机运行。

相关知识

一、定时器/计数器

定时器/计数器是单片机系统一个重要的部件,其工作方式灵活、编程简单、使用方便,可用来实现定时控制、延时、频率测量、脉宽测量、信号发生、信号检测等。此外,定时器/计数器还可作为串行通信中波特率发生器。

1. 定时器/计数器概述

(1)80C51 单片机内部有 2 个定时器/计数器 0 和 T1,其核心是计数器,基本功能是加 1。

(2)对外部事件脉冲(下降沿)计数,是计数器;对片内机器周期脉冲计数,是定时器。

(3)计数器由 2 个 8 位计数器组成,即 T0 由 TH0 和 TL0 组成,T1 由 TH1 和 TL1 组成。

（4）定时时间和计数值可以编程设定,其方法是在计数器内设置一个初值,然后加 1 计满后溢出。调整计数器初值,可调整从初值到计满溢出的数值,即调整了定时时间和计数值。

（5）定时器/计数器作为计数器时,外部事件脉冲必须从规定的引脚输入,且外部脉冲的最高频率不能超过时钟频率的 1/24。

（6）定时器/计数器工作方式寄存器(TMOD)用于进行定时或计数功能的选择、启动方式的选择及工作方式的选择;定时器/计数器控制寄存器(TCON)用于启停控制和计数溢出控制。

2. 工作方式控制寄存器(TMOD)——不可位寻址的寄存器

工作方式控制寄存器各位的定义见表 3-2。

表 3-2 工作方式控制寄存器各位的定义

位序号	B7	B6	B5	B4	B3	B2	B1	B0
位符号	GATE	C/T	M1	M0	GATE	C/T	M1	M0
	定时器/计数器 1				定时器/计数器 0			

（1）GATE——门控位:

软件置 1:以外部中断请求信号 INT0(INT1)和运行控制位 TR0(TR1)联合启动定时器(通常使用于脉冲宽度的检测);

软件清 0:以运行控制位 TR0(TR1)启动定时器(正常应用)。

（2）C/T——定时方式/计数方式选择位:

软件置 1:工作在计数方式;

软件清 0:工作在定时方式。

（3）M1 M0——工作方式选择位:

M1 M0=00:工作方式 0;

M1 M0=01:工作方式 1;

M1 M0=10:工作方式 2;

M1 M0=11:工作方式 3。

3. 定时器/计数器控制寄存器(TCON)——可位寻址的寄存器

定时器/计数器控制寄存器各位的定义见表 3-3。

表 3-3 定时器/计数器控制寄存器各位的定义

位地址	8FH	8EH	8DH	8CH	8BH	8AH	89H	88H
位符号	TF1	TR1	TF0	TR0	IE1	IT1	IE0	IT0

（1）TF0(TF1)——计数溢出标志位:

①工作于中断方式时,作中断请求位;

硬件置 1:计数器溢出时,硬件自动置 1;

硬件清 0:成功响应中断请求转入中断服务程序时,硬件自动清 0。

②工作于查询方式时,作查询状态位;

硬件置 1:计数器溢出时,硬件自动置 1;

软件清 0:查询有效后要用软件清 0。

（2）TR0(TR1)——定时器运行控制位:

软件置 1:启动定时器/计数器工作;

软件清 0:停止定时器/计数器工作。

4. 定时器/计数器工作方式

(1)工作方式 0。13 位计数器,由 TL0 低 5 位和 TH0 高 8 位组成,TL0 低 5 位计数满时不向 TL0 第 6 位进位,而是向 TH0 进位,13 位计满溢出,TF0 置 1。最大计数值 $2^{13}=8\ 192$。定时器/计数器初值 X 的计算公式如下:

①由定时时间 t 计算

$$t=(8\ 192-X)12/f_{osc};\ X=8\ 192-t(f_{osc}/12) \tag{式1}$$

式中:t 是需要定时的时间,单位 μs;f_{osc} 是系统使用的晶振频率。

②由计数次数 S 计算

$$X=8\ 192-S \tag{式2}$$

式中:S 为需要计数的次数。

【例 1】 用定时器 1,工作方式 0 实现 1 s 的延时(晶振频率为 12 MHz)。

解:

因工作方式 0 采用 13 位计数器,其最大定时时间为 $8\ 192×1$ μs $=8.192$ ms,因此,可选择定时时间为 5 ms,再循环 200 次。定时时间选定后,再确定计数值为 5 000,则定时器 1 的初值为

$$X=M-计数值=8\ 192-5\ 000=3\ 192=C78H=0\ 110\ 001\ 111\ 000B$$

因 13 位计数器中 TL1 的高 3 位未用,应填写 0,TH1 占高 8 位,所以,X 的实际填写值应为 $X=0\ 110\ 001\ 100\ 011\ 000\ B=6\ 318H$,即 TH1 $=63H$,TL1 $=18H$,又因采用工作方式 0 定时,故 TMOD $=00H$。

可编得 1 s 延时子程序如下:

```
DELAY:MOV    R3,#200      ;置 5 ms 计数循环初值
      MOV    TMOD,#00H    ;设定定时器 1 为工作方式 0
      MOV    TH1,#63H     ;置定时器初值
      MOV    TL1,#18H
      SETB   TR1          ;启动 T1
LP1:  JBC    TF1,LP2      ;查询计数溢出
      SJMP   LP1          ;未到 5 ms 继续计数
LP2:  MOV    TH1,#63H     ;重新置定时器初值
      MOV    TL1,#18H
      DJNZ   R3,LP1       ;未到 1 s 继续循环
      RET                 ;返回主程序
```

(2)工作方式 1。16 位计数器,计数器初值范围 0000H~FFFFH,最大计数值为 $2^{16}=65\ 536$,如系统频率为 12 MHz,则最大定时时间为 65 536 μs。初始值参见工作方式 0 中的(式 1)、(式 2),只要把 8 192 改成 65 536 即可。

【例 2】 要求用定时器工作方式 1 编制 1 s 的延时程序,实现信号灯的循环显示。

解:

系统采用 12 MHz 晶振,采用定时器 1,工作方式 1 定时 50 ms,用 R3 作为 50 ms 计数单元,其源程序可设计如下:

```
ORG    0000H
LJMP   ST
ORG    001BH
LJMP   DSQZD
```

```
ST:     MOV     A,#0FEH
        MOV     P1,A
        MOV     R3,#14H         ;置 50 ms 计数循环初值
        MOV     TMOD,#10H       ;设定时器 1 为工作方式 1
        MOV     TH1,#3CH        ;置定时器初值
        MOV     TL1,#0B0H
        SETB    EA
        SETB    ET1
        SETB    TR1             ;启动定时器 1
LP1:    SJMP    LP1             ;等待定时器中断到
DSQZD:  MOV     TH1,#3CH        ;重新置定时器初值
        MOV     TL1,#0B0H
        DJNZ    R3,LP1          ;未到 1 s 继续循环
        MOV     R3,#14H
        RL      A
        MOV     P1,A
        RETI                    ;返回主程序
        END
```

（3）工作方式 2。8 位计数器，仅用 TL0 计数，最大计数值为 $2^8 = 256$，计满溢出后，一方面使溢出标志 TF0 = 1；另一方面，使原来装在 TH0 中的初值装入 TL0，实现初始值自动重装。

优点：定时初值可自动恢复；缺点：计数范围小。

适用于需要重复定时，而定时范围不大的应用场合。

（4）工作方式 3。工作方式 3 仅适用于 T0,T1 无工作方式 3。

T0 在工作方式 3 情况下，T0 被拆成 2 个独立的 8 位计数器 TH0、TL0。TL0 使用 T0 原有的控制寄存器资源：TF0,TR0,GATE,C/T,INT0,组成 1 个 8 位的定时器/计数器；TH0 借用 T1 的中断溢出标志 TF1,运行控制开关 TR1,只能对片内机器周期脉冲计数,组成另一个 8 位定时器（不能用作计数器）。

T1 由于其 TF1、TR1 被 T0 的 TH0 占用,计数器溢出时,只能将输出信号送至串行口,即用作串行口波特率发生器。

二、七段数码管

1. 七段数码管的外形结构及工作原理

（1）外形结构。七段数码管的外形结构如图 3-10 所示。共有 10 个引脚：8 个段码和 2 个公共端。按其内部结构可分为共阴极和共阳极,数码管导通时正向压降一般为 1.5 ~ 2 V,额定电流为 10 mA,最大电流为 40 mA。

（2）工作原理。详述如下：

①共阳极数码管的 8 个发光二极管的阳极（二极管正端）连接在一起。通常,公共阳极接高电平（一般接电源）,其他引脚接段驱动电路输出端。当某段驱动电路的输出端为低电平时,则该端所连接的字段导通并点亮。根据发光字段的不同组合可显示出各种数字或字符。此时,要求段驱动电路能吸收额定的段导通电流,还需根据外接电源及额定段导通电流来确定相应的限流电阻。

②共阴极数码管的 8 个发光二极管的阴极（二极管负端）连接在一起。通常,公共阴极接低

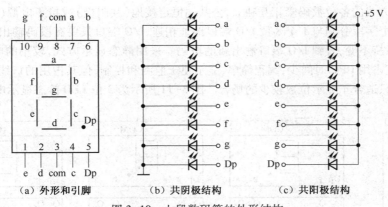

（a）外形和引脚　　　（b）共阴极结构　　　（c）共阳极结构

图 3-10　七段数码管的外形结构

电平（一般接地），其他管脚接段驱动电路输出端。当某段驱动电路的输出端为高电平时，则该端所连接的字段导通并点亮，根据发光字段的不同组合可显示出各种数字或字符。此时，要求段驱动电路能提供额定的段导通电流，还需根据外接电源及额定段导通电流来确定相应的限流电阻。

2. 字形编码

要使数码管显示出相应的数字或字符，必须使段数据口输出相应的字形编码。字形编码各位定义：数据线 D0 与 a 字段对应，D1 与 b 字段对应……依此类推。如使用共阳极数码管，数据为 0 表示对应字段亮，数据为 1 表示对应字段暗；如使用共阴极数码管，数据为 0 表示对应字段暗，数据为 1 表示对应字段亮。如要显示"0"，共阳极数码管的字形编码应为 11000000B（即 C0H）；共阴极数码管的字形编码应为 00111111B（即 3FH）。依此类推，可求得数码管字形编码见表 3-4。

表 3-4　数码管字形编码表

显示数字	共阴数码管字形编码		共阳数码管字形编码	
	Dp g f e d c b a	十六进制	Dp g f e d c b a	十六进制
0	0 0 1 1 1 1 1 1	3FH	1 1 1 1 1 1 0 0	C0H
1	0 0 0 0 0 1 1 0	06H	0 1 1 0 0 0 0 0	F9H
2	0 1 0 1 1 0 1 1	5BH	1 1 0 1 1 0 1 0	A4H
3	0 1 0 0 1 1 1 1	4FH	1 1 1 1 0 0 1 0	B0H
4	0 1 1 0 0 1 1 0	66H	0 1 1 0 0 1 1 0	99H
5	0 1 1 0 1 1 0 1	6DH	1 0 1 1 0 1 1 0	92H
6	0 1 1 1 1 1 0 1	7DH	1 0 1 1 1 1 1 0	82H
7	0 0 0 0 0 1 1 1	07H	1 1 1 0 0 0 0 0	F8H
8	0 1 1 1 1 1 1 1	7FH	1 1 1 1 1 1 1 0	80H
9	0 1 1 0 1 1 1 1	6FH	1 1 1 1 0 1 1 0	90H

显示的具体实施是通过编程，将需要显示的字形编码存放在程序存储器的固定区域中，构成显示字形编码表。当要显示某字符时，通过查表指令获取该字符所对应的字形编码。

3. 静态显示方式

静态显示是指数码管显示某一字符时，相应的发光二极管恒定导通或恒定截止。

这种显示方式的各位数码管相互独立,公共端恒定接地(共阴极)或接正电源(共阳极)。每个数码管的 8 个字段分别与 1 个 8 位 I/O 端口地址相连,I/O 端口只要有段码输出,相应字符即显示出来,并保持不变,直到 I/O 端口输出新的段码。采用静态显示方式,较小的电流即可获得较高的亮度,且占用 CPU 时间少,编程简单,显示便于监测和控制,但其占用的口线多,硬件电路复杂,成本高,只适合于显示位数较少的场合。图 3-11 所示为 3 位 LED 静态显示电路。

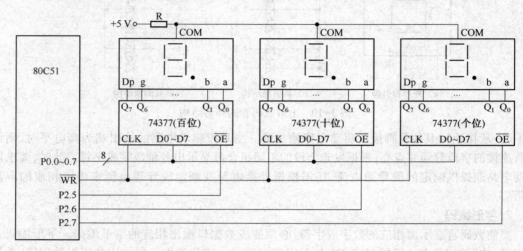

图 3-11 3 位 LED 静态显示电路

【例 3】 按图 3-3 编制显示子程序,显示数(≤255)存在内 RAM 30H 中。

解:

```
DIR1:
        MOV     A,30H               ;读显示数
        MOV     B,#100              ;置除数
        DIV     AB                  ;产生百位显示数字
        MOV     DPTR ,#TAB
        MOVC    A,@ A+DPTR          ;读百位显示符
        MOV     DPTR,#0DFFFH        ;置 74377(百位)地址
        MOVX    @ DPTR,A            ;输出百位显示符
        MOV     A,B                 ;读余数
        MOV     B,#10               ;置除数
        DIV     AB                  ;产生十位显示数字
        MOV     DPTR,#TAB           ;置共阳字段码表首址
        MOVC    A,@ A+DPTR          ;读十位显示符
        MOV     DPTR,#0BFFFH        ;置 74377(十位)地址
        MOVX    @ DPTR,A            ;输出十位显示符
        MOV     A,B                 ;读个位显示数字
        MOV     DPTR,#TAB           ;置共阳字段码表首址
        MOVC    A,@ A+DPTR          ;读个位显示符
        MOV     DPTR,#7FFFH         ;置 74377(个位)地址
        MOVX    @ DPTR,A            ;输出个位显示符
        RET
```

```
TAB:    DB 0C0H,0F9H,0A4H,0B0H,99H ;共阳字段码表
        DB 92H,82H,0F8H,80H,90H
```

4. 动态显示方式

（1）动态显示电路连接形式：

①显示各位的所有相同字段线连在一起,共 8 段,由 1 个 8 位 I/O 端口控制;

②每位的公共端(共阳或共阴 COM)由另一个 I/O 端口控制,只有 1 个口有效,其他口都无效。其连接方式如图 3-12 所示。

（2）3 位共阳极动态显示电路,如图 3-13 所示。单片机 P1.0~P1.2 的 3 个 I/O 端口有 1 根线为低电平(只有 1 根线为低电平)时,对应的晶体管饱和,相应数码管的位码端为高电平,数码管被点亮。

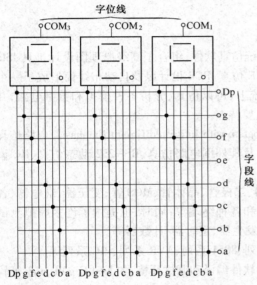

图 3-12　动态显示 LED 数码管连接方式

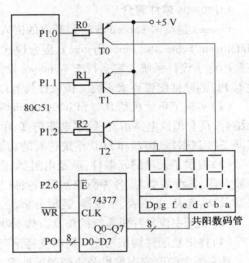

图 3-13　3 位共阳型 LED 显示电路

【例 4】　根据图 3-13 所示电路,试编制 3 位动态扫描显示程序(循环 100 次),已知显示字段码存在以 40H(低位)为首址的 3 字节内 RAM 中。

解:

编程如下:

```
DIR5:   MOV     DPTR,#0BFFFH    ;置 74377 地址
        MOV     R2,#100         ;置循环显示次数
DIR50:  SETB    P1.2            ;百位停显示
        MOV     A,40H           ;取个位字段码
        MOVX    @ DPTR,A        ;输出个位字段码
        CLR     P1.0            ;个位显示
        LCALL   DY2ms           ;调用延时 2 ms 子程序
DIR51:  SETB    P1.0            ;个位停显示
        MOV     A,41H           ;取十位字段码
        MOVX    @ DPTR,A        ;输出十位字段码
        CLR     P1.1            ;十位显示
```

```
              LCALL  DY2ms         ;延时 2 ms
      DIR52: SETB   P1.1          ;十位停显示
              MOV    A,42H         ;取百位字段码
              MOVX   @ DPTR,A      ;输出百位字段码
              CLR    P1.2          ;百位显示
              LCALL  DY2ms         ;延时 2 ms
              DJNZ   R2,DIR50      ;判循环显示结束否? 未完继续
              ORL    P1,#00000111B ;3 位灭显示
              RET
              END
```

三、Proteus 软件

1. Proteus 软件简介

Proteus 是英国 Labcenter 公司开发的嵌入式系统仿真软件,组合了高级原理图设计工具 ISIS (Intelligent Schematic Input System)、混合模式 SPICE 仿真、PCB 设计以及自动布线而形成了一个完整的电子设计系统。它运行于 Windows 操作系统上,可以仿真、分析各种模拟和数字电路,并且对 PC 的硬件配置要求不高。该软件具有以下主要特点:

(1)实现了单片机仿真与 SPICE(Simulation Program with Intigrated Circuit Emphasis)电路仿真相结合,具有模拟电路仿真、数字电路仿真、单片机及其外围电路仿真、RS-232 动态仿真、IIC 调试器、SPI 调试器、键盘和 LCD 系统仿真的功能。

(2)提供了大量的元器件,涉及电阻器、电容器、二极管、晶体管、MOS 管、变压器、继电器、各种放大器、各种激励源、各种微控制器、各种门电路和各种终端等;同时,也提供了许多虚拟测试仪器,如电流表、电压表、示波器、逻辑分析仪、信号发生器、定时器/计数器等。

(3)支持主流单片机系统的仿真。如 68000 系列、8051 系列、AVR 系列、PIC 系列等。

(4)提供软硬件调试功能。同时支持第三方的软件编译和调试环境,如 Keil C μVision3 等软件。具有强大的原理图编辑及原理图后处理功能。

(5)Proteus VSM 组合了混合模式的 SPICE 电路仿真、动态器件和微控制器模型,实现了完整的基于微控制器设计的协同仿真,真正使在物理原型出来之前对这类设计的开发和测试成为可能。

总之,该软件是一款集单片机和 SPICE 分析于一身的仿真软件,功能极其强大。

2. 启动 Proteus ISIS

正确安装 Proteus 软件后,执行"开始"→"程序"→"Proteus 7 Professional"→"ISIS 7 Professional"命令,即可启动。

3. Proteus ISIS 工作界面

Proteus ISIS 的工作界面是一种标准的 Windows 界面,如图 3-14 所示。包括:标题栏、主菜单、工具栏、状态栏、对象选择按钮、对象方位控制按钮、仿真进程控制按钮、预览窗口、对象选择器窗口、图形编辑窗口。

(1)图形编辑窗口。图形编辑窗口主要完成电路设计图的绘制和编辑。为了利图方便,在图形编辑窗口内设置有点状栅格,若想除去栅格可以由 View 菜单的 Grid 菜单项切换。在图形编辑窗口内放置编辑对象时,被编辑对象所能移动的最小距离称为 Snap,亦可由 View 菜单进行设置。

（2）预览窗口。预览窗口可以显示图形编辑窗口的全部原理图，也可以显示从对象选择器窗口中选中的对象。在预览窗口上单击，Proteus ISIS 将以单击位置为中心刷新图形编辑窗口。当从对象选择器选中对象时，预览窗口将预览选中的对象；此时，如果在图形编辑窗口内单击，预览窗口内的对象将被放置到图形编辑窗口中，这是 Proteus ISIS 的放置预览特性。

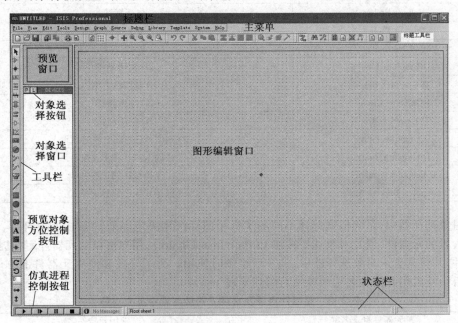

图 3-14　Proteus ISIS 工作界面

（3）对象选择器窗口。在程序设计中，经常用到对象这一概念。所谓对象，是一种将状态（数据）和行为（操作）合成到一起的软件构造，用来描述真实世界的一个物理实体或概念性的实体。在 Proteus ISIS 中，元器件、终端、引脚、图形符号、标注、图表、虚拟仪器和发生器都赋予了物理属性和操作方法，它们就是一个软件对象。

在工具栏中，系统集成了大量的与绘制电路图有关的对象。选择相应的工具栏图标按钮，系统将提供不同的操作功能。工具栏图标按钮所对应的操作功能见表 3-5。

表 3-5　工具栏图标按钮所对应的操作功能

名　称	功　能
Component	选择元器件
Junction Dot	在原理图中添加连接点
Wire Label	给导线添加标注
Text Script	在电路图中输入文本
Bus	在电路图中绘制总线
Sub-circuit	绘制子电路图块
Instant Edit Mode	即时编辑模式
Inter-sheet Terminal（Terminals）	图纸内部的连接端子（终端）
Device Pin	元器件引脚
Simulation Graph	仿真分析图表

名　称	功　能
Tape Recorder	当对设计电路分割仿真时采用此模式
Generator	发生器(或激励源)
Voltage Prob	电压探针
Current Prob	电流探针
Virtual Instruments	虚拟仪器
2D Graphics Line	2D 制图画线
2D Graphics Box	2D 制图画方框
2D Graphics Circle	2D 制图画圆
2D Graphics Arc	2D 制图画弧
2D Graphics Path	2D 制图画任意闭合轨迹图形
2D Graphics Text	(输入)2D 图形文字
2D Graphics Symbol	(选择)2D 图形符号
2D Graphics Markers Mode	(选择)2D 图形标记模式

在对象选择器中,系统根据选择不同的工具箱图标按钮决定当前状态显示的内容。Proteus 提供了大量的元器件,通过对象选择按钮 P(Pick from Library),用户可以从元器件库中提取需要的元器件,并将其置入对象选择器中,供今后绘图时使用。为了寻找和使用元器件的方便,现将元器件目录及常用元器件名称中英文对照列于表 3-6 中。

表 3-6　元器件目录及常用元器件名称中英文对照

元器件目录名称		常用元器件名称	
英　文	中　文	英　文	中　文
Analog ICs	模拟集成电路芯片	Amemeter	电流表
Capacitors	电容器	Voltmeter	电压表
CMOS 4000 Series	CMOS 4000 系列	Battery	电池/电池组
Connectors	连接器	Capacitor	电容器
Data Converters	数据转换器	Clock	时钟
Debugging Tools	调试工具	Crystal	晶振
Diodes	二极管	D-Flip-Flop	D 触发器
ECL 10 000 Series	ECL 10000 系列	Fuse	熔丝
Electromechanical	机电的(电机类)	Ground	地
Inductors	电感器(变压器)	Lamp	灯
Laplace Primitives	常用拉普拉斯变换	LED	发光二极管
Memory ICs	存储芯片	LCD	液晶显示屏
Microprocessor ICs	微处理器芯片	Motor	电动机
Miscellaneous	杂项	Stepper Motor	步进电动机
Modelling Primitives	仿真原型	Power	电源
Operational Amplifiers	运算放大器	Resistor	电阻器
Optoelectronics	光电类	Inductor	电感器
PLDs & FPGAs	PLDs 和 FPGAs 类	Switch	开关
Resistors	电阻器类	Virtual Terminal	虚拟终端
Simulator Primitives	仿真器原型	Probe	探针
Speakers & Sounders	声音类	Sensor	传感器
Switches & Relays	开关与继电器	Decoder	解(译)码器
Switching Devices	开关器件	Encoder	编码器

元器件目录名称		常用元器件名称	
Thermionic Valves	真空管	Filter	滤波器
Transistors	晶体管	Optocoupler	光耦合器
TTL 74 Series	TTL 74 系列	Serial port	串行口
TTL 74ALS Series	TTL 74ALS 系列	Parallel port	并行口
TTL 74LS Series	TTL 74LS 系列	Alphanumeric LCDs	字母数字的 LCD
TTL 74HC Series	TTL 74HC 系列	7-Segment Displays	七段数码显示器

4. 原理图绘制的方法和步骤

图 3-15 是一个简单的单片机应用电路。图 3-15 中，单片机的类型为 AT89C51；LED 显示器为 7SEG-MPX6-CA-BLUE（6 位共阳极七段 LED 显示器）；阻值均为 500 Ω；使用了一条总线。下面以该原理图为例，介绍原理图的绘制方法和步骤。

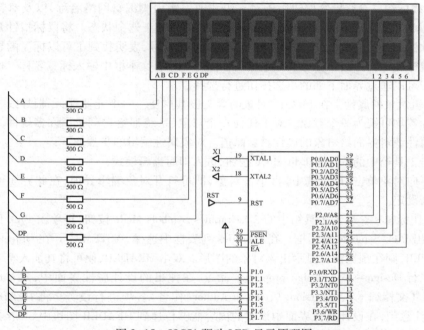

图 3-15　89C51 驱动 LED 显示原理图

（1）创建新的设计文件。首先进入 Proteus ISIS 编辑环境。执行 File→New Design 命令，在弹出的模板对话框中选择 DEFAULT 模板，并将新建的设计文件设置好保存路径和文件名。Proteus ISIS 的设计文件的扩展名为".dsn"。

（2）设置图纸类型。执行 System→Set Sheet Sizes 命令，弹出 Sheet Size Configuration 对话框。根据原理图中的元器件的多少，合理选择图纸的类型。本例选用 A4 类型的图纸。

（3）将所需元器件加入对象选择器。执行 Library→Pick Device/Symbo 命令或者单击按钮 P（Pick from Libraries），弹出元器件选择界面。在关键字区域输入 AT89C51，则元器件列表区域列出名称中含有关键字 AT89C51 的元器件，同时在元器件预览区域，可以看到该器件的实形；而在元器件 PCB 封装预览区域，可以看到其 PCB 预览图。在元器件列表区域内选中 AT89C51，双击，即可将该元器件添加到对象选择器窗口。单击 OK 按钮也可以将其加至对象选择器窗口并同时关闭元器件选择界面。同样的操作可将 7SEG-MPX6-CA-BLUE、500 Ω 电阻器添加到对象选择器窗口中。

（4）放置元器件。在对象选择器窗口中选中 7SEG-MPX6-CA-BLUE，将鼠标指针置于图形编辑窗口该对象的欲放置处单击，则完成该对象的放置。同理，将 AT89C51 和电阻器放置到图形编辑窗口中。

（5）绘制总线。ISIS 支持在层次模块间运行总线，同时也支持库元器件为总线型引脚。单击工具箱中的 Buses Mode 按钮，使之处于选中状态。将鼠标指针置于图形编辑窗口，在总线的起始位置单击，然后移动鼠标指针，到其终止位置双击即可结束总线绘制。在绘制多段连续总线时，只需要在拐点处单击，步骤与绘制一段总线相同。

（6）导线连接。导线是电气元器件图中最基本的元素之一，具有电气连接意义。在 ISIS 编辑环境中没有绘制导线的工具，这是因为 ISIS 具有智能化特点，在想要绘制导线的时候能够进行自动检测。ISIS 具有导线自动路径（Wire Autorouter，WAR）功能，当选中 2 个接点后，WAR 将选择一个合适的路径完成连接。

（7）导线标注。导线标签按钮用于对一组线或一组引脚编辑网络名称，以及对特定的网络指定名称。单击工具箱中的 Wire Lable Mode 按钮，使之处于选中状态。将鼠标指针置于图形编辑窗口的欲标标签的导线上，则鼠标指针上会出现"×"符号，表明找到了可以标注的导线；单击，则弹出导线标签编辑界面。在导线标签编辑界面内，String 文本框中输入标签名称。标签名放置的相对位置可以通过界面下部的单选按钮进行选择。

（8）编辑对象的属性。在 ISIS 中，对象的含义极其广泛。一个元器件、一根导线、一根总线、一个导线标签均可视为一个对象。对于任何一个对象，系统都给它赋予了许多属性。用户可以通过对象属性编辑界面给对象的属性重新赋值。对象属性编辑的步骤如下：

①单击工具箱中的 Instant Edit Mode 按钮，进入即时编辑模式；

②先指向对象单击（即可选中）再单击对象，即可打开对象编辑界面，在此界面可完成对属性值的重新设定。

（9）制作标题栏。单击工具箱中的 2D Graphics Symbols Mode 按钮，再单击 Pick from Library 按钮，则弹出 Pick Symbols 对话框。在 Libraries 列表框中选择 SYSTEM 库。在 Objects 列表框中选择 HEADER，则在预览窗口显示出该对象的图形。双击 HEADER，便可将其加入至对象选择器窗口中。执行 Design→Edit design properties 命令，在弹出的设计属性界面中，对 Title（设计标题）、Doc. No（文档编号）、Reversion（版本）和 Author（作者）各项进行设置。将 HEADER 放置到编辑区域，注意到，在设计属性界面中设置的内容能够传递到 HEADER 图块中。欲编辑此图块，可先选中该图块，单击工具栏上的 Decompose 按钮，或执行 Library→Decompose 命令，组成该图块的任意元素便可随意编辑了。编辑完毕后，将该标题框所有内容选中，再执行 Library→Make Symbol 命令，在弹出的 Make Symbol 界面内选中 USERSYM，在 Symbol name 文本框中输入"标题栏"，Type 单选项目下选择 Graphic，即可完成标题栏的制作。

5. Proteus 与 Keil C 的联合仿真

目前，单片机仿真软件很多，Proteus ISIS 与其他单片机仿真软件不同的是，它不仅能仿真单片机 CPU 的工作情况，还能仿真单片机外围电路或没有单片机参与的其他电路的工作情况。因此在仿真和程序调试时，人们关心的不再是某些语句执行时单片机寄存器和存储器内容的改变，而是从工程的角度直接看程序运行和电路工作的过程和结果。同时，当原理图调试成功后，利用 Proteus ARES（Advanced Routing and Editing Software）软件，很容易获得其 PCB 图，为今后的制造提供了方便。

实现 Proteus 与 Keil C 连接的步骤如下：

（1）安装 Proteus 与 Keil C 并同时安装 vdmagdi. exe 程序。

（2）进入 Proteus ISIS，执行 Debug→Use Remote Debug Monitor 命令。

（3）进入 Keil C μVision3 集成开发环境，创建一个新项目（Project），并为该项目选定合适的单片机型号，加入 Keil C 源程序。

（4）执行 Project→Options for Target 命令，或者单击工具栏中的 Options for Target 按钮，在弹出的界面中，切换到 Debug 选项卡，在 Use 的下拉列表框中选择 Proteus VSM Simulator，并且选中 Use 单选按钮，即在 Use 前面的小圆圈内出现小黑点。

（5）单击 Settings 按钮，设置通信接口，在 Host 文本框中输入"127.0.0.1"；若使用的不是同一台计算机，则需要在这里输入另一台计算机的 IP 地址（另一台计算机安装 Proteus）。在 Port 文本框输入"8000"。设置好以后单击 OK 按钮即可。最后编译工程，进入调试状态，并运行。此后，便可实现 Proteus 与 Keil C 连接调试。

知识拓展

在小型测控系统或智能仪表中，核心控制芯片一般采用 51 系列单片机，它常常需要扩展显示器和键盘以实现人机对话功能。专用芯片 8279 在扩展显示器和键盘时功能强、使用方便。下面介绍 8279 芯片。

一、8279 芯片结构及引脚

1. 结构

8279 是 Intel 公司为 8 位微处理器设计的通用键盘/显示器接口芯片，其功能是：接收来自键盘的输入数据并进行预处理；完成数据显示的管理和数据显示器的控制。单片机应用系统采用 8279 管理键盘和显示器，软件编程极为简单，显示稳定，且减少了主机的负担。图 3-16 是 8279 芯片组成框图。

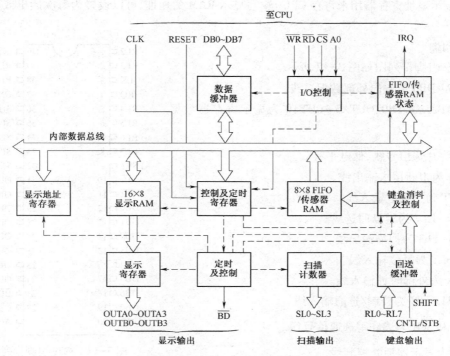

图 3-16　8279 芯片组成框图

数据缓冲器将双向三态 8 位内部数据总线 D0~D7 与系统总线相连,用于传送 CPU 与 8279 之间的命令和状态。控制和定时寄存器用于寄存键盘和显示器的工作方式,锁存操作命令,通过译码器产生相应的控制信号,使 8279 的各个部件完成相应的控制功能。定时器包含一些计数器,其中有一个可编程的 5 位计数器(计数值在 2~31 之间),对 CLK 输入的时钟信号进行分频,产生 100 kHz 的内部定时信号(此时扫描时间为 5.1 ms,消抖时间为 10.3 ms)。外部输入时钟信号周期不小于 500 ns。

扫描计数器有 2 种输出方式:一种是编码方式,计数器以二进制方式计数,4 位计数状态从扫描线 SL3~SL0 输出,经外部译码器可以产生 16 位的键盘和显示器扫描信号;另一种是译码方式,扫描计数器的低 2 位经内部译码后从 SL0~SL3 输出,直接作为键盘和显示器的扫描信号。回送缓冲器、键盘消抖及控制完成对键盘的自动扫描以搜索闭合键,锁存 RL7~RL0 的键输入信息,消除键的抖动,将键输入数据写入内部先进先出存储器(FIFO RAM)。RL7~RL0 为回送信号,线作为键盘的检测输入线,由回送缓冲器缓冲并锁存,当某一键闭合时,附加的移位状态 SHIFT、控制状态 CNTL 及扫描码和回送信号拼装成 1 个字节的"键盘数据"送入 8279 内部的 FIFO RAM。

FIFO/传感器 RAM 是具有双功能的 8×8 RAM,在键盘或选通方式时,它作为 FIFO RAM,依先进先出的规则输入或读出,其状态存放在 FIFO/传感器 RAM 状态寄存器中。只要 FIFO RAM 不空,状态逻辑将置中断请求 IRQ 为 1;在传感器矩阵方式时,作为传感器 RAM,当检测出传感器矩阵的开关状态发生变化时,中断请求信号 IRQ 为 1;在外部译码扫描方式时,可对 8×8 矩阵开关的状态进行扫描;在内部译码扫描方式时,可对 4×8 矩阵开关的状态进行扫描。

显示 RAM 用来存储显示数据,容量是 16×8 位。在显示过程中,存储的显示数据轮流从显示寄存器输出。显示寄存器输出分成 2 组,即 OUTA3~OUTA0 和 OUTB3~OUTB0,这 2 组可以单独送数,也可以组成 1 个 8 位的字节输出,该输出与位选扫描线 SL0~SL3 配合就可以实现动态扫描显示。显示地址寄存器用来寄存 CPU 读/写显示 RAM 的地址,可以设置为每次读出或写入后自动递增。

2. 引脚

8279 引脚排列图如图 3-17 所示。

DB7~DB0 为双向外部数据总线。

OUTB3~OUTB0、OUTA3~OUTA0 为显示寄存器数据输出线。

$\overline{\text{CS}}$ 为片选信号线,低电平有效。

IRQ 为中断请求输出线。

HIFT 为换挡键输入线。

RL0~RL7 为键盘回送线。

SL0~SL3 为扫描输出线。

RESET 为复位输入线。

CLK 为外部时钟输入线。

CNTL/STB 为控制/选通输入线。

$\overline{\text{RD}}$ 和 $\overline{\text{WR}}$ 为读和写选通信号线。

$\overline{\text{BD}}$ 为显示器消隐控制线。

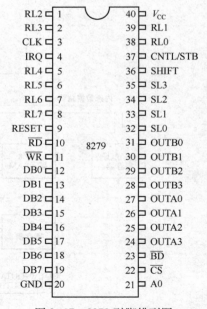

图 3-17 8279 引脚排列图

二、8279 命令字

8279 命令字见表 3-7。

1. 显示器和键盘方式设置命令

D7D6D5＝000 为键盘/显示方式命令特征字。

D4D3＝DD 为显示器方式设置位。

D2D1D0＝KKK 为键盘工作方式设置位。

8279 可外接 8 位或 16 位 LED 显示器,显示器的每位对应 1 个 8 位的显示器缓冲单元。左端输入方式较为简单,显示缓冲器 RAM 地址 0~15 分别对应于显示器的 0 位(左)~15 位(右)。CPU 依次从 0 地址或某一地址开始将段数据写入显示缓冲器。右端输入方式是移位,输入数据总是写入右端的显示缓冲器,数据写入显示缓冲器后,原来缓冲器的内容左移 1 字节。

(1)内部译码的扫描方式时,扫描信号由 SL3~SL0 输出,仅能提供 4 选 1 扫描线。

(2)外部译码工作方式时,内部计数器作二进制计数,4 位二进制计数器的计数状态从扫描线 SL3~SL0 输出,并在外部进行译码,可为键盘/显示器提供 16 选 1 扫描线。

表 3-7　8279 命令字

命令特征位			功能特征位				
D7	D6	D5	D4	D3	D2	D1	D0
0　0　0 (键盘和显示方式)			0,左输入; 1,右输入	0,8 字符; 1,16 字符	00,双键互镜 01,H 键轮回 10,传感器矩阵 11,选通输入		0,编码; 1,译码
0　0　1 (分频系数设置)			2~31				
0　1　0 (读 FIFO/传感器 RAM)			0,仅读 1 个单元;	×	3 位传感器 RAM 起始地址		
0　1　1 (读显示 RAM)			1,每次读 后地址加 1	4 位显示 RAM 起始地址			
1　0　0 (写显示 RAM)							
1　0　1 (显示器写禁止/消隐)			×	1. A 组不变; 0. A 组可变	1. B 组不变; 0. B 组可变	1. A 组消除; 0. 恢复	1. A 组消隐; 0. 恢复
1　1　0 (清显示及 FIFO RAM)			0:不清除 (CA＝0); 1:允许清除	00,全清为 0; 01,全清为 0; 10,清为 20H; 11,清为全 1	CF 清 FIFO; 使之为空, 且 IBQ＝0 读出地址 0		CA:总清 清显示, 清 FIFO
1　1　1 (结束中断/特定错误方式)			E	×	×	×	×

(3)双键互锁工作方式时,键盘中同时有 2 个以上的键被按下,任何一个键的编码信息均不能进入 FIFO RAM,直至仅剩下一个键闭合时,该键的编码信息方能进入 FIFO RAM。

(4)N 键轮回工作方式时,如有多个键按下,键盘扫描能够根据发现它们的顺序,依次将它们的状态送入 FIFO RAM。

(5)传感器矩阵工作方式时,片内的去抖动逻辑被禁止掉,传感器的开关状态直接输入到 FIFO RAM 中。因此,传感器开关的闭合或断开均可使 IRQ 立即为 1,向 CPU 快速申请中断。

2. 时钟编程命令

D7D6D5＝001 为时钟编程命令特征位。

8279 的内部定时信号是由外部输入时钟经分频后产生的,分频系数由时钟编程命令确定。 D4～D0 用来设定对 CLK 端输入时钟的分频次数 N,$N＝2～31$。利用这条命令,可以将来自 CLK 引脚的外部输入时钟分频,以取得 100 kHz 的内部时钟信号。例如,CLK 输入时钟频率为 2 MHz, 获得 100 kHz 的内部时钟信号,则需要 20 分频。

3. 读 FIFO/传感器 RAM 命令

D7D6D5＝010 为该命令的特征位。

D2～D0(AAA)为起始地址。D4(AI)为多次读出时的地址自动增量标志,D3 无用。在键扫 描方式中,AIAAA 均被忽略,CPU 总是按先进先出的规律读键输入数据,直至输入键全部读出为 止。在传感器矩阵工作方式时,若 AI＝1,则 CPU 从起始地址开始依次读出,每读出一个数据地 址自动加 1;若 AI＝0,则 CPU 仅读出一个单元的内容。

4. 读显示 RAM 命令

D7D6D5＝011 为该命令的特征位。

D3～D0(AAAA)用来寻址显示 RAM 的 16 个存储单元,AI 为自动增量标志,若 AI＝1,则每次 读出后地址自动加 1。

5. 写显示 RAM 命令

D7D6D5＝100 为该命令的特征位。

D4(AI)为自动增量标志,D3～D0(AAAA)为起始地址,数据写入按左端输入或右端输入方 式操作。若 AI＝1,则每次写入后地址自动加 1,直至所有显示 RAM 全部写完。

6. 显示器写禁止/消隐命令

D7D6D5＝101 为该命令的特征位。该命令用以禁止写 A 组和 B 组显示 RAM。

在双 4 位显示器使用时,即 OUTA3～OUTA0 和 OUTB3～OUTB0 独立地作为 2 个半字节输出 时,可改写显示 RAM 中的低半字节而不影响高半字节的状态;反之,亦可改写高半字节而不影响 低半字节。D1、D0 位是消隐显示器特征位,要消隐 2 组显示器,必须使之同时为 1,为 0 时则恢复 显示。

7. 清除命令

D7D6D5＝110 为该命令的特征位。CPU 将清除命令写入 8279,使显示缓冲器呈初态(暗 码),该命令同时也能清除输入标志和中断请求标志。

D4D3D2(CDCDCD)用来设定清除显示 RAM 的方式。

D1(CF)＝1 为清除 FIFO RAM 的状态标志,FIFO RAM 被置成空状态(无数据),并复位中断 请求 IRQ 时,传感器 RAM 的读出地址也被置成 0。

D0(CA)是总清的特征位,它兼有 CD 和 CF 的效用。当 CA＝1 时,对显示 RAM 的清除方式 仍由 D3、D2 编码确定。

8. 结束中断/错误方式设置命令

D7D6D5＝101 为该命令的特征位。此命令用来结束传感器 RAM 的中断请求。

D4(E)＝0 为结束中断命令。在传感器工作方式中使用。每当传感器状态出现变化时,扫描 检测电路就将其状态写入传感器 RAM,并启动中断逻辑,使 IRQ 变高,向 CPU 请求中断,并且禁止写入传感器 RAM。此时,若传感器 RAM 读出地址的自动增量特征位未设置(AI=0),则中断请求 IRQ 在 CPU 第一次从传感器 RAM 读出数据时就被清除;若 AI=1,则 CPU 对传感器 RAM 读出并不能清除 IRQ,而必须通过给 8279 写入结束中断/错误方式命令才能使 IRQ 变低。

D4(E)=1 为特定错误方式命令。在 8279 已被设定为键盘扫描 N 键轮回工作方式后,如果 CPU 给 8279 又写入结束中断/错误方式命令(E=1),则 8279 将以一种特定的错误方式工作。这种方式的特点是:在 8279 消抖周期内,如果发现多个按键同时按下,则 FIFO 状态字中的错误特征位 S/E 将置 1,并产生中断请求信号和阻止写入 FIFO RAM。

三、8279 动态显示编程

8279 与单片机、数码管和 74138 芯片连接简图,如图 3-18 所示。

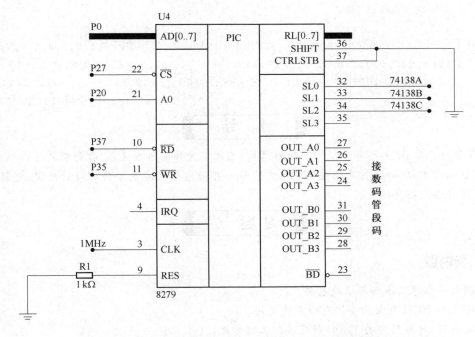

图 3-18　8279 与单片机、数码管和 74138 芯片连接简图

源程序:

```
DIS:   MOV    SP,#60H            ;显示子程序,缓冲区为79H-7EH
       C8279  EQU                ;8279 命令字地址
       D8279  EQU                ;8279 数据字地址
       MOV    DPTR,#C8279
       MOV    A,#0H
       MOVX   @ DPTR,A           ;写8279方式字
       MOV    A,#2aH
       MOVX   @ DPTR,A           ;写分频系数
       MOV    A,#0D0H
       MOVX   @ DPTR,A           ;清显示
       MOV    A,#90H
       MOVX   @ DPTR,A           ;设置从左边开始写入数据
```

```
DISP1: MOVX    A,@ DPTR
       JB      ACC.7,DISP1          ;读 8279 工作是否正常
       MOV     R0,#79H              ;显示缓冲首址
       MOV     R1,#06H
DISP2: MOV     A,@ R0
       MOV     DPTR,#TAB
       MOVC    A,@ A+DPTR           ;查字形编码
       MOV     DPTR,#D8279
       CPL     A
       MOVX    @ DPTR,A             ;送字形编码到 8279 显示
       INC     R0
       DJNZ    R1,DISP2
       RET
TAB: DB0C0H,0F9H,0A4H,0B0H,99H,92H,82H,0F8H  ;字形编码 0,1,2,3,4,5,6,7
     DB 80H,90H,88H,83H,0C6H,0A1H,86H,08EH    ;8,9,A,B,C,D,E,F
     DB 08CH,0C1H,0BFH,91H,89H,0C7H,0FFH,07FH ;P(10),U(11),-(12),Y(13),H
                                               (14),L(15),全暗(16),.(17)
```

小 结

本项目介绍了 51 系列单片机中定时器结构、工作方式和使用方法等,数码管的工作原理,静态、动态显示方式,*Proteus* 仿真软件的使用方法等。并给出了数字电子钟的设计思路、电路原理图、程序流程图及仿真图等。

习 题 三

一、判断题

1. 调用子程序及返回与堆栈有关。(   )
2. RET 和 RETI 两条指令不可以互换使用。(   )
3. 定时器/计数器可由 TMOD 设定 4 种工作方式。(   )
4. MCS-51 指令中,MOVC 为 ROM 传送指令。(   )
5. 启动定时器工作,可使用 SETB TRi 启动。(   )

二、选择题

1. 当外部中断请求的信号方式为脉冲方式时,要求中断请求信号的高电平状态和低电平状态都应至少维持(   )。

    (A)1 个机器周期　　　　　　(B)2 个机器周期

    (C) 4 个机器周期　　　　　　(D)10 个晶振周期

2. MCS-51 汇编语言源程序设计中,下列符号中不能用作标号的是(   )。

    (A)LOOP　　　　(B) MOV　　　　(C)LD1　　　　(D)ADDR

3. 要使 MCS-51 能够响应定时器 1 中断,串行口中断,它的中断允许寄存器 IE 的内容应是(   )。

    (A)98H　　　　　(B)84H　　　　　(C)42H　　　　(D)22H

4. 定时器 T1 固定对应的中断入口地址为( )。

    (A)0003H   (B)000BH   (C)0013H   (D)001BH

5. MCS-51 单片机在同一优先级的中断源同时申请中断时,CPU 首先响应( )。

    (A)外部中断 0   (B)外部中断 1

    (C)定时器 0 中断   (D)定时器 1 中断

三、程序分析题

1. 请填写程序执行结果。已知执行前有 A=02H,SP=40H,(41H)=FFH,(42H)=FFH,程序如下:

```
POP   DPH
POP   DPL
MOV   DPTR #3000H
RL    A
MOV   B A
MOVC  A,@ A+DPTR
PUSH  ACC
MOV   A,B
INC   A
MOVC  A,@ A+DPTR
PUSH  ACC
RET
ORG   3000H
DB    10H, 80H, 30H, 80H, 50H, 80H
```

程序执行后 A=____H,SP=____H,(41H)=____H,(42H)=____H,PC=____H

2. 试述下列程序执行结果,并逐条加以注释

```
(1) MOV    A,#10H
    MOV    P2,#30H
    MOV    R0,#50H
    JB     P1.0,LP1
    MOVX   @ R0,A
    SJMP   LP2
LP1: MOV   @ R0,A
LP2:SJMP   $
(2)MOV     R0,#14H
    MOV    DPTR,#1000H
CL:CLR     A
    MOVX   @ DPTR,A
    INC    DPTR
    DJNZ   R0,CL
    SJMP   $
```

四、程序设计题

1. 用定时器 T1 产生一个频率为 1 000 Hz 的方波,由 P1.1 引脚输出,f_{osc}=6 MHz。

2. 设时钟频率为 6 MHz,试编写利用 T0 产生 500 μs 定时的程序。

3. 用定时器 T1 产生一个频率为 100 Hz、占空比为 1/4 的矩形波,由 P1.0 引脚输出,f_{osc} = 6 MHz。

4. 设计一组简易交通灯,主路口 20 s 绿灯,次路口 15 s 绿灯,中间 3 s 的黄灯闪烁过渡。

项目四　简易计算器的设计

学习目标

1. 了解键盘按键的特性及去抖方法,掌握矩阵键盘的工作原理;
2. 了解 C 语言的特点和结构;
3. 掌握 LCD1602 及 HD44780 的应用;
4. 掌握 C 语言程序的流程设计;
5. 完成简易计算器的设计与制作,并调试运行。

项目内容

一、背景说明

计算器是一种在日常生活中应用广泛的电子产品,无论是在超市、商店,还是在办公室,或是家庭都有它的身影。计算器作为一种快速通用的计算工具,方便了用户的使用,可谓人们最亲密的电子伙伴之一。

二、项目描述

设计一个简易计算器。要求:以 M-51 系列单片机为核心,具有键盘输入模块和 LCD 液晶显示模块。该计算器键盘上有 0~9 这 10 个"数字按键",6 个"功能按键"(+、-、*、√、=、AC)。要求当"数字按键"按下时,对应的数值能显示出来;当"功能按键"按下时,计算器能够计算输入的数值并显示结果,完成简易计算器的软硬件设计。

三、项目方案

整个计算器系统的工作过程:首先,存储单元初始化,显示初始值和键盘扫描,判断按键位置,查表得出按键值,单片机则对数据进行存储与相应处理转换,之后送入 LCD 显示器动态显示。整个系统可分为 3 个主要功能模块:功能模块一,实时键盘扫描;功能模块二,数据转换处理;功能模块三,显示器动态显示,如图 4-1 所示。

(1)复位电路:任何单片机在工作之前都要进行复位,使单片机所有部件处于一个确定的初始状态,并从这个状态开始工作;使程序从指定处开始执行。

(2)时钟电路:为 CPU 提供时钟脉冲。

(3)显示电路:用于显示输入的数值和最终的计算结果。

(4)键盘电路:通过按键,输入数值。

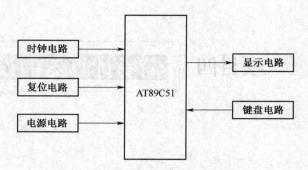

图 4-1　简易计算器系统组成

一、硬件设计

系统的整体硬件电路以 AT89C51 为核心控制器,包括单片机系统电源电路、复位电路、时钟电路,键盘电路,显示电路等。电源电路、复位电路及时钟电路在前面分别有所介绍,本项目重点介绍键盘电路和显示电路。

1. 键盘电路

作为简易计算器,其功能就是将数字按键所对应的内容显示出来,在计算器功能按键按下时,计算输入的数值并显示结果。

从项目 3 的知识点中,我们知道,独立式键盘的连接和软件设计都比较简单,但由于一个按键就要占用 1 条 I/O 端口线,故一般只用于系统中按键较少的情况。当键盘中按键数量较多时,为了减少 I/O 端口的占用,通常将按键排列成矩阵式,矩阵式键盘的结构显然要复杂一些,识别也要复杂一些。针对本项目的要求,这里采用 4×4 的矩阵式键盘,其键盘接口电路如图 4-2 所示。

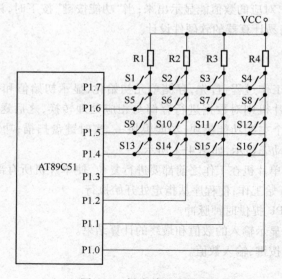

图 4-2　键盘接口电路

2. 显示电路

图 4-3 是 LCD1602 与单片机的接线图。这里用 P0 口的 8 根线作为液晶显示器的数据线,用 P2.5、P2.6、P2.7 作为 3 根控制线。与 VL 端相连的电位器的阻值为 10 kΩ,用来调节液晶显示器的对比度。5 V 电源通过一个电阻器与 BLA 相连,用以提供背光,该电阻器参数可选用 10 Ω。

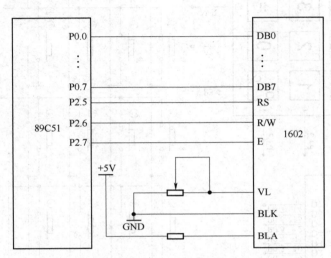

图 4-3　LCD1602 与单片机的接线图

3. 电路原理图

简易计算器电路原理图如图 4-4 所示。

二、软件设计

1. 设计思想

计算器主程序设计是计算器控制的关键,首先初始化参数,然后扫描键盘,看是否有按键输入。若有,经过去抖处理后,再次扫描键盘;如果仍有按键输入,则调用键盘扫描程序。然后根据获取的键值判断,是数字按键、清零按键(AC),还是功能按键(+、-、*、√、=)。若是数字按键,则送 LCD 显示并保存数值;若是清零按键,则进行清零处理;若是功能按键,则要判断是"=",还是运算按键。若是"=",则计算最后结果,并送 LCD 显示;若是运算按键,则保存相对运算程序的首地址。主程序流程图如图 4-5 所示。

2. 源程序

```
//* * * * * * * * * * * * * * * * * * * * * * * * * * * *简易计算器* * * * * * * * * *
* * * * * * * * * * * * * * * * * * * * * * * * * *//
#include<reg52.h>
#define uint unsigned int
#define uchar unsigned char
sbit dula=P2^6;
sbit wela=P2^7;
sbit lcden=P2^3;
sbit rs=P2^4;
uchar i,j,temp,num,num_1;
```

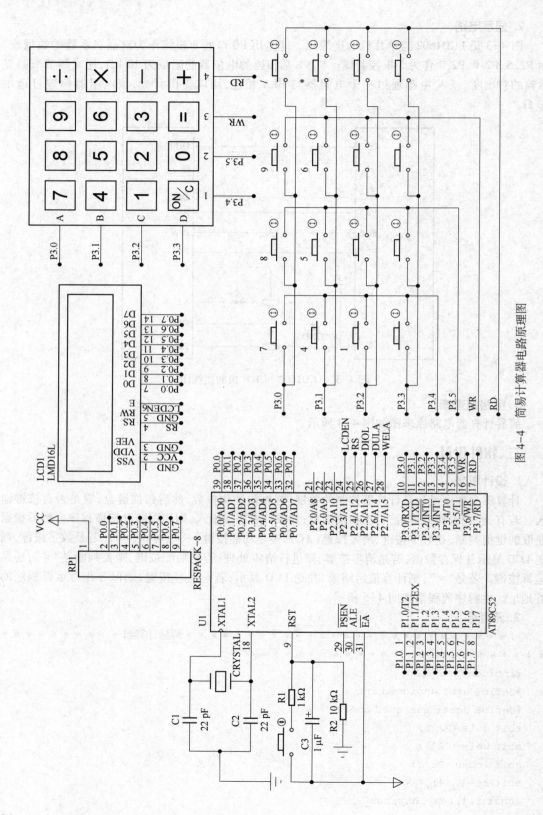

图 4-4 简易计算器电路原理图

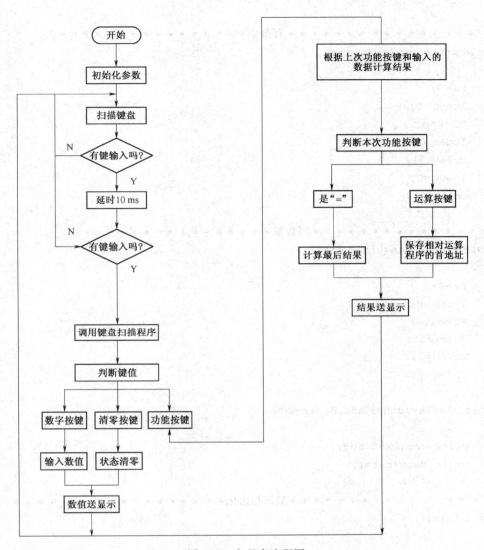

图 4-5　主程序流程图

long a,b,c;　　　　　　　//a,第一个数 b,第二个数 c,得数
float a_c,b_c;
uchar flag,fuhao;　　//flag,表示是否有符号键按下,fuhao 表征按下的是哪个符号
uchar code table[]={7,8,9,0,4,5,6,0,1,2,3,0,0,0,0,0};
uchar code table1[]={7,8,9,0x2f-0x30,4,5,6,0x2a-0x30,1,2,3,0x2d-0x30,
0x01-0x30,0,0x3d-0x30,0x2b-0x30};
//＊＊＊＊＊＊＊＊＊＊＊＊＊＊＊＊延时＊＊＊＊＊＊＊＊＊＊＊＊＊＊＊＊＊＊//
void delay(uchar z)
{
　　uchar x,y;
　　for(x=z;x>0;x--)
　　　　for(y=0;y>0;y--);

```
    }
//****************写命令********************//
    void write_com(uchar com)
    {
        rs=0;
        lcden=0;
        P0=com;
        lcden=1;
        delay(5);
        lcden=0;
        delay(5);
    }
//***************写数据********************//
    void write_date(uchar date)
    {
        rs=1;
        lcden=0;
        P0=date;
        delay(5);
        lcden=1;
        lcden=0;
    }
    void display(uchar add,uchar date)
    {
        write_com(0x80+add);
        write_date(date);
    }
//****************显示初始化********************//
    void init()
    {
        dula=0;
        wela=0;
        lcden=0;
        write_com(0x38);
        write_com(0x0c);
        write_com(0x06);
        write_com(0x80);
        write_com(0x01);
        num_1=0;
        a=0;            //第一个参与运算的数
        b=0;            //第二个参与运算的数
        flag=0;
        fuhao=0;
    }
```

```
//******************按键扫描*******************//
void keyscan()
{
    P3=0xfe;
    if(P3! =0xfe)
    {
    delay(5);
    if(P3! =0xfe)
    {
        temp=P3&0xf0;
        switch(temp)
        {
            case 0xe0:num=0;break;
            case 0xd0:num=1;break;
            case 0xb0:num=2;break;
            case 0x70:num=3;break;
        }
    }
    while(P3! =0xfe);
    if(num==0||num==1||num==2)        //如果按下的是' 7'  ' 8'  或' 9'
    {
        if(flag==0)                    //没有按过符号按键
        {
            a=a*10+table[num];
        }
        Else                           //如果按过符号按键
        {
            b=b*10+table[num];
        }
    }
    Else                               //如果按下的是' /'
    {
        flag=1;
        fuhao=4;                        //4 表示除号已按
    }
    i=table1[num];
    write_date(0x30+i);
}
P3=0xfd;
if(P3! =0xfd)
{
    delay(5);
    if(P3! =0xfd)
    {
```

```
        temp=P3&0xf0;
        switch(temp)
        {
            case 0xe0:num=4;break;
            case 0xd0:num=5;break;
            case 0xb0:num=6;break;
            case 0x70:num=7; break;
        }
    }
    while(P3! =0xfd);
    if(num==4||num==5||num==6&&num! =7)          //如果按下的是' 4' ' 5'  或' 6'
    {
        if(flag==0)                              //没有按过符号按键
        {
            a=a*10+table[num];
        }
        Else                                     //如果按过符号按键
        {
            b=b*10+table[num];
        }
    }
    Else                                         //如果按下的是' /'
    {
        flag=1;
        fuhao=3;                                 //3 表示乘号已按
    }
    i=table1[num];
    write_date(0x30+i);
}
P3=0xfb;
if(P3! =0xfb)
{
    delay(5);
    if(P3! =0xfb)
    {
        temp=P3&0xf0;
        switch(temp)
        {
            case 0xe0:num=8; break;

            case 0xd0:num=9; break;
            case 0xb0:num=10;break;
            case 0x70:num=11;break;
        }
```

```
    }
while(P3! =0xfb);
if(num==8||num==9||num==10)              //如果按下的是'1' '2' 或'3'
{
    if(flag==0)                          //没有按过符号按键
    {
        a=a*10+table[num];
    }
    Else                                 //如果按过符号按键
    {
        b=b*10+table[num];
    }
}
else if(num==11)                         //如果按下的是'-'
{
    flag=1;
    fuhao=2;                             //2 表示减号已按
}
i=table1[num];
write_date(0x30+i);
}
P3=0xf7;
if(P3! =0xf7)
{
    delay(5);
    if(P3! =0xf7)
    {
        temp=P3&0xf0;
        switch(temp)
        {
            case 0xe0:num=12;break;
            case 0xd0:num=13;break;
            case 0xb0:num=14;break;
            case 0x70:num=15;break;
        }
    }
    while(P3! =0xf7);
    switch(num)
    {
    case 12:{write_com(0x01);a=0;b=0;flag=0;fuhao=0;} //按下的是"清零"
            break;
        case 13:{                        //按下的是"0"
                if(flag==0)              //没有按过符号按键
                {
```

```
                    a=a*10;
                    write_date(0x30);
                    P1=0;
                }
                else if(flag==1)                    //如果按过符号按键
                {
                    b=b*10;
                    write_date(0x30);
                }
            }
            break;
    case 14:{if(fuhao==1){write_com(0x80+0x4f);    //按下"="键光标前
                                                   //进至
                                                   //第二行最后一个显
                                                   //示处
        write_com(0x04);            //设置从后住前写数据,每写完一个数据
                                    //光标后退一格
if(a+b<10)
{
  write_date(0x30+(a+b)%10);
}
if(a+b>=10&&a+b<100)
{
  write_date(0x30+(a+b)%10);
  write_date(0x30+(a+b)/10);
}
if(a+b>=100&&a+b<1000)
{
  write_date(0x30+(a+b)%10);
  write_date(0x30+(a+b)/10%10);
  write_date(0x30+(a+b)/100);
}
if(a+b>=1000&&a+b<10000)
{
  write_date(0x30+(a+b)%10);
  write_date(0x30+(a+b)/10%10);
  write_date(0x30+(a+b)/100%10);
  write_date(0x30+(a+b)/1000);
}
if(a+b>=10000&&a+b<100000)
{
  write_date(0x30+(a+b)%10);
  write_date(0x30+(a+b)/10%10);
  write_date(0x30+(a+b)/100%10);
```

```
                        write_date(0x30+(a+b)/1000% 10);
                        write_date(0x30+(a+b)/10000);
                  }
            write_date(0x3d);              //再写"="
            a=0;b=0;flag=0;fuhao=0;}
else if(fuhao==2){write_com(0x80+0x4f);   //光标前进至第二行最后一个显示处
write_com(0x04);      //设置从后往前写数据,每写完一个数据,光标后退一格
            if(a-b>=0&&a-b<10)
            {
              write_date(0x30+(a-b)% 10);
            }
            if(a-b>=10&&a-b<100)
            {
              write_date(0x30+(a-b)% 10);
              write_date(0x30+(a-b)/10);
            }
            if(a-b>=100&&a-b<1000)
            {
              write_date(0x30+(a-b)% 10);
              write_date(0x30+(a-b)/10% 10);
              write_date(0x30+(a-b)/100);
            }
            if(a-b>=1000&&a-b<10000)
            {
              write_date(0x30+(a-b)% 10);
              write_date(0x30+(a-b)/10% 10);
              write_date(0x30+(a-b)/100% 10);
              write_date(0x30+(a-b)/1000);
            }
            if(a-b>=10000&&a-b<100000)
            {
              write_date(0x30+(a-b)% 10);
              write_date(0x30+(a-b)/10% 10);
              write_date(0x30+(a-b)/100% 10);
              write_date(0x30+(a-b)/1000% 10);
              write_date(0x30+(a-b)/10000);
            }
            if(a-b<0&&a-b>-10)
            {
              write_date(0x30+b-a);
              write_date(0x2d);
            }
            if(a-b<=-10&&a-b>-100)
            {
```

```
        write_date(0x30+(b-a)%10);
        write_date(0x30+(b-a)/10);
        write_date(0x2d);
    }
    if(a-b<=-100&&a-b>-1000)
    {
        write_date(0x30+(b-a)%10);
        write_date(0x30+(b-a)/10%10);
        write_date(0x30+(b-a)/100);
        write_date(0x2d);
    }
    if(a-b<=-1000&&a-b>-10000)
    {
        write_date(0x30+(b-a)%10);
        write_date(0x30+(b-a)/10%10);
        write_date(0x30+(b-a)/100%10);
        write_date(0x30+(b-a)/1000);
        write_date(0x2d);
    }
    if(a-b<=-10000&&a-b>-100000)
    {
        write_date(0x30+(b-a)%10);
        write_date(0x30+(b-a)/10%10);
        write_date(0x30+(b-a)/100%10);
        write_date(0x30+(b-a)/1000%10);
        write_date(0x30+(b-a)/10000);
        write_date(0x2d);
    }
    write_date(0x3d);                          //再写"="
    a=0;b=0;flag=0;fuhao=0;}
else if(fuhao==3){write_com(0x80+0x4f);
        write_com(0x04);
    if(a*b<10)
    {
        write_date(0x30+(a*b)%10);
    }
    if(a*b>=10&&a*b<100)
    {
        write_date(0x30+(a*b)%10);
        write_date(0x30+(a*b)/10);
    }
    if(a*b>=100&&a*b<1000)
    {
        write_date(0x30+(a*b)%10);
```

```
        write_date(0x30+(a*b)/10%10);
        write_date(0x30+(a*b)/100);
    }
    if(a*b>=1000&&a*b<10000)
    {
        write_date(0x30+(a*b)%10);
        write_date(0x30+(a*b)/10%10);
        write_date(0x30+(a*b)/100%10);
        write_date(0x30+(a*b)/1000);
    }
    if(a*b>=10000&&a*b<100000)
    {
        write_date(0x30+(a*b)%10);
        write_date(0x30+(a*b)/10%10);
        write_date(0x30+(a*b)/100%10);
        write_date(0x30+(a*b)/1000%10);
        write_date(0x30+(a*b)/10000);
    }
        write_date(0x3d);
        a=0;b=0;flag=0;fuhao=0;}
else if(fuhao==4){write_com(0x80+0x4f);
    write_com(0x04);
    a_c=(float)a;
    b_c=(float)b;
    c=(long)((a_c/b_c)*1000);
    write_date(0x30+c%10);
    write_date(0x30+c/10%10);
    write_date(0x30+c/100%10);
    write_date(0x2e);
    c=c/1000;
    if(c<10)
    {
    write_date(0x30+c%10);
    }
    if(c>=10&&c<100)
    {
        write_date(0x30+c%10);
        write_date(0x30+c/10);
    }
    if(c>=100&&c<1000)
    {
        write_date(0x30+c%10);
        write_date(0x30+c/10%10);
        write_date(0x30+c/100);
```

```
            }
            if(c>=1000&&c<10000)
            {
              write_date(0x30+c% 10);
              write_date(0x30+c/10% 10);
              write_date(0x30+c/100% 10);
              write_date(0x30+c/1000);
            }
            if(c>=10000&&c<100000)
            {
              write_date(0x30+c% 10);
              write_date(0x30+c/10% 10);
              write_date(0x30+c/100% 10);
              write_date(0x30+c/1000% 10);
              write_date(0x30+c/10000);
            }
            write_date(0x3d);
            a=0;b=0;flag=0;fuhao=0;}
                 }
               break;
        case 15:{write_date(0x30+table1[num]);flag=1;fuhao=1;}
               break;
        }
      }
    }
//*******************主程序*********************//
    main()
    {
        init();
        while(1)
        {
            keyscan();
        }
    }
```

三、仿真调试

（1）利用 Keil 软件完成程序调试，生成 HEX 文件。

（2）用 Proteus 软件按原理图进行电路设计，装载 HEX 文件，电路仿真运行，运行结果如图 4-6 所示。

四、项目制作

1. 安装焊接

基于 AT89C51 单片机简易计算器的元件清单见表 4-1。按照电路图、电子工艺要求进行安装焊接。

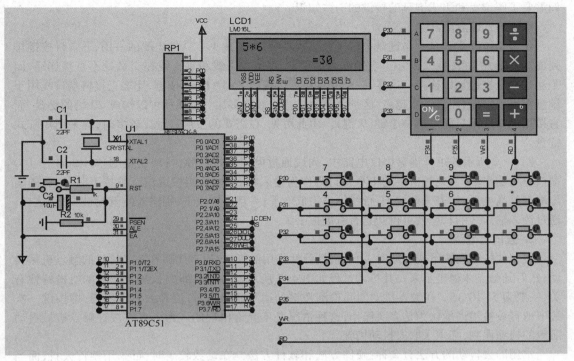

图 4-6 简易计算器的运行结果

表 4-1 简易计算器的元件清单

名　称	数　量	名　称	数　量
89C51	1 块	电解电容器 20μF	1 个
电容器 22pF	2 个	排阻 4.7kΩ	8 个
晶振 12 MHz	1 个	LM016L	1 块
电阻器 10 kΩ	1 个	插座 40 引脚	1 个
电阻器 1 kΩ	1 个	焊锡丝	若干
按钮	17 个	导线	若干

2. 系统调试

项目实物制作完成后,要进行软硬件调试。

硬件调试主要是检查电路是否正确,把电路的各种参数调整到符合设计的要求,它分为通电前检查电路连接是否有误和通电后观察现象是否异常。重点检查 LCD 显示部分和按键部分。

实物经过硬件调试后还要进行软件调试,即将程序写入到单片机存储器中,观察设计功能是否能实现,根据显示现象调试程序。调试时可编写满屏 8 字程序进行调试,检测单片机部分、LCD 显示部分等是否正常。

 相关知识

一、矩阵式键盘

键盘接口电路是单片机系统设计非常重要的一环,作为人机交互界面里最常用的输入设备。我们可以通过键盘输入数据或命令来实现简单的人机通信。在设计键盘接口电路与程序前,我

们需要了解键盘和组成键盘的按键的一些知识。

1. 矩阵式键盘简介

什么是矩阵式键盘？当键盘中按键数量较多时，为了减少I/O端口线的占用，通常将按键排列成矩阵形式，如图4-2所示。在矩阵式键盘中，每条水平线和垂直线在交叉处不直接连通，而是通过一个按键加以连接。这样，一个并行口可以构成4×4=16个按键，比之直接将端口线用于键盘多出了一倍，而且线数越多，区别就越明显。比如再多加一条线就可以构成20键的键盘，而直接用端口线则只能多出一个键(9键)。由此可见，在需要的按键数量比较多时，应采用矩阵式键盘。

图4-2所示的矩阵键盘接口电路中，列线通过电阻器接电源，行线所接的单片机4个I/O端口作为输出端，而列线所接的I/O端口则作为输入端。这样，当按键没有被按下时，所有的输出端都是高电平，代表无键按下，行线输出是低电平；一旦有键按下，则输入线就会被拉低，这样，通过读入输入线的状态就可得知是否有键按下了。

2. 去抖动电路

机械式按键在按下或释放时，由于机械弹性作用的影响，通常伴随一定时间的触点机械抖动，然后其触点才稳定下来。其抖动过程如图4-7所示。抖动时间的长短与开关的机械特性有关，一般为5~10 ms。在触点抖动期间检测按键的通与断状态，可能导致判断出错，即按键一次按下或释放被错误地认为是多次操作，这种情况是不允许出现的。为了克服按键触点机械抖动所致的检测误判，必须采取去抖动措施。

常用的去抖动的方法有2种：硬件方法和软件方法。在键数较少时，可采用硬件去抖；而当键数较多时，可采用软件去抖。在硬件上可采用在键输出端加RS触发器(双稳态触发器)或单稳态触发器构成去抖动电路。图4-8是几种由触发器构成的去抖动电路，当触发器一旦翻转，触点抖动不会对其产生任何影响。也可以利用现成的专用去抖动电路，如MC14490就是6路去抖动电路。

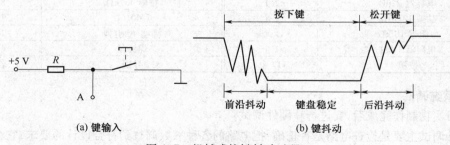

(a) 键输入　　　　　　　　　　　　(b) 键抖动

图4-7　机械式按键抖动过程

软件上采取的措施：在检测到有按键按下时，执行一个10 ms左右(具体时间应视所使用的按键进行调整)的延时程序后，再确认该键电平是否仍保持闭合状态电平，若仍保持闭合状态电平，则确认该键处于闭合状态。同理，在检测到该键释放后，也应采用相同的步骤进行确认，从而可消除抖动的影响。

3. 键盘的工作方式

键盘的工作方式有3种：程序控制扫描方式、定时控制扫描方式和中断控制方式。

（1）程序控制扫描方式。键处理程序固定在主程序的某个程序段。

特点：对CPU工作影响小，但应考虑键盘处理程序的运行间隔周期不能太长，否则会影响对键输入响应的及时性。

（2）定时控制扫描方式。利用定时器/计数器每隔一段时间产生定时中断,CPU 响应中断后对键盘进行扫描。

特点:与程序控制扫描方式的区别是,在扫描间隔时间内,前者用 CPU 工作程序填充,后者用定时器/计数器定时控制。定时控制扫描方式也应考虑定时时间不能太长,否则会影响对键输入响应的及时性。

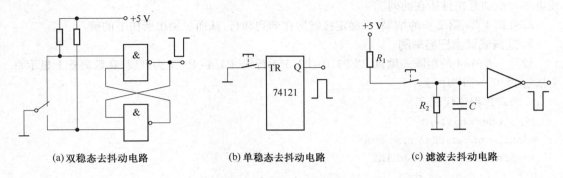

(a) 双稳态去抖动电路　　　　(b) 单稳态去抖动电路　　　　(c) 滤波去抖动电路

图 4-8　由触发器构成的去抖动电路

（3）中断控制方式。中断控制方式是利用外部中断源响应键输入信号。

特点:克服了前 2 种控制方式可能产生的空扫描和不能及时响应键输入的缺点,既能及时处理键输入,又能提高 CPU 运行效率,但要占用一个宝贵的中断资源。

键盘扫描流程图如图 4-9 所示。无论采用哪种控制方式,在键盘扫描子程序中主要完成下述几个功能:

①判断键盘上有无键按下。

②消除键的机械抖动影响。

③求按下键的键号。

④键闭合一次仅进行一次键功能操作。

4. 键盘按键识别方法

（1）扫描法。扫描法有行扫描和列扫描 2 种,无论哪种,其效果都是一样的,只是在程序中处理方法有所区别。下面以矩阵式键盘列扫描为例介绍扫描法识别按键的方法。列扫描法就是用软件程序把一个"步进的 0"送至列线,首先在键处理程序中将 P1.0～P1.3 依次按位变低,P1.0～P1.3 在某一时刻只有一个为低。在某一位为低时读行线,根据行线的状态即可判断出哪一个按键被按下。如 1 号键按下时,当列线 P1.1 为低时,读回的行线状态中 P1.4 被拉低,由此可知 1 号键被按下。一般在扫描法中分 2 步处理按键,首先是判断有无键按下,即使列线（P1.0～P1.3）全部为低,读行线,如行线（P1.4～P1.7）全为高,则无键按下,如行线有一个为低,则有键按下;当判断有键按下时,使列线依次变低,读行线,进而判断出具体的哪个按键被按下。

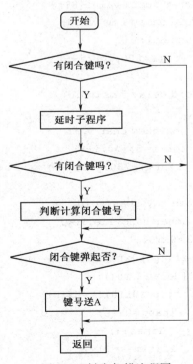

图 4-9　键盘扫描流程图

（2）线反转法。扫描法是逐行或逐列扫描查询,当被按下的键处于最后一列时,要经过多次扫描才能最后获得此按键所处的行、列值。而线反转法则显得简练,无论被按下的键是处于哪列,均可经过 2 步获得此按键所在的行列值。

第 1 步:将行线 P1.0~P1.3 作为输入线,列线 P1.4~P1.7 作为输出线,并将输出线输出全为低电平,读行线状态,则行线中电平为低的是按键所在的列。

第 2 步:将列线作为输入线,行线作为输出线,并将输出线输出为低电平,读行线状态,则列线电平为低的是按键所在的列。

综合第 1 步、第 2 步的结果,可确定按键所在的列和行,从而识别出所按下的键。

5. 矩阵式键盘扫描举例

设计一个 4×4 的矩阵式键盘,以 P3.0~P3.3 为行线,P3.4~P3.7 为列线,在数码管上显示每个按键的"0"~"F"序号。

C 语言源程序代码

```
#include<reg51.h>
#define uchar unsigned char
#define uint unsigned int
Uchar buff,times,j;
Uchar code dispcode []={0xc0,0xf9,0x,a4,0xb0,    //0,1,2,3
                  0x99,0x92,0x82,0xf8,    //4,5,6,7
                  0x80,0x90,0x88,0x83,    //8,9,A,B
                  0xc6,0xa1,0x86,0x8e};    //C,D,E,F
Uchar idata value[8];
Void delay 1 ms(void)
{uchar I;
  For(i=200;i>0;i--)
}
Void delay 5 ms(void)
{
  unsigned char I,j;
  for(i=5;i>0;i--)
    for(j=230;j>0;j--)
}
void key_scan(void)
{ uchar hang,lie,key;
P3=0xf0;
  if((p3&0xf0)! =0xf0)
  {delay 1 ms();
  if((p3&0xf0)! =0xf0)
    {hang=0xfe;
      Times++;
    if(times=9)
      Times=1
    While((hang&0x10)! =0)
    {p3=hang;
      if((p3&0xf0)! =0)
```

```
        {lie=(p3&0xf0 |0xf0;
        buff=((~hang)+(~lie));
        switch(buff)
        {
case 0x11:key=0;break;     //p3.7 p3.6 p3.5 p3.4 p3.2 p3.1p3.0,高电平有效,列值+行值
        case 0x21: key=1;break
        case 0x41: key=2;break
        case 0x81: key=3;break
        case 0x12: key=4;break
        case 0x22: key=5;break
        case 0x42: key=6;break
        case 0x82: key=7;break
        case 0x14: key=8;break
        case 0x24: key=9;break
        case 0x44: key=10;break
        case 0x84: key=11;break
        case 0x18: key=12;break
        case 0x28: key=13;break
        case 0x48: key=14;break
        case 0x88: key=15;break
        }
        value[times-1]=key;
        }
        else hang=(hang<<1) |0x01;
        }
        }
        }
        }
    void main(void)
    {
    while(1)
    {
    key_scan0;
    P0=dispcode[value[times-1]];
    }
    }
```

二、液晶显示(LCD)

单片机的主要输出方式除了发光二极管、数码管以外,还有一种主要的方式:液晶显示。液晶模块已经成为单片机系统的一个重要输出器件,液晶显示模块具有体积小、功耗低、显示内容丰富、超薄、轻巧等优点,在嵌入式应用系统中得到了越来越广泛的应用。

1. 液晶显示简介

(1)液晶显示原理。液晶的物理特性:当通电时导通,排列变得有秩序,使光线容易通过;不

通电时排列混乱,阻止光线通过,让液晶如闸门般地阻隔或让光线穿透。液晶显示的原理就是利用液晶的物理特性,通过液晶和彩色过滤器过滤光源,在平面面板上产生图像。与传统的阴极射线管(CRT)相比,LCD 占用空间小、功耗低、辐射低、无闪烁、可降低视觉疲劳。LCD 的缺点:与同大小的 CRT 相比,价格更加昂贵。

(2)液晶显示器的分类。液晶显示器的分类方法有很多种,通常可按照其显示方式分为段式、点字符式、点阵式等。除了黑白显示外,液晶显示器还有多灰度显示和彩色显示。

(3)液晶显示器的显示原理。就显示功能最完整的点阵式液晶显示器而言,液晶显示可分为线段的显示、字符的显示和汉字的显示。

①线段的显示。点阵式液晶显示器由 $M×N$ 个显示单元组成,假设显示屏有 64 行,每行有 128 列,每 8 列对应 1 字节的 8 位,即每行由 16 字节,共 16×8 = 128 个点组成。显示屏上 64×16 显示单元与显示 RAM 区的 1024 字节相对应,每一字节的内容和显示屏上相应位置的亮暗对应。例如显示屏的第一行的亮暗由 RAM 区的 000H~00FH 的 16 字节的内容决定,当(000)= FFH 时,则显示屏的左上角显示一条短亮线,长度为 8 个点;当(3FFH)= FFH 时,则显示屏的右下角显示一条短亮线,长度为 8 个点;当(000H)= FFH,(001H)-00H,(002H)= FFH,(003H)= 00H,…(00EH)= FFH,(00FH)= 00H,则在显示屏的顶部显示一条由 8 段亮线和 8 条暗线组成的虚线。这就是液晶显示器显示的基本原理。

②字符的显示。用液晶显示器显示一个字符比较复杂,因为一个字符由 6×8 或 8×8 点阵组成,既要找到和显示屏上某几个位置对应的显示 RAM 区的 8 字节,还要使每字节的不同的位为"1",其他的位为"0";为"1"的点亮,为"0"的不亮,这样一来就组成了某个字符。但对于内带字符发生器的控制器(如 HD61202)来说,显示字符就比较简单了,可让控制器工作在文本方式,根据在液晶显示器上开始显示的行列号及每行的列数找出显示 RAM 区对应的地址,设立光标,在此送上该字符对应的代码即可。

③汉字的显示。汉字的显示一般采用图形方式,事先从微机中提取要显示的汉字的点阵码,每个汉字占 32 字节,分左右两半部分,各占 16 字节,左边为 1、3、5…;右边为 2、4、6…,根据液晶显示器上开始显示的行列号及每行的列数可找出显示 RAM 区对应的地址,设立光标,送上要显示的汉字的第一字节,光标位置加 1,送第二字节,换行按列对齐,送第三字节……直到 32 字节显示完,就在液晶显示器上得到一个完整的汉字。

2. LCD1602 简介

LCD1602 又称 1602 字符型液晶模块,它是一种专门用来显示字母、数字、符号等的点阵式液晶显示器。它由字符型液晶显示屏、控制驱动主电路 HD44780、扩展驱动电路 HD44100,以及少量电阻器、电容器和结构件等装配在 PCB 上而组成。LCD1602 中,16 代表每一行可以显示 16 个字符,02 代表总共可以显示 2 行字符。因为可以显示 2 行,每行 16 个字符,因此可相当于 32 个 LED 数码管,而且比数码管显示的信息还多。目前市场上的字符型液晶显示屏通常有 14 个引脚或 16 个引脚,16 个引脚多出来的 2 条线是背光电源线和地线。LCD1602 外观图如图 4-10 所示。1602 字符型液晶模块的引脚分布如图 4-11 所示,LCD1602 采用标准的 16 脚接口,其中:

第 1 脚:VSS 为电源地。

第 2 脚:VCC 接 5 V 电源正极。

第 3 脚:V0 为液晶显示器对比度调整端,接正电源时对比度最弱,接地电源时对比度最高(对比度过高时会 产生"鬼影",使用时可以通过一个 10 kΩ 的电位器调整对比度)。

第 4 脚:RS 为寄存器选择,高电平 1 时选择数据寄存器;低电平 0 时选择指令寄存器。

第 5 脚:R/W 为读写信号线,高电平 1 时进行读操作;低电平 0 时进行写操作。

第 6 脚:E(或 EN)端为使能(enable)端,高电平 1 时读取信息,负跳变时执行指令。

第 7~14 脚:D0~D7 为 8 位双向数据端。

第 15~16 脚:空脚或背灯电源。15 脚背光正极,16 脚背光负极。LCD1602 各引脚功能见表 4-2。

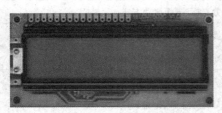

图 4-10 LCD1602 外观图

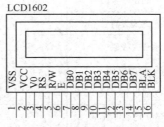

图 4-11 LCD1602 引脚分布

值得提出的是,各种液晶显示器厂家均有提供几乎都是同样规格的 1602 模块或兼容模块,尽管各厂家对其各自的产品命名不尽相同,但其最初的 LCD 控制器采用的都是 HD44780,在各厂家生产的 LCD1602 模块当中,基本上也都采用了与之兼容的控制集成电路,所以从特性上基本是一样的;当然,很多厂商提供了不同的字符颜色、背光色之类的显示模块。

LCD1602 有 11 个控制指令,见表 4-3。其中,DDRAM:显示数据 RAM,用来寄存待显示的字符代码;CGROM:字符发生存储器;CGRAM:用户自定义的字符图形 RAM。这里介绍几个 LCD1602 编程时经常用到的几个指令,见表 4-4 至表 4-7。

表 4-2 LCD1602 各引脚功能

引脚号	引脚名称	状态	功 能 描 述
1	VSS	—	电源地
2	VCC	—	电源正极
3	V0	—	液晶显示偏压信号
4	RS	输入	寄存器选择信号
5	R/W	输入	读写操作信号
6	E	输入	使能信号
7	DB0	三态	数据总线 0
8	DB1	三态	数据总线 1
9	DB2	三态	数据总线
10	DB3	三态	数据总线
11	DB4	三态	数据总线
12	DB5	三态	数据总线
13	DB6	三态	数据总线
14	DB7	三态	数据总线(MSB)
15	BLA	输入	背光+5 V
16	BLK	输入	背光地

表 4-3　LCD1602 模块控制指令

指　令	功　能
清屏	清 DDRM 和 AC 值
归位	使光标和光标所在的字符回到 HOME 位
输入方式设置	设置光标、画面移动方式
显示开关控制	设置显示、光标及闪烁开和关
光标、画面位移	光标、画面移动,不影响 DDRAM
功能设置	工作方式设置(初始化指令)
CGRAM 地址设置	设置 CGRAM 地址指针,地址码范围 0~63
DDRAM 地址设置	设置 DDRAM 地址指针,地址码范围 0~127
读 BF 及 AC 值	读忙标志 BF 值和地址计数器 AC 值
写数据	数据写入 DDRAM 或 CGRAM 内
读数据	从 DDRAM 或 CGRAM 读出数据

表 4-4　LCD1602 模块清除指令

RS	R/W	DB7	DB6	DB5	DB4	DB3	DB2	DB1	DB0
0	0	0	0	0	0	0	0	0	0

　　清除指令功能:清除液晶显示器,即将 DDRAM 的内容全部填入"空白"的 ASCII 码 20H;光标归位,即将光标撤回液晶显示器的左上方;将地址计数器(AC)的值设为 0。

表 4-5　LCD1602 模块显示开关指令

RS	R/W	DB7	DB6	DB5	DB4	DB3	DB2	DB1	DB0
0	0	0	0	0	0	1	D	C	B

　　显示开关指令功能:设置显示、光标及闪烁开和关。
　　其中:
　　D 表示显示开关:D=1 为开,D=0 为关;
　　C 表示光标开关:C=1 为开,C=0 为关;
　　B 表示闪烁开关:B=1 为开,B=0 为关。

表 4-6　LCD1602 模块位移指令

RS	R/W	DB7	DB6	DB5	DB4	DB3	DB2	DB1	DB0
0	0	0	0	0	1	S/C	R/L	*	*

　　模块位移指令功能:光标、画面移动,不影响 DDRAM。
　　其中:
　　S/C=1:画面平移一个字符位;
　　S/C=0:光标平移一个字符位;

R/L=1:右移;R/L=0:左移。

表4-7　LCD1602模块功能设置指令

RS	R/W	DB7	DB6	DB5	DB4	DB3	DB2	DB1	DB0
0	0	0	0	1	DL	N	F	*	*

模块功能设置指令功能:工作方式设置(初始化指令)。

其中:

DL=1,8位数据接口;DL=0,4位数据接口;

N=1,2行显示;N=0,1行显示;

F=1,5×10点阵字符;F=0,5×7点阵字符。

3. HD44780简介

目前大多数字符显示模块的控制器都采用型号为HD44780的集成电路作为控制器。HD44780是集控制器、驱动器于一体,专门用于字符显示控制驱动集成电路。HD44780是字符型液晶显示器的代表电路。

(1)HD44780集成电路的特点:

①可选择5×7点阵或5×10点阵字符。

②HD44780不仅作为控制器而且还具有驱动40×16点阵LCD的能力,并且HD44780的驱动能力可通过外接驱动器扩展360列驱动。

HD44780可控制的字符高达每行80个字,也就是5×80=400点,HD44780内藏有16路行驱动器和40路列驱动器,所以HD44780本身就具有驱动16×40点阵LCD的能力(即单行16个字符或两行8个字符)。如果在外部加一HD44100外扩展多40路/列驱动,则可驱动16×2 LCD。

③HD44780的显示缓冲区DDRAM,字符发生存储器(ROM)及用户自定义的字符发生器CGRAM全部内藏在芯片内。

④HD44780具有8位数据传输和4位数据传输2种方式,可与4/8位CPU相连。

⑤HD44780具有简单而功能较强的指令集,可实现字符移动、闪烁等显示功能。

(2)HD44780集成电路的工作原理。HD44780集成电路的内部集成了1个输入/输出缓存器、1个指令寄存器(IR)、1个指令解码器(ID)、1个地址计数器(AC)、1个数据寄存器(DR)、1个80×8位数据显示RAM(DDRAM)、1个192×8位字符发生器ROM(CGROM)、1个光标闪烁控制器、1个并行串行转换电路等11个单元电路。

HD44780模块的显示RAM共可存放80个字符。如果显示内容少于80个字符,显示屏上要显示的内容与显示RAM之间是一对一的映射关系,显示内容取决于输入模式设置指令。

HD44780支持以下几种字符液晶显示屏:单行或双行16个字符显示;四行16或20个字符显示;四行40个字符显示。

HD44780的显示存储器采用固定地址分配方案,即控制不同的液晶显示屏,采用不同的显存地址,而且显存地址不能由用户来改变。

下面以常用的字符型液晶模块1602C为例来说明HD44780的显存地址分配。

表4-8所示为HD44780的一个4行16个字符的液晶显示屏所对应的显存地址。

表4-8 HD44780 4×16 液晶显示屏 DDRAM 地址分配

列\行	1	2	3	4	5	6	7	8	9	10	11	12	13	14	15	16
1	80	81	82	83	84	85	86	87	88	89	8A	8B	8C	8D	8E	8F
2	C0	C1	C2	C3	C4	C5	C6	C7	C8	C9	CA	CB	CC	CD	CE	CF
3	90	91	92	93	94	95	96	97	98	99	9A	9B	9C	9D	9E	9F
4	D0	D1	D2	D3	D4	D5	D6	D7	D8	D9	DA	DB	DC	DD	DE	DF

从表中可以看出,要想把一个字符显示在液晶显示屏的某个位置,只需要把该字符的显示代码送到该地址所指向的 DDRAM 中去即可。比如,要把某个字符显示在屏幕的左上角位置,则把该字符的显示数据送到 80H 中去即可。

对于 1602 来说,它是一个两行 16 个字符的液晶显示器,显存地址的分配应该对应表 4-7 的前两行,即第一行的 16 个字符显示位置分别对应于 DDRAM 的 80H~8FH,第二行的 16 个字符显示位置分别对应于 DDRAM 的 C0H~CFH。显示一个字符时,应该先由主机通过 8 位或 4 位接口把显存地址以命令方式送出,再由主机通过 8 位或 4 位接口把显示字符代码以数据方式送出。

HD44780 模块有 11 条专用控制指令。表 4-9 是 HD44780 控制指令一览表。

表4-9 HD44780 控制指令一览表

指　令	RS	R/W	D7	D6	D5	D4	D3	D2	D1	D0	描　述
清显示	0	0	0	0	0	0	0	0	0	1	清显示,光标回起始位
回原位	0	0	0	0	0	0	0	0	1	*	光标返回起始位,不清显示
输入方式设置	0	0	0	0	0	0	0	1	I/D	S	设置 DDRAM 计数器为增量或减量(I/D),在数据读写期间指定光标或显示移位(S)
显示开/关控制	0	0	0	0	0	0	1	D	C	B	设置显示开/关(D),光标开/关(C),光标位置字符闪烁(B)
光标或显示移位	0	0	0	0	0	1	S/C	R/L	*	*	移动光标或显示移位,不改变 DDRAM 内容
功能设置	0	0	0	0	1	DL	N	F	*	*	设置数据总线位数(DL),显示行数(N),字体大小(F)
设置 CGRAM 地址	0	0	0	1	CGRAM 地址 A_{CG}						设置 CGRAM 地址,在这条指令之后发送和接收 CGRAM 数据
设置 DDRAM 地址	0	0	1	DDRAM 地址 A_{DD}							设置 DDRAM 地址,在这条指令之后发送和接收 DDRAM 数据
读忙标志和地址	0	1	BF	地址计数器 AC							读忙标志位(BF)和地址计数器内容

指　令	RS	R/W	D7	D6	D5	D4	D3	D2	D1	D0	描　述
写数据	1	0				写数据					写数据到 DDRAM 或 CGRAM,地址计数器自动加 1 或减 1(AC)
读数据	1	1				读数据					读数据从 DDRAM 或 CGRAM,地址计数器自动加 1 或减 1(AC)

I/D=1:自动加 1;	I/D=0:自动减 1;
S=1:数据输入时显示移位;	S=0:数据输入时光标移位;
S/C=1:显示移位,RAM 不变;	S/C=0:光标移位,RAM 不变;
R/L=1:向右移位;	R/L=0:向左移位;
DL=1:8 位;	DL=0:4 位;
N=1:2 行;	N=0:1 行;
F=1:5×10 点阵字体;	F=0:5×7 点阵字体;
D=1:开显示;	D=0:关显示;
C=1:开光标;	C=0:关光标;
B=1:开闪烁;	B=0:关闪烁;
BF=1:不能接受指令;	BF=0:可以接受指令;
＊:取 0 或 1 都可以	

HD44780 模块的 CGROM 中存放的字符以及字符的显示代码如图 4-12 所示。用户只能选择 192 个字符中的字符来显示,另外可以通过编程自定义 8 个字符来显示。在表 4-6 中,有 2 种字体,一种是 5×7 点阵字体,其实是 8×8 点阵字体,左右留 3 列,下方留一行;另一种是 5×10 点阵字体,每个字实际占用 8×16 点阵。

显示数据按照表中的行、列坐标可以查出。高四位是列坐标,低四位是行坐标。比如第一行第二列的空格字符,即不显示任何字符,它的显示数据为 00100000,即 20H;第二行第四列的大写 A,它的显示数据为 01000001,即 41H。通常,在显示固定字符时,不采用查表方式,而是在程序中以数据块中存放字符串的形式来表示比较方便。

4. LCD1602 驱动程序

(1)初始化液晶显示器命令(void RstLcd( )):

功能:设置控制器的工作模式,在程序开始时调用。

参数:无。

(2)清屏命令(void ClrLcd( )):

功能:清楚屏幕显示的所有内容。

(3)光标控制命令(void SetCur(uchar Para)):

功能:控制光标是否显示及是否闪烁。

参数:1 个,用于设定显示器的开关、光标的开关及是否闪烁。

程序中预定义了 4 个符号常数,只要使用 4 个符号常数作为参数即可。这 4 个符号常数的定义如下:

```
const uchar NoDisp=0;                    //无显示
const uchar NoCur=1;                     //有显示无光标
const uchar CurNoFlash=2;                //有光标但不闪烁
```

```
const uchar CurFlash=3;                    //有光标且闪烁
```

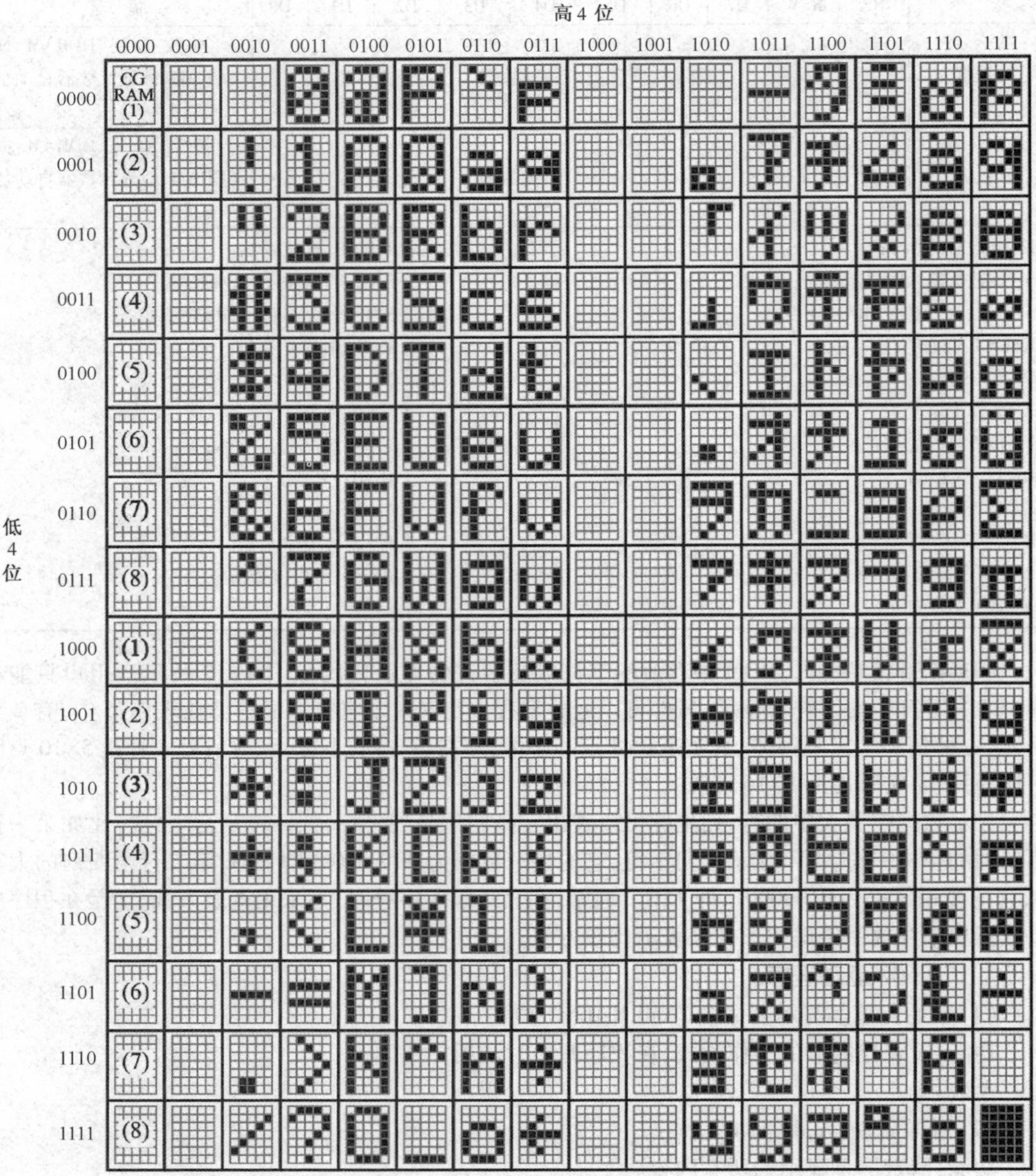

图 4-12　HD44780 模块的 CGROM 中存放的字符以及字符的显示代码

（4）写字符命令（void WriteChar(uchar c,uchar xPos,uchar yPos)）：

功能：在指定位置（行和列）显示指定的字符。

参数：共有 3 个，即待显示字符、行值和列值，分别存放在字符 c 和 XPOS、YPOS 中。其中行值与列值均从 0 开始计数。

例：要求在第一行的第一列显示字符"a"。

WriteChar('a',0,0)；

（5）字符串命令（void WriteString(uchar ∗ s,uchar xPos,uchar yPos)）：

功能:在指定位置显示一串字符。

参数:共有 3 个,既字符串指针 s、行值、列值。字符串须以 0 结尾。如果字符串的长度超过了从该列开始可显示的最多字符,则其后字符被截断,并不在下一行显示出来。

以下是完整的驱动程序的源程序。

```
#define NOP _nop_();_nop_();_nop_();_nop_();_nop_();_nop_();
const uchar NoDisp=0;                  //无显示
const uchar NoCur=1;                   //有显示无光标
const uchar CurNoFlash=2;              //有光标但不闪烁
const uchar CurFlash=3;                //有光标且闪烁

void LcdPos(uchar,uchar);              //确定光标位置
void LcdWd(uchar);                     //写字符
void LcdWc(uchar);                     //送控制字(检测忙信号)
void LcdWcn(uchar);                    //送控制字子程序(不检测忙信号)
void WaitIdle();                       //正常读/写操作前检测 LCD 控制器状态
```

/* *

函数功能:在指定的行与列显示指定的字符。

入口参数:xpos 为光标所在行;ypos 为光标所在列;c 为待显示字符。

返　　回:可以写入时推迟本函数,否则无限循环。

备　　注:无。

* */

```
void WriteChar(uchar c,uchar xPos,uchar yPos)
{   LCdPos(xPos,yPos);
    LcdWd(c);
}
```

/* *

函数功能:显示字符串。

入口参数:* s 为指向待显示的字符串;xpos 为光标所在行;ypos 为光标所在列。

返　　回:如果指定的行显示不了,将余下字符截断,不换行显示。

备　　注:无。

* */

```
void WriteString(uchar * s ,uchar xPos, uchar yPos)
{   uchar I;
    if( * s ==0)
    return;
    for(i=0; ; i++)
    {
        if( * (s+i)= =0)
          break;
        WriteChar(* (s+i),xPos,yPos);
        xPos++;
        if(xPos>=15)            //如果 xPos 中的值未到 15,退出
          break;
```

```
        }
    }
```
/* *

函数功能:设置光标。
入口参数:4 种光标类型。
返　　回:可以写入时退出本函数,否则无限循环。
备　　注:无。
* */

```
    void  SetCur(uchar Para)
    {  mDelay(2);
       sitch (Para)
       {
            case 0:LcdWc(0x08);      break;        // 关显示
            case 1:LcdWc(0x0c);      break;        // 开显示,但无光标
            case 2:LcdWc(0x0e);      break;        // 开显示,有光标,但不闪烁
            case 3:LcdWc(0x0f);      break;        // 开显示,有光标,且闪烁
            default:break;
       }
    }
```
/* *

函数功能:清屏。
入口参数:无。
返　　回:无。
备　　注:无。
* */

```
    void ClrLcd( )
    {    LcdWc(0x01);
    }
```
/* *

函数功能:正常读写操作之前检测 LCD 控制器状态。
入口参数:无。
返　　回:无。
备　　注:无。
* */

```
    void WaitIdle ()
    {    uchar tmp;
         RS=0;RW=1;E=1;
         NOP;
         for( ; ; )
         {    temp=DPORT;
              tmp&=0x80;
              if(tmp= =0)
                  break;
         }
```

```
                E=0;
    }
```
/* *
```
    函数功能:写字符。
    入口参数:c 为待写字符。
    返    回:无。
    备    注:无。
```
* */
```
    void LcdWd( uchar c)
    {    WaitIdle();
         RS=1;
         RW=0;
         DPORT=c;
         E=1;NOP;E=0;                //将待写数据送到数据端口
    }
```
/* *
```
    函数功能:送控制字子程序(检测忙信号)。
    入口参数:c 为控制字。
    返    回:无。
    备    注:无。
```
* */
```
    void LcdWd( uchar c)
    {    WaitIdle();
         LcdWcnⓒ;
    }
```
/* *
```
    函数功能:送控制字子程序(不检测忙信号)。
    入口参数:c 为控制字。
    返    回:无。
    备    注:无。
```
* */
```
    void LcdWd( uchar c)
    {    RS=0;
         RW=0;
         DPORT=c;
         E=1;NOP;E=0;
    }
```
/* *
```
    函数功能:设置第(xPos,yPos)个字符的地址。
    入口参数:xPos,yPos 光标所在位置。
    返    回:无。
    备    注:无。
```
* */
```
    void LcdPos(uchar xPos, uchar yPos)
```

```
{       unsigned char tmp;
        xPos&=0x0f;                    //x 位置范围是 0~15
        yPos&=0x01;                    //y 位置范围是 0~1
        if( yPos= =0)                  //显示第一行
            tmp=xPos;
        else
            tmp=xPos+0x40;
        tmp |=0x80;
        LcdWc(tmp);
}
```

/ *

函数功能:复位 LCD 控制器。

入口参数:c 为控制字。

返　　回:无。

备　　注:无。

* /

```
void RstLcd ()
{       mDelay(15);            //使用 12 MHz 不必修改,12 MHz 以上晶振改为 30
        LcdWc(0x38);          //显示模式设置
        LcdWc(0x08);          //显示关闭
        LcdWc(0x01);          //显示清屏
        LcdWc(0x06);          //显示光标移动位置
        LcdWc(0x0c);          //显示开及光标设置
}
```

5.LCD1602 显示举例

使用 HD44780 字符编码,在 LM016L 液晶显示器上显示字符串,第一行显示字符为"Hello NanTong";第二行显示字符为 WWW. NTTEC.com。

C 语言源程序

```
#include<reg51. h>
#include<intrins. h>
#define uchar unsigned char
#define uint unsigned int
sbit   rs=p2^0;
sbit   rw=p2^1;
sbit   ep=p2^2
uchar idata dis1[]
={0x48,0x65H,0x6C,0x6C,0x6F,0x00,0x4E,0x61,0x6E,0x54,0x6H,0x6E,0x67,0x00};
uchar idata dis2[]
={0x57,0x57H,0x57,0x2E,0x4E,0x54,0x54,0x45,0x43,0x2E,0x63H,0x6F,0x6D,0x00};
void delay(uchar ms)
{
    uchar i;
```

```
    while(ms--)
     {
      for(i=0;i<120;i++);
     }
}
uchar Busy_Check(void)
{
    uchar LCD_Status;
    rs=0;
    rw=1;
    ep=1;
    _nop_();
    _nop_();
    _nop_();
    _nop_();
    LCD_Status=p0&0x80;
    ep=0;
    retun LCD_Status;
}
void lcd_wcmd(uchar cmd)
{
    while(Busy_Check());
    rs=0;
    rw=1;
    ep=1;
    _nop_();
    _nop_();
    p0=cmd;
    _nop_();
    _nop_();
    _nop_();
    _nop_();
    ep=1;
    _nop_();
    _nop_();
    _nop_();
    _nop_();
    ep=0;
}
void lcd_pos(uchar pos)
{
    lcd_wcmd(pos |0x80);
}
/******************LCD写数据*******************/
```

```
    void lcd_wdat(uchar dat)
    {
        While(Busy_Check());
        rs=1;
        rw=0;
        ep=0 ;
        p0=dat;
        _nop_();
        _nop_();
        _nop_();
        _nop_();
        ep=1;
        _nop_();
        _nop_();
        _nop_();
        _nop_();
        ep=0;
    }

    void d_char(uchar a)
    {
        Lcd_wdat(a);
        While(Busy_Check());
    }
/ * * * * * * * * * * * * * * * * *显示子程序* * * * * * * * * * * * * * * * * * /
    Void LCD_disp(uchar idata * s)
    {
        uchar I,x;
        lcd_pos(x);
        while(s[i]! =0x00)
        {
        d_char(s[i]);
        i++;
        }
        i=0;
    }
/ * * * * * * * * * * * * * * * * LCD初始化 * * * * * * * * * * * * * * * * * * /
    Void lcd_init(void)
    {
        lcd_wcmd(0x38)
        delay(1);
        lcd_wcmd(0x0c);
        delay(1);
        lcd_wcmd(0x06);
```

```
    delay(1);
    lcd_wcmd(0x01);
    delay(1);
}
/* * * * * * * * * * * * * * 主程序 * * * * * * * * * * * * * * * * */
Void main(void)
{
    lcd_init();
    delay(10);
    LCD_disp(0x00,dis1);
    LCD_disp(0x40,dis2);
    While(1);
    {;}
}
```

三、C51 语言介绍

1. C 语言的主要特点

（1）语言简洁、紧凑。使用方便、灵活。C 语言一共只有 32 个关键字，9 种控制语句，程序书写形式自由，主要用小写字母表示。

（2）运算符丰富。C 语言共有 34 种运算符。将括号、赋值、强制类型转换等都作为运算符处理。

（3）结构丰富。C 语言的数据类型有整型、实型、字符型、数组类型、指针类型、结构体类型、共用体类型等。

（4）结构化的控制语句。用函数作为程序的模块单位，便于实现程序的模块化。

（5）C 语言允许直接访问物理地址，能进行位（bit）操作，能实现汇编语言的大部分功能，可以直接对硬件进行操作。因此 C 语言既具有高级语言的功能，又具有低级语言的许多功能，可用来写系统软件。

（6）C 语言写的程序可移植性好（与汇编语言比）。基本上不进行修改就能用于各种型号的计算机和各种操作系统。

2. C 语言的结构

（1）程序是由函数构成的。函数是 C 语言程序的基本单位，其用来实现特定的功能。一个 C 语言源程序至少包含一个 main 函数，也可以包含一个 main 函数和若干个其他函数，程序全部工作都是由各个函数分别完成的。被调用的函数可以是系统提供的库函数，也可以是用户根据需要自己编制设计的函数。

（2）一个函数由两部分组成：

①函数的首部，即函数的第一行。包括函数名、函数类型、函数属性、函数参数名、参数类型。函数名后面必须跟一对圆括号。

②函数体，即函数首部下面的花括号{…}内的部分。如果一个函数内有多个大括号，则最外层的一对{}为函数体的范围。

函数体一般包括：

a. 声明部分。在这部分中定义所用到的变量。

b. 执行部分。它由若干语句组成。

注:空函数没有声明部分和执行部分。

（3）一个 C 语言程序总是从 main 函数开始执行,而不论 main 函数在整个程序中的位置如何。

（4）C 语言程序书写格式自由,一行内可以写几个语句,一个语句可以分写在多行上。

（5）每个语句和数据定义的最后必须有一个分号。分号是 C 语言程序的必要组成部分。

（6）可以用/＊…＊/对 C 语言程序中的任何部分进行注释。注释可以增加程序的可读性。

3. C 语言程序的算法

一个 C 语言程序应该包括以下两方面内容:

（1）对数据的描述。在程序中要指定数据的类型和数据的组织形式,即数据结构。

（2）对操作的描述。即操作步骤,也就是算法。

数据是操作的对象。数据结构 + 算法 = 程序。

计算机算法可分为两大类别:数值运算算法和非数值运算算法。一般用流程图表示算法。

结构化程序的 3 种基本结构:顺序结构、选择结构和循环结构。

4. C 语言的基本数据类型

（1）标准 C 语言的数据类型。数据类型是按被定义变量的性质、表现形式、占用存储空间的多少、构造特点来划分的。在 C 语言中,数据类型可分为基本类型、构造类型、指针类型、空类型四大类。图 4-13 所示为数据类型的分类。

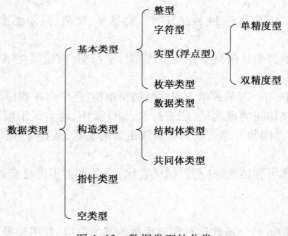

图 4-13　数据类型的分类

（2）常量和变量。详述如下:

在程序运行中,值不能改变的量称为常量。用一个标识符代表一个常量的称为符号常量。

如:#define PRICE 40

程序中用#define 命令行定义 PRICE 代表常量40,此后程序中出现的 PRICE 都代表40,可以和常量一样进行运算。

习惯上,符号常量名用大写,变量用小写,以示区别。

使用符号常量具有以下优点:

①含义清楚。可以用见名知意的符号常量,增加程序的可读性。

②在需要改变一个常量时能做到"一改全改"。

在程序运行中,值可以改变的量称为变量。一个变量应该有一个名字,在内存中占据一定的存储单元。在该存储单元中存放变量的值。

标识符:用来标识变量名、符号常量名、函数名、数组名、类型名、文件名的有效字符序列。C语言规定,标识符只能由字母、数字和下画线 3 种字符组成,且第一个字符必须为字母或下画线。

C 语言规定,所有用到的变量都要做到"先定义、后使用"。定义包括:变量名和变量类型。

(3)整型数据。详述如下:

①整型常量的表示方法:

a. 十进制整数。如 50,−100。

b. 八进制整数。以 0 开头的数是八进制数。如 0123 表示八进制数 123,其值为 $1×8^2+2×8^1+3×8^0$ 等于十进制数 83。

c. 十六进制整数。以 0x 开头的数是十六进制数。如 0x123 表示十六进制数 123,其值为 $1×16^2+2×16^1+3×16^0$ 等于十进制数 291。

②整型变量。数据在内存中是以二进制形式存放的。整型变量的基本类型符为 int。可以根据数值的范围将变量定义为基本整型、短整型(short int)或长整型(long int)。也可以将变量定义为无符号数,只用于表示正数。归纳起来,可以用以下 6 种整型变量:

有符号基本整型 signed int。

无符号基本整型 unsigned int。

有符号短整型 signed short。

无符号短整型 unsigned short。

有符号长整型 signed long。

无符号长整型 unsigned long。

例:整型变量的定义。

int a;   (指定 a 为整型)

unsigned short b,c;   (指定 b,c 为无符号短整型)

注意:设置变量的数据类型时,要注意变量的变化范围。

(4)实型数据。实数又称浮点数,一般在内存中占 4 字节。

C 语言实型变量分为单精度(float 型)和双精度(double 型)两类。

例:实型变量的定义。

float x,y;   (指定 x,y 为单精度实型)

double z;   (指定 z 为双精度实型)

(5)字符型数据。字符型数据和整型数据是通用的。以 char 表示。

5. C 语言的运算符

C 语言的运算符有以下几类:算术运算符(+ − * / %)、关系运算符(> < == >= <= !=)、逻辑运算符(!   && ||)、位运算符(<< >> ~ | & ^)、赋值运算符(=)、条件运算符(?:)、逗号运算符(,)、指针运算符(* 和 &)、求字节数运算符(sizeof)、强制类型转换运算符((类型))和下标运算符([ ])。

(1)算术运算符。算术运算符主要是加、减、乘、除和取余运算。需要说明的是两个整数相除结果为整数。如 8/3=2,舍去小数部分。如果参加加、减、乘、除运算的两个数中有一个数为实数,则结果是 double 型。

自增、自减运算符:作用是使变量增 1 或减 1。

如:++i,−−i(在使用 i 之前,先使 i 的值加(减)1);

  i++,i−−(在使用 i 之后,再使 i 的值加(减)1)。

注意:自增运算符(++),自减运算符(--),只能用于变量,而不能用于常量或表达式;++和--的结合方向是"自右向左"。

(2)赋值运算符。赋值符号"="就是赋值运算符,它的作用是将一个数据赋给一个变量。

如:int a;

a=10;(将10赋给整型变量a)

也可以在赋值符号"="之前加上其他运算符构成复合的运算符。

如:a+=7;　　等价于　a=a+7;

x * =y+8;　等价于　x=x * (y+8)。

6. C语言程序设计

C语言的语句用来向计算机发出操作指令。一个C语言程序可以由若干个源程序文件(分别进行编译的文件模块)组成,一个源文件可以由若干个函数和预处理命令以及全局变量声明部分组成,一个函数由数据定义部分和执行语句组成,如图4-14所示。

C语言的语句可以分为以下5类:

(1)控制语句,完成一定的控制功能。C语言只有9种控制语句,分别如下:

①if( )…else…(条件语句)。

②for( )…(循环语句)。

③while( )…(循环语句)。

④do…while( )(循环语句)。

⑤continue(结束本次循环条件语句)。

⑥break(中止执行switch或循环语句)。

⑦switch(多分支选择语句)。

⑧goto(转向语句)。

⑨return(从函数返回语句)。

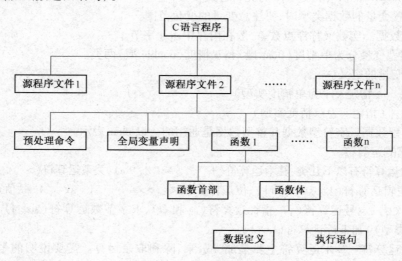

图4-14　C语言程序组成

(2)函数调用语句。由一次函数调用加一个分号构成一个语句。

(3)表达式语句。由一个表达式构成一个语句。

(4)空语句。只有一个分号的语句,它什么也不做。

（5）赋值语句。赋值语句是由赋值表达式加上一个分号构成。

7. 选择结构程序设计

（1）关系运算符和关系表达式。关系运算符实际上是比较运算符,它将两个值进行比较,判断其比较的结果是否符合给定的条件。C 语言提供 6 种关系运算符:大于(>)、小于(<)、等于(= =)、大于或等于(>=)、小于或等于(<=)、不等于(! =)。

用关系运算符将两个表达式(可以是算术表达式或关系表达式、逻辑表达式、赋值表达式、字符表达式)连接起来的式子,称为关系表达。关系表达式的值是一个逻辑值,即"真"或"假"。例:"5= =4"的值是"假","5>0"的值是"真"。C 语言中以 1 代表"真",以 0 代表"假"。

（2）逻辑运算符和逻辑表达式。用逻辑运算符将关系表达式或逻辑量连接起来的就是逻辑表达式。

C 语言提供 3 种逻辑运算符:

①　&&(逻辑与)。

②　||(逻辑或)。

③　!(逻辑非)。

逻辑表达式的值应该是逻辑量"真"或"假",C 语言编译系统在给出逻辑运算结果时,以 1 代表"真",以 0 代表"假";但在判断一个量是否为"真"时,以 0 代表"假",以非 0 代表"真"。

（3）if 语句。if 语句是用来判定给定的条件是否满足,根据判定的结果(真或假)决定执行给出的两种操作之一。

C 语言提供了 3 种形式的 if 语句:

①if(表达式)　　语句;

例如:if(x>y)x=y;　如果 x>y,那么就将 y 的值赋给 x。该语句执行过程如图 4-15 所示。

② if(表达式)　　语句 1;

　　　else　　　语句 2;

其含义是:如果表达式的值为真,则执行语句 1;否则执行语句 2 。其执行过程如图 4-16 所示。

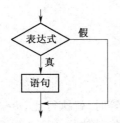

图 4-15　第一种形式 if 语句执行过程

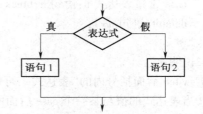

图 4-16　第二种形式 if 语句执行过程

③if(表达式 1)　　　　　语句 1;

　　else　if(表达式 2)　　　语句 2;

　　else　if(表达式 3)　　　语句 3;

　　　　　…

　　else　if(表达式 m)　　　语句 m;

else　　　　　　　　　语句 n;

其含义是:依次判断表达式的值,当出现某个值为真时,则执行其对应的语句。然后跳到整个 if 语句之外继续执行程序。如果所有的表达式均为假,则执行语句 n。然后继续执行后续程序。if…else…if 语句的执行过程如图 4-17 所示。

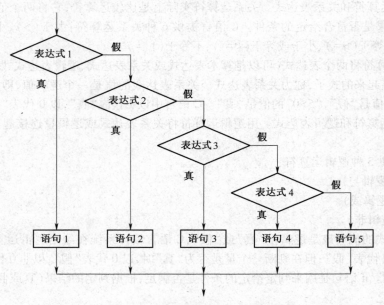

图 4-17 第三种形式 if 语句执行过程

（4）switch 语句

switch 语句是多分支选择语句。它的一般形式如下:

switch（表达式）

{case 常量表达式 1:语句 1;break;

  case 常量表达式 2:语句 2;break;

  …

  case 常量表达式 n:语句 n;break;

  default:语句 n+1;

}

说明:

①switch 后面括号内的"表达式",可以为任何类型。

②当表达式的值与某一个 case 后面的常量表达式的值相等时,就执行此 case 后面的语句,若所有的 case 中的常量表达式的值都没有与表达式的值匹配的,就执行 default 后面的语句。

③每一个 case 的常量表达式的值必须互不相同,否则就会出现矛盾的现象。

④各个 case 和 default 的出现次序不影响执行结果。

⑤执行完一个 case 后面的语句后,流程控制转移到下一个 case 继续执行。故常在每个分支后加一局 break 语句,使执行一个 case 分支后,流程跳出 switch 结构。最后一个分支（default）可以不加 break 语句。

8. 循环控制

循环结构有 3 种构成:while 语句;do…while 语句和 for 语句。

（1）while 语句。while 语句用来实现"当型"循环结构。其一般形式如下:

while（表达式）   语句

while 语句的含义是：计算表达式的值，当值为真（非 0）时，执行循环体语句。其执行过程可用图 4-18 表示。

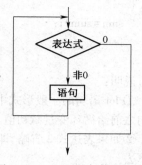

注意：

①循环体如果包含一个以上的语句，应该用花括号括起来，以复合语句的形式出现；如果不加花括号，则 while 语句的范围只到 while 后面的第一个分号处。

②在循环体中应有使循环趋向于结束的语句。

（2）do…while 语句。do…while 语句的特点是先执行循环体，然后判断循环条件是否成立。其一般形式如下：

图 4-18　while 语句执行过程

do

循环体语句

while（表达式）；

这个循环与 while 循环的不同在于：它先执行循环中的语句，然后再判断表达式是否为真，如果为真则继续循环；如果为假则终止循环。因此，do…while 循环至少要执行一次循环语句。其执行过程可用图 4-19 表示。

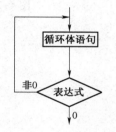 

图 4-19　do…while 语句执行过程

（3）for 语句。for 语句的一般形式如下：

for（表达式 1；表达式 2；表达式 3）　语句

它的执行过程如下：

①先求解表达式 1。

②求解表达式 2，若其值为 0 则结束循环；若其值为非 0 则执行下面的第 3 步。

③执行循环体语句，这个语句代表一条语句或一个复合语句。

④求解表达式 3。

⑤转到第 2 步去执行。

⑥循环结束，执行 for 语句下面的语句。

其执行过程可用图 4-20 表示。

for 语句最简单的应用形式：

for（循环变量赋初值；循环条件；循环变量增值）语句

例如：for（i = 1；i <= 100；i++） sum = sum+i；

它相当于：

i = 1；

while（i <= 100）

```
{
    sum = sum+i;
    i++;
}
```

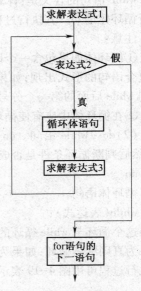

图 4-20 for 语句执行过程

说明：

① for 语句的一般形式中"表达式 1"可以省略,此时应在 for 语句之前给循环变量赋初值。

②如果表达式 2 省略,即不判断循环条件,循环无终止地进行下去。

③表达式一般是关系表达式或逻辑表达式,但也可以是数值表达式或字符表达式,只要其值为非零,就执行循环体语句。

（4）循环的嵌套。一个循环体内又包含另一个完整的循环结构,称为循环的嵌套。内嵌的循环中还可以嵌套循环,称为多层循环。3 种循环可以互相嵌套。如：

①while( )
{…
while( )
{…}
}

②for(; ;)
{…
while( )
{…}
}

③for(; ;)
{…
for( )
{…}
}

对于循环语句,可以用 break 语句跳出循环,用 continue 语句结束本次循环。

9. 数组

数组相当于由若干类型相同的变量组成的一个有前后顺序的集合。数组中的每一个元素都属于同一个数据类型。用一个统一的数组名和下标来唯一地确定数组中的元素。

（1）一维数组的定义。一维数组的定义方式如下：

类型说明符 数组名[常量表达式]

例：int a[10]; 它表示数组名为 a,此数组由 10 个整型数据组成,分别是 a[0], a[1], a[2], a[3], a[4], a[5], a[6], a[7], a[8], a[9]。

说明：

①数组名命名规则和变量名相同,应遵循标识符命名规则。

②数组名后是方括号括起来的常量表达式,不能用圆括号。

③常量表示式表示元素的个数,即数组长度。

（2）一维数组的引用。数组必须先定义,然后使用。C 语言规定,只能逐个引用数组元素而不能一次引用整个数组。数组元素的表示形式为:数组名［下标］。下标可以是整型常量或整型表达式。

（3）一维数组的初始化。可以在定义数组时对数组元素赋初值。例:

int a［10］={0,1,3,4,2,3,5,6,7,8};

int a［10］;

则定义后 a［0］=0, a［1］=1, a［2］=3, a［3］=4, a［4］=2, a［5］=3, a［6］=5, a［7］=6, a［8］=7, a［9］=8。

10. 函数

函数是实现特定功能的程序模块。

一个源文件由一个或多个函数组成。一个源程序文件是一个编译单位,即以源程序为单位进行编译,而不是以函数为单位进行编译。

一个 C 语言程序由一个或多个源程序文件组成。对较大的程序,一般不希望全放在一个文件中,而将函数和其他内容分别放在若干个源文件中,再由若干源文件组成一个 C 语言程序。这样可以分别编写、编译,提高调度效率。一个源文件可以为多个 C 语言程序公用。

C 语言程序的执行从 main 函数开始。调用其他函数后流程回到 main 函数,在 main 函数中结束整个程序的运行。main 函数是系统定义的,其他函数不可以调用 main 函数。

从用户使用的角度看,函数有 2 种:

①标准函数,即库函数。这是由系统提供的,用户不必自己定义这些函数,可以直接使用它们。

②用户自己定义的函数。用以解决用户的专门问题。

从函数的形式看,函数分 2 类:

①无参函数。在调用无参函数时,主调函数并不将数据传送给被调用函数。无参函数可以带回或不带回函数值。

②有参函数。在调用函数时,主调函数和被调用函数之间有数据传送。

（1）函数的定义。详述如下:

无参函数的定义形式如下:

类型标识符　函数名()

{

　　声明部分

　　语句

}

无参函数一般不需要带回函数值,因此可以不写类型标识符。

有参函数的定义形式如下:

类型标识符　函数名(形式参数表列)

{

　　声明部分

　　语句

}

函数的返回值是通过函数中的 return 语句获得的。return 语句将被调用函数中的一个确定值带回主调函数中去。

（2）函数的调用。详述如下：

①函数调用的一般形式是：函数名（实参列表）；

②函数调用的方式有3种：

a. 函数语句。把函数调用作为一个函数语句。

b. 函数表达式。函数出现在一个表达式中，这种表达式称为函数表达式。

c. 函数实参。把函数调用作为一个函数的实参。

③对被调用函数的声明：如果使用库函数，一般还应该在本文件开头用#include命令将调用有关库函数时所需用到的信息"包含"到本文件中来。如#include <stdio.h>；如果使用用户自己定义的函数，而且该函数与调用它的函数在同一个文件中，一般还应该在主调函数中对被调用的函数进行声明。（如果主调函数出现在被调用函数之后，可以不声明。）

11. 指针

指针是C语言中广泛使用的一种数据类型。运用指针编程是C语言最主要的风格之一。利用指针变量可以表示各种数据结构；能很方便地使用数组和字符串；并能像汇编语言一样处理内存地址，从而编出精练而高效的程序。指针极大地丰富了C语言的功能。变量的指针就是变量的地址。存放变量地址的变量是指针变量，用来指向另一个变量。为了表示指针变量和它所指向的变量之间的联系，在程序中用"*"符号来表示"指向"。

12. 位运算

位运算是指进行二进制位的运算。位运算只能针对整型或字符型数据，不能为实型数据。

（1）位运算符。位运算符及其含义见表4-10。

表4-10 位运算符及其含义

位运算符	含 义	位运算符	含 义
&	按位与	~	取反
|	按位或	<<	左移
^	按位异或	>>	右移

①按位与运算。参加运算的两个数据，按二进制位进行"与"运算。

例：3&5。

```
      3 = 0000 0011
 (&)  5 = 0000 0101
 ──────────────────
          0000 0001
```

即 3&5=1

按位与运算有一些特殊的用途：

a. 清零。

b. 取一个数中某些指定位。

c. 要想将哪一位保留下来，就与一个数进行与运算，此数在该位取1。

②按位或运算。按位或运算常用来对一个数据的某些位定值为1。

（2）异或运算符。特点如下：

①使特定位翻转。

②与0相异或，保留原值。

③交换两个值,不用临时变量。

(3)左移运算符。左移运算符用来将一个数的各二进制位全部左移若干位。如 a=a<<2 表示将 a 的二进制位左移 2 位,右补 0。高位左移后溢出,舍弃不起作用。

(4)右移运算符。a>>2 表示将 a 的二进制位右移 2 位。移到右端的低位被舍弃,对无符号数,高位补 0。

知识拓展

在我们常用的人机交互显示界面中,除了数码管,LED,以及之前已经提到的 LCD1602 之外,还有一种液晶显示屏用得比较多,那就是 LCD12864。LCD12864 是一种常用的图形液晶显示模块,顾名思义,就是可以在水平方向显示 128 个点,在竖直方向显示 64 个点。通过对控制芯片写入数据,可以控制点的亮灭,从而显示字符、数字、汉字或者自定义的图形。尽管 LCD12864 有各个不同厂家生产的产品,控制芯片和引脚定义也不尽相同,但是控制原理都大同小异。LCD12864 分为 2 种:无字库型和字库型。

一、无字库型 LCD12864

以 Proteus 中的 LCD12864 为例,如图 4-21 所示,Proteus 中 AMPIRE 128×64,该液晶驱动器为 KS0108。与字库型液晶不同,此块液晶中含有 2 个液晶驱动器,一块驱动器控制 64×64 个点,左右显示,由引脚 CS1 和 CS2 控制。学习液晶显示屏主要看它的指令系统,在此先说明一下"页"的概念,此液晶显示屏有 8 页,每页有 8 行。

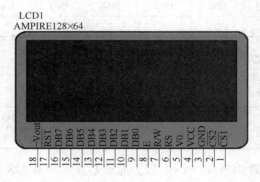

图 4-21　LCD12864

1. 引脚功能
无字库型 LCD12864 引脚功能见表 4-11。

表 4-11　无字库型 LCD12864 引脚功能

引脚符号	状　态	引　脚　名　称	功　能　描　述
CS1,CS2,CS3	输入	芯片片选端	CS1 和 CS2 低电平选通,CS3 高电平选通
E	输入	读写使能信号	在 E 下降沿,数据被锁存入 HD61202 及其兼容控制驱动器;在 E 高电平期间,数据被读出
R/W	输入	读写选择信号	R/W=1 为读选通;R/W=0 为写选通

引脚符号	状 态	引 脚 名 称	功 能 描 述
RSI	输入	数据、指令选择信号	RS=1 为数据操作； RS=0 为写指令或读状态
DB0~DB7	三态	数据总线	8 位数据总线，传输指令、数据信息
RST	输入	复位信号	复位信号有效时，关闭液晶显示屏，使显示起始行为 0

CS1 和 CS2 的屏幕选择说明：00 全屏、01 左半屏、10 右半屏、11 不选。

2. 基本指令

（1）行设置指令见表 4-12。

表 4-12　行设置指令

R/W	RS	DB7	DB6	DB5	DB4	DB3	DB2	DB1	DB0
0	0	1	1	×	×	×	×	×	×

由此可见，其显示的起始行为 0xC0，有规律地改变起始行号，可以实现滚屏的效果。

（2）页（page）设置指令见表 4-13。

表 4-13　页设置指令

R/W	RS	DB7	DB6	DB5	DB4	DB3	DB2	DB1	DB0
0	0	1	0	1	1	1	×	×	×

起始页为 0xB8 显示的 RAM 共 64 行，分为 8 页，每页有 8 行。

（3）列（Y address）地址设置指令见表 4-14。

表 4-14　列地址设置指令

R/W	RS	DB7	DB6	DB5	DB4	DB3	DB2	DB1	DB0
0	0	0	1	×	×	×	×	×	×

第一列为 0x40，一直到 0x7F 共 64 列，因为此液晶显示屏有 128 列，所以有 2 块驱动芯片驱动。

（4）读状态指令见表 4-15。

表 4-15　读状态指令

R/W	RS	DB7	DB6	DB5	DB4	DB3	DB2	DB1	DB0
1	0	Busy	0	ON/OFF	RESET	0	0	0	0

Busy：1——内部忙，不能对液晶显示屏进行操作；0——工作正常。

ON/OFF：1——显示关闭；0——显示打开。

RESET：1——复位状态；0——正常。

说明：在 Busy 和 RESET 状态时，除读状态指令外，其他任何指令均不会对驱动器产生作用。

其他的读数据和写数据和 LCD1602 是一样的．

所以，向某个位置写 1 字节可以分为 3 步：确定某页，确定某列，写 1 字节。

①确定某页:就是向 LCD12864 写一个命令"0xBx",x 为 0~7,比如 0xB0 就是指定第 0 页。

②确定某列:这要向 12864 连续写 2 字节:0x1x 和 0x0y,x 为列地址的高 4 位,y 为列地址的低 4 位,比如 0x15 和 0x03,就是指定 0x53 列。

③直接写 1 字节即可。

可以这样编程:

```
//在某页某列显示 1 字节
void display_byte(u8 page,u8 column,u8 byte)
{
    write_command(0xB0+page);          //在 page 页写字符的上半部分,写入页地址的
                                       //指令为 0xBx,x 为 0~7
    write_command(0x10+column/0x10);       //写入列地址的指令为连续输入
                                       //0x1x 和 0x0y,x 为列地址的高 4 位
    write_command(0x00+column% 0x10);      //y 为列地址的低 4 位
    write_data(byte);
}
```

二、字库型 LCD12864

带中文字库的 LCD12864 是一种具有 4 位/8 位并行、2 线或 3 线串行多种接口方式,内部含有国标一级、二级简体中文字库的点阵图形液晶显示模块;其显示分串行方式和并行方式 2 种,通过引脚 PSB 进行选择,内置 8 192 个 16×16 点阵汉字和 128 个 16×8 点阵 ASCII 字符集。它只有一个驱动芯片,不像 Proteus 中无字库型液晶显示屏有 2 个驱动芯片。显示是整体显示,而不是左右显示。

1. 引脚功能

字库型 LCD12864 引脚功能见表 4-16。

表 4-16　字库型 LCD12864 引脚功能

引脚号	引脚名称	电平	功 能 描 述
1	VSS	0V	电源地
2	VCC	3.0~5V	电源正
3	V0	—	对比度(亮度)调整
4	RS(CS)	H/L	RS=1,表示 DB7~DB0 为显示数据 RS=0,表示 DB7~DB0 为显示指令数据
5	R/W(SID)	H/L	R/W=1,E=1,数据被读到 DB7~DB0 R/W=0,E 由 1→0, DB7~DB0 的数据被写到 IR 或 DR
6	E(SCLK)	H/L	使能信号
7	DB0	H/L	三态数据线
8	DB1	H/L	三态数据线
9	DB2	H/L	三态数据线
10	DB3	H/L	三态数据线
11	DB4	H/L	三态数据线
12	DB5	H/L	三态数据线

引脚号	引脚名称	电平	功 能 描 述
13	DB6	H/L	三态数据线
14	DB7	H/L	三态数据线
15	PSB	H/L	1:8位或4位并口方式;0:串口方式
16	NC	—	空引脚
17	/RESET	H/L	复位端,低电平有效
18	VOUT	—	LCD 驱动电压输出端
19	A	VDD	背光源正端(+5 V)
20	K	VSS	背光源负端

2. 控制器接口信号说明

（1）RS,R/W 的配合选择决定控制界面的 4 种模式见表 4-17。

表 4-17 LCD12864 读写功能表

RS	R/W	功 能 描 述
0	0	MPU 写指令到指令暂存器(IR)
0	1	读出忙标志(BF)及地址计数器(AC)的状态
1	0	MPU 写入数据到数据暂存器(DR)
1	1	MPU 从数据暂存器(DR)中读出数据

（2）E 信号决定使能情况见表 4-18。

表 4-18 LCD12864 使能功能表

E 状态	执 行 动 作	结 果
高→低	I/O 缓冲→DR	配合/W 进行写数据或指令
高	DR→I/O 缓冲	配合 R 进行读数据或指令
低/低→高	无动作	—

3. 指令表

模块控制芯片提供 2 套控制命令,基本指令和扩充指令见表 4-19、表 4-20。

表 4-19 基本指令(RE=0)

指令	指 令 码										功能描述
	RS	R/W	D7	D6	D5	D4	D3	D2	D1	D0	
清除显示	0	0	0	0	0	0	0	0	0	1	将 DDRAM 填满 20H,并且设定 DDRAM 的地址计数器(AC)到 00H
地址归位	0	0	0	0	0	0	0	0	1	X	设定 DDRAM 的地址计数器(AC)到 00H,并且将游标移到开头原点位置;这个指令不改变 DDRAM 的内容
显示状态开/关	0	0	0	0	0	0	1	D	C	B	D=1:整体显示 ON; C=1:游标 ON; B=1:游标位置反白允许
进入点设定	0	0	0	0	0	0	0	1	I/D	S	指定在数据的读取与写入时,设定游标的移动方向及指定显示的移位

指令	RS	R/W	D7	D6	D5	D4	D3	D2	D1	D0	功能描述
游标或显示移位控制	0	0	0	0	0	1	S/C	R/L	X	X	设定游标的移动与显示的移位控制位;这个指令不改变 DDRAM 的内容
功能设定	0	0	0	0	1	DL	X	RE	X	X	DL=0/1:4/8 位数据; RE=1:扩充指令操作; RE=0:基本指令操作
设定 CGRAM 地址	0	0	0	1	AC5	AC4	AC3	AC2	AC1	AC0	设定 CGRAM 地址
设定 DDRAM 地址	0	0	1	0	AC5	AC4	AC3	AC2	AC1	AC0	设定 DDRAM 地址(显示位址): 第一行:80H~87H; 第二行:90H~97H
读取忙标志和地址	0	1	BF	AC6	AC5	AC4	AC3	AC2	AC1	AC0	读取忙标志(BF)可以确认内部动作是否完成,同时可以读出地址计数器(AC)的值
写数据到 RAM	1	0	数据								将数据 D7~D0 写入到内部的 RAM(DDRAM/CGRAM/IRAM/GRAM)
读出 RAM 的值	1	1	数据								从内部 RAM 读取数据 D7~D0(DDRAM/CGRAM/IRAM/GRAM)

表 4-20　扩充指令(RE=1)

指令	RS	R/W	D7	D6	D5	D4	D3	D2	D1	D0	功能描述
待命模式	0	0	0	0	0	0	0	0	0	1	进入待命模式,执行其他指令都可终止
卷动地址开关开启	0	0	0	0	0	0	0	0	1	SR	SR=1:允许输入垂直卷动地址; SR=0:允许输入 IRAM 和 CGRAM 地址
反白选择	0	0	0	0	0	0	0	1	R1	R0	选择 2 行中的任一行进行反白显示,并可决定反白与否。初始值 R1R0=00,第一次设定为反白显示,再次设定变回正常
睡眠模式	0	0	0	0	0	0	1	SL	X	X	SL=0:进入睡眠模式; SL=1:脱离睡眠模式
扩充功能设定	0	0	0	0	1	CL	X	RE	G	0	CL=0/1:4/8 位数据; RE=1:扩充指令操作; RE=0:基本指令操作; G=1/0:绘图开关

续表

指令	指令码										功能描述
	RS	R/W	D7	D6	D5	D4	D3	D2	D1	D0	
设定绘图RAM地址	0	0	1	0 AC6	0 AC5	0 AC4	AC3 AC3	AC2 AC2	AC1 AC1	AC0 AC0	设定绘图RAM； 先设定垂直(列)地址 AC6AC5…AC0； 再设定水平(行)地址 AC3AC2AC1AC0； 将以上16位地址连续写入即可

小 结

本项目设计了一简易计算器,以*89C51*单片机为核心,具有键盘输入模块和*LCD*液晶显示模块。通过本项目学习,需要重点掌握矩阵式键盘和*LCD1602*相关知识点,在此基础上拓展学习*LCD12864*知识。本项目设计的计算器能够实现简单的四则运算,项目中给出了源程序和仿真结果图,读者可以根据需要在此基础上进行扩展。

习 题 四

简答题

1. 矩阵式键盘和独立式键盘各自适用在哪些场合?
2. 什么是键盘的去抖动?为什么要对键盘进行去抖动处理?
3. 键盘按键的识别方法有哪几种?
4. 识别矩阵式键盘包括哪几个步骤?
5. C 语言的数据类型可以分为哪几类?
6. 写出下面程序的运行结果。

```c
main()
{
    float a,b,c,t;
    Scanf("% f,% f,% f",&a,&b,&c);
    if(a>b)
      {t=a;a=b;b=t;}
    if(a>c)
      {t=a;a=c;c=t;}
    if(b>c)
      {t=b;b=c;c=t;}
printf ("% f,% f,% f",a,b,c);
}
```

7. 写出下面程序的运行结果。

```c
main ()
{ int k=0,m=0,i,j;
    for(i=0; i<2; i++) {
        for(j=0; j<3; j++)
            k++ ;
        k-=j ;
```

```
}
m = i+j ;
printf("k=% d,m=% d",k,m) ;
}
```

8. 运行下面程序后,如果从键盘上输入 china#(回车),写出输出结果。

```
Main()
{int t=0,b=0;
char ch;
while((ch=getchar())! =' #')
switch(ch)
{case' a'  :
case ' h'  :
default: t++;
case' 0'  :b++;}
printf("% d,% d/n",t,b);}
```

9. 写出下面程序的运行结果。

```
main ( )
{ int a=10,y=0 ;
   do {
       a+=2 ; y+=a ;
       if (y>50) break ;
   } while (a=14) ;
   printf("a=% d y=% d\n",a,y) ;
}
```

项目五　数字电压表的设计

📞 **学习目标**

1. 了解模拟信号转换成数字信号的工作原理；
2. 掌握 A/D 转换器及其典型电路应用；
3. 掌握数字电压表的电路组成和工作原理；
4. 完成数字电压表的设计与制作，并调试运行。

⏳ **项目内容**

一、背景说明

在电工测量中，电压是一个很重要的测量数据。如何准确测量信号的电压值，一直是电子测量仪器设备研究的主要内容之一。数字电压表可以提供较为准确的电压值，它利用 A/D 转换技术把模拟量转换成数字量并通过仪表把最终的数据值显示出来。它测量精度高，并且在体积、功耗、稳定性等方面都优于指针式电压表。

二、项目描述

设计一个基于 51 单片机为控制核心的数字电压表，该数字电压表通过 A/D 转换器完成对输入电压信号的采集，输入电压值的范围为 0~5 V，测量结果通过 4 位一体数码管显示出来，测量精度 0.02 V。

三、项目方案

数字电压表以 AT89C51 单片机为控制核心，单片机外围由复位电路、时钟电路、电源电路、显示电路、A/D 转换电路等主要电路组成，其总体设计框图如图 5-1 所示。

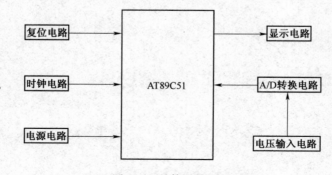

图 5-1　总体设计框图

项目实施

一、硬件设计

系统的整体硬件电路以 AT89C51 为核心控制器,包括单片机系统电源电路、复位电路、时钟电路、A/D 转换电路、显示电路等。电源电路、复位电路及时钟电路在前面项目中分别有所介绍,本项目重点介绍 A/D 转换电路和显示电路。

1. 显示电路

数码管显示电路如图 5-2 所示,由 4 位一体数码管、NPN 晶体管驱动电路组成。数码管段码由单片机 P1 口控制,位码由单片机 P2.0~P2.3 经晶体管驱动电路控制。

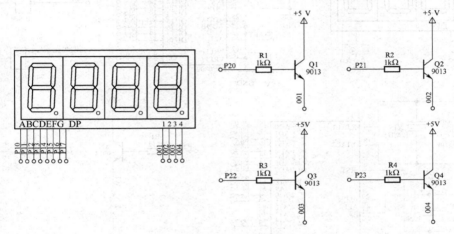

图 5-2 数码管显示电路

2. A/D 转换电路

A/D 转换电路如图 5-3 所示,由 ADC0809、74LS02、74LS04、可调电阻器组成。单片机的 P2.7

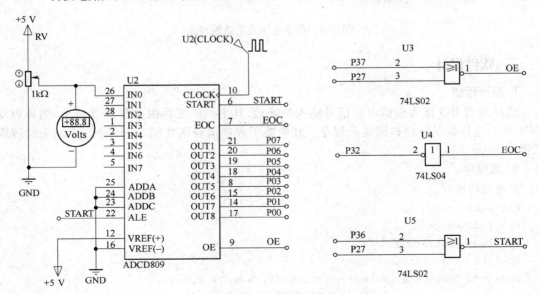

图 5-3 A/D 转换电路

和 P3.6 都为低电平时,经或非门 U5 输出高电平,ADC0809 启动信号 START(ALE)有效;当 P2.7 和 P3.7 都为低电平时,经或非门 U3 输出高电平,ADC0809 输出允许信号 OE 有效;ADC0809 结束信号 EOC 经过非门 U4 送至单片机外部中断 0 输入端 P3.2。

3. 电路原理图

基于 AT89C51 单片机的数字电压表电路原理图如图 5-4 所示。

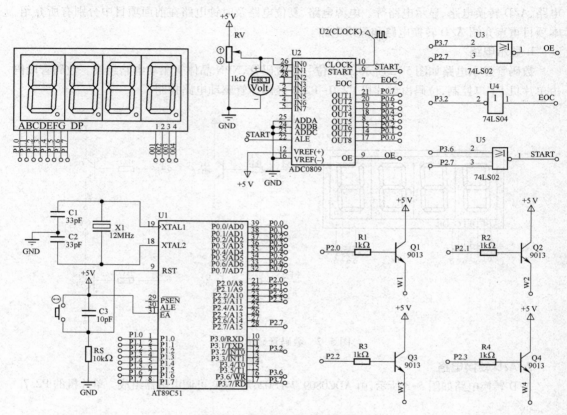

图 5-4　数字电压表电路原理图

二、软件设计

1. 设计思想

选择通道 IN0 作为模拟电压信号输入的通道,其主程序流程图如图 5-5 所示,循环启动 0809,然后进行数据处理和调显示程序。其中断子程序流程图如图 5-6 所示,中断来时读取数据。

2. 源程序

C 语言程序:

```c
#include <reg51.h>
#include <absacc.h>
#include <intrins.h>
#define uchar unsigned char
unsigned char code table[]={0xc0,0xf9,0xa4,0xb0,0x99,
                            0x92,0x82,0xf8,0x80,0x90};
```

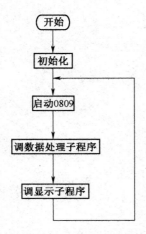

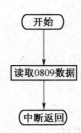

图 5-5　主程序流程图　　　　　　　　图 5-6　中断子程序流程图

```c
unsigned char code table1[]={0x40,0x79,0x24,0x30,0x19,
                             0x12,0x02,0x78,0x00,0x10};
sbit qianwei=P2^0;
sbit baiwei=P2^1;
sbit shiwei=P2^2;
sbit gewei=P2^3;
uchar result;
```
/* * * * * * * * * * * * * * *延时函数* */
```c
void delaynms(uchar j)
{uchar i;
while(j--)
    {for(i=0;i<250;i++)
      {_nop_();
       _nop_();
       _nop_();
       _nop_();
       }
    }
}
```
/* * * * * * * * * * * * * * *显示函数* */
```c
void display(uchar x)
{ unsigned int temp;
uchar ge,shi,bai,qian;
temp=x*196;                          //提取电压千位百位十位个位
qian=temp/10000;
bai=temp%10000/1000;
shi=temp%10000%1000/100;
ge=temp/100%10;
qianwei=1;                           //输出位码
```

```
    P1=table1[qian];                    //输出段码
    delaynms(2);
    qianwei=0;
    baiwei=1;
    P1=table[bai];
    delaynms(2);
    baiwei=0;
    shiwei=1;
    P1=table[shi];
    delaynms(2);
    shiwei=0;
    gewei=1;
    P1=table[ge];
    delaynms(2);
    gewei=0;
    }
/* * * * * * * * * * * * * * * * * * * 主函数 * * * * * * * * * * * * * * * * * * * */
    void  main()
    { uchar i;
      IT0=1;
      EX0=1;
      EA=1;
      while(1)
      {XBYTE[0x0000]=i;                  //启动 A/D 转换
      display(result);                   //显示电压读数
      }
    }
// * * * * * * * * * * * * * * * * * 外部中断 0 函数 * * * * * * * * * * * * * * * * * *
    void ad ( void)   interrupt 0
    { result=XBYTE[0x0000];              //读 A/D 转换结果
    }
```

三、调试仿真

(1)利用 Keil 软件完成程序编译调试,生成 HEX 文件。

(2)用 Proteus 软件按原理图进行电路设计,装载 ad0809. HEX 文件,电路仿真运行,即可以看到用直流电压表测量的输入电压值和数码管显示的输出电压值一致,如图 5-7 所示。

四、项目制作

1. 安装焊接

制作数字电压表所需的元器件清单见表 5-1。按照电路图、电子工艺要求进行安装焊接。

制作数字电压表需要万用表、信号发生器、直流稳压电源、示波器、电烙铁等仪器设备,需要导线、焊锡丝、多功能板等材料。

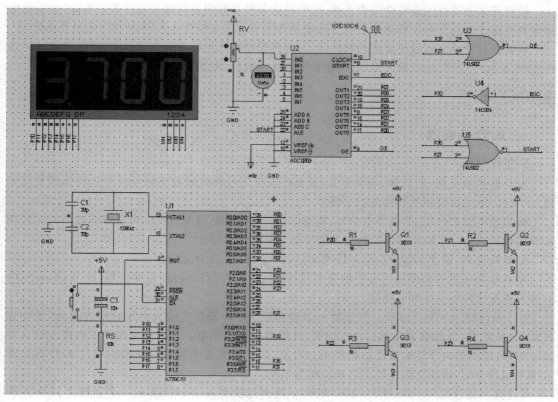

图 5-7 数字电压表仿真结果

表 5-1 元器件清单

代 号	名 称	规 格
R1~R4	电阻器	1 kΩ
RS	电阻器	10 kΩ
RV	可调电阻器	1 kΩ
C1、C2	电容器	33 pF
C3	电容器	10 μF
S1	轻触按键	—
X1	晶振	12 MHz
U1	单片机	AT89C51
U2	A/D 转换器	ADC0809
U3、U5	或非门	74LS02
U4	非门	74LS04
Q1~Q4	晶体管	9013
LS	4 位一体数码管	共阴极

2. 系统调试

项目实物制作完成后,要进行软硬件调试。

硬件调试主要是检查电路是否正确,把电路的各种参数调整到符合设计的要求,它分为通电前检查电路连接是否有误和通电后观察现象是否异常。重点检查 ADC0809 和门电路等部分。

实物经过硬件调试后还要进行软件调试,即将程序写入到单片机存储器中,观察设计功能是否实现,旋转电位器,改变输入电压,观察数码管显示数值,根据显示数据,进行分析、调试程序。

相关知识

一、A/D 转换器

1. 工作原理

A/D 转换就是模-数转换,顾名思义,就是把模拟信号转换成数字信号。A/D 转换器是用来通过一定的电路将模拟量转变为数字量。

模拟量可以是电压、电流等电信号,也可以是压力、温度、湿度、位移、声音等非电信号。但在 A/D 转换前,输入到 A/D 转换器的输入信号必须是电压信号。

A/D 转换后,输出的数字信号可以有 8 位、10 位、12 位和 16 位等。

A/D 转换按其转换原理可分为积分型、逐次逼近型、并行比较型/串并行型、$\Sigma-\Delta$ 调制型、电容阵列逐次比较型及压频变换型。

(1)积分型(如 TLC7135)。积分型 A/D 转换器工作原理是将输入电压转换成时间(脉冲宽度信号)或频率(脉冲频率),然后由定时器/计数器获得数字值。其优点是用简单电路就能获得高分辨率;缺点是由于转换精度依赖于积分时间,因此转换速率极低。初期的单片 A/D 转换器大多采用积分型,现在逐次比较型已逐步成为主流。

(2)逐次比较型(如 TLC0831、ADC0809)。逐次比较型 A/D 转换器由一个比较器和 D/A 转换器通过逐次比较逻辑构成,从 MSB 开始,顺序地对每一位将输入电压与内置 D/A 转换器输出进行比较,经 n 次比较而输出数字值。其电路规模属于中等。其优点是速度较快、功耗低,在低精度(<12 位)时价格便宜,但高精度(>12 位)时价格很高。

逐次比较型 A/D 转换器是比较常见的一种 A/D 转换器,转换的时间为微秒级。

逐次比较型 A/D 转换器是由一个比较器、D/A 转换器、缓冲寄存器及控制逻辑电路组成。

(3)并行比较型/串并行比较型(如 TLC5510)。详述如下:

①并行比较型 A/D 转换器采用多个比较器,仅做一次比较而实行转换,又称 Flash(快速)型。由于转换速率极高,n 位的转换需要 $2n-1$ 个比较器,因此电路规模也极大,价格也高,只适用于视频 A/D 转换器等速度要求特别高的领域。

②串并行比较型 A/D 转换器结构上介于并行型和逐次比较型之间,最典型的是由 2 个 $n/2$ 位的并行型 A/D 转换器配合 D/A 转换器组成,用 2 次比较实行转换,所以称为 Half Flash(半快速)型。还有分成 3 步或多步实现 A/D 转换的转换器,称为分级型 A/D 转换器,而从转换时序角度,又可称为流水线型 A/D 转换器,现代的分级型 A/D 转换器中还加入了对多次转换结果做数字运算而修正特性等功能。这类 A/D 转换器的速度比逐次比较型高,电路规模比并行型小。

(4)$\Sigma-\Delta$ 型(如 AD7705)。$\Sigma-\Delta$ 调制型 A/D 转换器由积分器、比较器、1 位 D/A 转换器和数字滤波器等组成。原理上近似于积分型 A/D 转换器,将输入电压转换成时间(脉冲宽度)信号,用数字滤波器处理后得到数字值。电路的数字部分基本上容易单片化,因此容易做到高分辨率。主要用于音频和测量。

(5)电容阵列逐次比较型。电容阵列逐次比较型 A/D 转换器在内置 D/A 转换器中采用电容矩阵方式,又称电荷再分配型。一般的电阻阵列 D/A 转换器中多数电阻器的值必须一致,在单芯片上生成高精度的电阻并不容易。如果用电容阵列取代电阻阵列,可以用低廉成本制成高精度单片 A/D 转换器。逐次比较型 A/D 转换器大多为电容阵列式的。

(6)压频变换型(如 AD650)。压频变换型 A/D 转换器是通过间接转换方式实现 A/D 转换的。其原理是首先将输入的模拟信号转换成频率,然后用计数器将频率转换成数字量。从理论上讲,这种 A/D 转换器的分辨率几乎可以无限增加,只要采样的时间能够满足输出频率分辨率要求的累积脉冲个数的宽度。其优点是分辨率高、功耗低、价格低,但是需要外部计数电路共同完成 A/D 转换。

2. 技术指标

(1)分辨率。它是指数字量变化一个最小量时模拟信号的变化量,定义为满刻度与 2^n 的比值。分辨率又称精度,通常以数字信号的位数来表示。

(2)转换速率。它是指完成一次从模拟转换到数字的 A/D 转换所需的时间的倒数。积分型 A/D 转换器的转换时间是毫秒级,属低速 A/D 转换,逐次比较型 A/D 转换器的转换时间是微秒级,属中速 A/D 转换,并行比较型/串并行比较型 A/D 转换器的转换时间可达到纳秒级。采样时间则是另外一个概念,是指两次转换的间隔。为了保证转换的正确完成,采样速率必须小于或等于转换速率。因此有人习惯上将转换速率在数值上等同于采样速率也是可以接受的。常用单位是 ksps 和 Msps,表示采样千/百万次每秒。

(3)量化误差。它是指由于 A/D 转换器的有限分辨率而引起的误差,即有限分辨率 A/D 转换器的阶梯状转移特性曲线与无限分辨率 A/D 转换器(理想 A/D 转换器)的转移特性曲线(直线)之间的最大偏差。通常是 1 个或半个最小数字量的模拟变化量,表示为 1LSB 或 1/2LSB。

(4)偏移误差。它是指输入信号为零时输出信号不为零的值,可外接电位器调至最小。

(5)满刻度误差。它是指满刻度输出时对应的输入信号与理想输入信号值之差。

(6)线性度。它是指实际 A/D 转换器的转移函数与理想直线的最大偏移,不包括以上 3 种误差。

其他技术指标还有:绝对精度、相对精度、微分非线性、单调性和无错码、总谐波失真和积分非线性。

二、ADC0809

ADC0809 是 8 通道 8 位 CMOS 逐次比较型 A/D 转换器,是目前国内应用最广泛的 8 位通用并行 A/D 转换芯片。其主要特性如下:

(1)分辨率为 8 位;

(2)单电源+5 V 供电,参考电压由外部提供,典型值为+5 V;

(3)具有锁存控制的 8 路模拟选通开关;

(4)具有可锁存三态输出,输出电平与 TTL 电平兼容;

(5)功耗为 15 mW;

(6)时钟的频率范围为 10~1 280 kHz。

ADC0809 内部结构框图如图 5-8 所示。芯片内部有 8 路模拟量选通开关,该开关带有锁存功能,可以对 8 路输入的模拟信号进行分时变换,还有通道地址锁存与地址译码电路、8 位 A/D 转换器和三态输出锁存缓冲器。

1.ADC0809 引脚

ADC0809 是 28 个引脚的逐次比较型 A/D 转换器,引脚排列图如图 5-9 所示。

引脚功能如下:

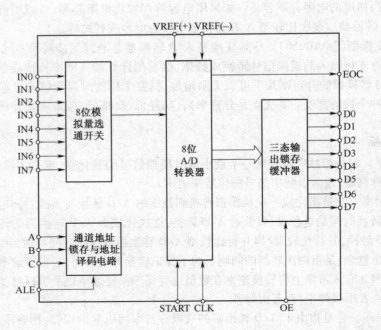

图 5-8 ADC0809 内部结构框图

IN7~IN0:8 条模拟量输入通道。

D7~D0:输出数据端。其中 D7 是最高位 MSB,D0 为最高位 LSB。

START:启动转换命令输入端,高电平有效。

EOC:转换结束指示引脚。平时它为高电平;在转换开始后及转换过程中为低电平;转换结束,它又变回高电平。

OE:输出使能端。此引脚为高电平,即打开输出缓冲器三态门,读出数据。

C、B 和 A:通道号选择输入端。其中 A 是最高位 LSB,这 3 个引脚上所加电平的编码为 000~111 时,分别对应于选通通道 IN7~IN0。

ALE:通道号锁存控制端。当它为高电平时,将

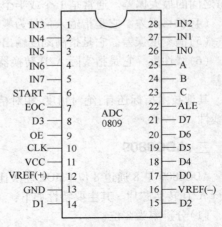

图 5-9 ADC0809 引脚排列图

C、B 和 A 这 3 个输入引脚上的通道号选择码锁存,也就是使相应通道的模拟开关处于闭合状态。实际使用时,常把 ALE 和 START 连在一起,在 START 端加上高电平启动信号的同时,将通道号锁存起来。

CLK:外部时钟输入。ADC0809 典型的时钟频率为 640 kHz,转换时间为 100 μs。时钟信号一般由单片机 ALE 经分频得到。

VREF(+)、VREF(-):两个参考电压输入端。

2. ADC0809 工作时序

ADC0809 工作时序图如图 5-10 所示。

其中启动脉冲宽度建议选择 100 ns,ALE 脉冲宽度建议选择 100 ns,地址建立时间建议选择 25 ns,地址保持时间建议选择 25 ns,EOC 延迟时间最大值建议选择 10 μs。

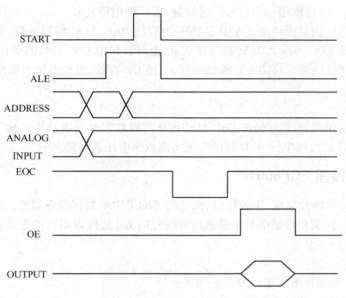

图 5-10　ADC0809 工作时序图

3. ADC0809 与单片机接口电路

ADC0809 与 51 单片机连接可以采用查询方法和中断 2 种方式,其连接电路图如图 5-11 所示。

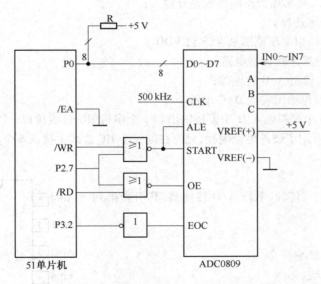

图 5-11　ADC0809 与 51 单片机连接电路图

根据图 5-10 ADC0809 工作时序图和图 5-11 ADC0809 与 51 单片机连接电路图,ADC0809 转换过程分为以下几个步骤:

(1)通道选择。用单片机 I/O 端口输出通道信息控制 A、B、C。只有一路模拟信号需要转换时,可以将通道地址 A、B、C 接固定的电平(高电平或低电平),选择某一固定通道,如图 5-4 所示选择 0 通道。

(2)所存通道地址(ALE)和启动 A/D 转换开始(START)。可以按照时序图的顺序,先控制地址所存,后启动。也可以用一个信号同时控制,后一种用得较多。

(3)检测 A/D 转换是否结束。A/D 转换开始后约 10μs,EOC 信号变低,直到转换结束再变高。可以通过检测 EOC 判断 A/D 转换是否结束,也可以利用 EOC 信号的变化触发中断。

(4)读 A/D 转换结果。检测到转换结束标志,使 OE 有效,将数据读入单片机内部。

知识拓展

上面学习了通用并行 A/D 转换芯片 ADC0809 实现数字电压表功能。接下来知识拓展学习利用 PCF8591 芯片里面的串行 A/D 转换功能实现数字电压表功能。

一、A/D 转换器 PCF8591

PCF8591 是一个单片集成、单独供电、低功耗、8bit CMOS 数据获取器件。在 PCF8591 器件上输入/输出的地址,控制和数据信号都是通过双线双向 IIC 总线以串行的方式进行传输的。其主要特性如下:

(1)单独供电;

(2)PCF8591 的操作电压范围为 2.5~6 V;

(3)低待机电流;

(4)通过 IIC 总线串行输入/输出;

(5)PCF8591 通过 3 个硬件地址引脚寻址;

(6)PCF8591 的采样速率由 IIC 总线速率决定;

(7)4 个模拟输入可编程为单端型或差分输入;

(8)自动增量频道选择;

(9)PCF8591 的模拟电压范围从 VSS 到 VDD;

(10)PCF8591 内置跟踪保持电路;

(11)8bit 逐次比较型 A/D 转换器;

(12)通过 1 路模拟输出实现 DAC 增益。

PCF8591 具有 4 个模拟输入、1 个模拟输出和 1 个串行 IIC 总线接口。PCF8591 的 3 个地址引脚 A0、A1 和 A2 可用于硬件地址编程,允许在同一个 IIC 总线上接入 8 个 PCF8591 器件,而无需额外的硬件。

1.PCF8591 引脚

PCF8591 是 16 个引脚的串行 A/D 转换器,其引脚排列图如图 5-12 所示。

引脚功能如下:

A0~A2:引脚地址端。

VDD、VSS:电源端。

SDA、SCL:IIC 总线的数据线、时钟线。

OSC:外部时钟输入端,内部时钟输出端。

EXT:内部、外部时钟选择线,使用内部时钟时 EXT 接地。

AGND:模拟信号地。

AOUT:D/A 转换输出端。

VREF:基准电源端。

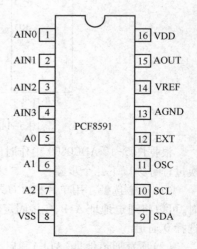

图 5-12　PCF8591 引脚排列图

2. PCF8591 工作时序

工作时序包括起始/停止时序如图 5-13 所示,应答时序如图 5-14 所示。

(1)开始信号。在时钟线 SCL 保持高电平期间,数据线 SDA 上的电平负跳变定义为 IIC 总线的"开始信号"。开始信号是一种电平跳变时序信号,而不是电平信号。开始信号是由主机主动建立的,在建立该信号之前,IIC 总线必须处于空闲状态,即 SDA 和 SCL 两条信号线同时处于高电平。

(2)停止信号。在时钟线 SCL 保持高电平期间,数据线 SDA 被释放,使 SDA 的电平正跳变,此时定义为 IIC 总线的"停止信号"。停止信号也是一种电平跳变的时序信号,而不是电平信号。停止信号也是由主控器主动建立的,该信号之后,IIC 总线返回空闲状态。

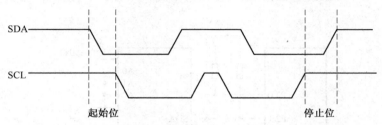

图 5-13　起始/停止时序图

(3)应答信号。在 IIC 总线上,所有数据都是以 8 位字节传送的,发送器每发送一字节后,就在第 9 个时钟脉冲期间释放数据线,由接收器反馈给一个应答信号。应答信号为低电平时,定义为有效应答信号。对于有效应答信号的要求是,接收器在第 9 个时钟脉冲之前的低电平期间将 SDA 电平拉低,并且确保在该时钟的高电平期间保持稳定的低电平。

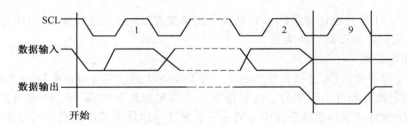

图 5-14　应答时序图

(4)数据传送字节信号。在 IIC 总线上,传送的每一位数据都与一个时钟脉冲相对应。也就是说,在时钟线 SCL 的配合下,在数据线 SDA 上一位一位地传送数据。进行数据传送时,在 SCL 高电平期间,SDA 的电平必须保持稳定;当 SCL 为低电平时,才允许 SDA 的电平改变状态。写时序如图 5-15 所示,读时序如图 5-16 所示。

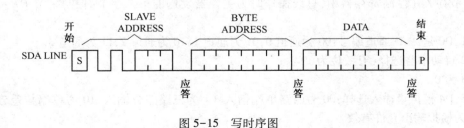

图 5-15　写时序图

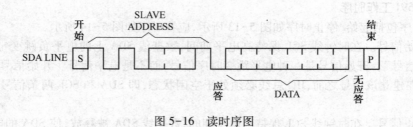

图 5-16　读时序图

3.PCF8591 与 51 单片机接口电路

PCF8591 与 51 单片机接口电路如图 5-17 所示。

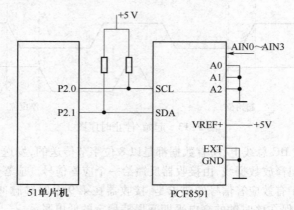

图 5-17　PCF8591 与 51 单片机接口电路图

PCF8591 与 51 单片机连接进行 A/D 转换时需要先进行地址信息设置、控制信号设置才能进行 A/D 转换,最后才能得到转换结果。

4. 相关信息设置

(1)地址信息设置。I²C 总线系统中的每一片 PCF8591 通过发送有效地址到该器件来激活,该地址包括固定部分和可编程部分。可编程部分必须根据地址引脚 A0、A1 和 A2 来设置。在 I²C 总线协议中地址必须是起始条件作为第一字节发送。地址字节的最后一位是用于设置以后数据传输方向的读写位,$R/W=0$ 表示写地址,$R/W=1$ 表示读地址,其格式见表 5-2。

表 5-2　地址信息格式

D7	D6	D5	D4	D3	D2	D1	D0
1	0	0	1	A2	A1	A0	R/W

(2)控制信息设置。控制字节用于实现器件的各种功能,如模拟信号由哪几个通道输入等。控制字存放在控制寄存器中,总线操作时为主控器发送的第二字节,控制字节 D7~D0 含义如下:

D1、D0 是 A/D 通道编号:00 为通道 0,01 为通道 1,10 为通道 2,11 为通道 3。

D2 自动增益选择(有效位为 1)。

D3 为 0。

D5、D4 模拟量输入选择:00 为四路单端输入,01 为三路差分输入,10 为单端与差分配合输入,11 为模拟输出允许有效。

D6 模拟输出使能标志:当系统为 A/D 转换时,该位为 0;当系统为 D/A 转换时,该位为 1。

D7 为 0。

例如,对单独 2 通道进行 A/D 转换,则控制字为 02H。

PCF8591 在进行数据操作时,首先是主控器发出起始信号,然后发出读寻址字节,被控器做出应答后,主控器从被控器读出第一数据字节,主控器发出应答,主控器从被控器读出第二数据字节,主控器发出应答……一直到主控器从被控器中读出第 n 个数据字节,主控器发出非应答信号,最后主控器发出停止信号。

5. 利用 PCF8591 实现数字电压表的功能

(1)硬件设计。设计基于 PCF8591 芯片的数字电压表硬件电路图。

(2)软件设计。这里选择通道 AIN0 作为模拟信号输入的通道,其主程序流程图如图 5–18 所示。

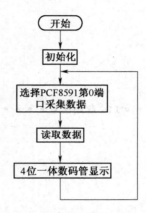

图 5–18　主程序流程图

具体程序如下:

```c
#include <reg51.h>
#include <intrins.h>
#define PCF8591_WRITE 0x90
#define PCF8591_READ 0x91
#define uchar unsigned char
#define uint  unsigned int
uchar t;
sbit SCL=P2^0;                  //将 P2.0 口模拟时钟口
sbit SDA=P2^1;                  //将 P2.1 口模拟数据口
sbit qianwei=P3^3;
sbit baiwei=P3^4;
sbit shiwei=P3^5;
sbit gewei=P3^6;
unsigned char code table[]={0xc0,0xf9,0xa4,0xb0,0x99,
0x92,0x82,0xf8,0x80,0x90};
unsigned char code table1[]={0x40,0x79,0x24,0x30,0x19,
0x12,0x02,0x78,0x00,0x10};
/*******************延时 1ms 函数*******************/
void delay1ms()
```

```
    {
        uchar i;
        for(i=0;i<250;i++)
        {   _nop_();
            _nop_();
            _nop_();
            _nop_();
        }
    }
```

/ * * * * * * * * * * * * * * * * * * * 长延时函数 * /

```
    void delaynms(uchar n)
    {
        unsigned char i;
        for(i=0;i<n;i++)
            delay1ms();
    }
```

/ * * * * * * * * * * * * * * * * * * * IIC 起始信号 * /

```
    void StartIIC()
    {
        SDA = 1;
        SCL = 1;
        _nop_();
        _nop_();
        _nop_();
        _nop_();
        SDA = 0;
        _nop_();
        _nop_();
        _nop_();
        _nop_();
        SCL = 0;
    }
```

/ * * * * * * * * * * * * * * * * * * * IIC 停止信号 * /

```
    void StopIIC()
    {
        SDA = 0;
        SCL = 1;
        _nop_();
        _nop_();
        _nop_();
        _nop_();
        _nop_();
        SDA = 1;
        _nop_();
```

```
        _nop_();
        _nop_();
        _nop_();
        _nop_();
        SDA=0;
        SCL=0;
    }
/* * * * * * * * * * * * * * * 读取从机应答信号函数 * * * * * * * * * * * * * * * */
    bit Ask()
    {
        bit ack_bit;
        SDA = 1;
        _nop_();
        _nop_();
        SCL = 1;
        _nop_();
        _nop_();
        _nop_();
        _nop_();
        ack_bit =SDA;
        SCL = 0;
        return  ack_bit;
    }
/* * * * * * * * * * * * * * * 初始化 IIC 总线函数 * * * * * * * * * * * * * * * * */
    void InitIIC(void)
    {
        SCL = 1;
        SDA = 1;
    }

/* * * * * * * * * * * * 向 IIC 总线当前地址写一字节数据函数 * * * * * * * * * * * * */
    void WriteByte_IIC(uchar temp)
    {
        uchar i;
        for(i=0;i<8;i++)
        {
        SDA = (bit)(temp & 0x80);
        _nop_();
        SCL = 1;
        _nop_();
        _nop_();
        SCL = 0;
          temp <<= 1;
        }
    }
```

```
/ * * * * * * * * * * * * * 从 IIC 总线当前地址读一字节数据函数 * * * * * * * * * * * * * * /
    uchar ReadByte_IIC()
    {
        uchar i;
        uchar x;
        for(i = 0; i < 8; i++)
        {
            SCL = 1;
            x<<=1;
            x |= (unsigned char)SDA;
            SCL = 0;
        }
        return(x);
    }
/ * * * * * * * * * * * * * * * * * * * * * A/D 输出初始化 * * * * * * * * * * * * * * * * * /
    uchar ADC_initial(uchar controlbyte)
    {   uchar i;
        StartIIC();
        WriteByte_IIC(PCF8591_WRITE);
        Ask();
        WriteByte_IIC(controlbyte&0x77);
        Ask();
        StartIIC();
        WriteByte_IIC(PCF8591_READ);
        Ask();
        i=ReadByte_IIC();
        StopIIC();
        return i;
    }
/ * * * * * * * * * * * * * * * * * 数码管显示电压值 * * * * * * * * * * * * * * * * * * * * /
    void display(uchar x)
    { uint temp;
    uchar ge,shi,bai,qian;
    temp=x*196;
    qian=temp/10000;
    bai=temp%10000/1000;
    shi=temp%10000%1000/100;
    ge=temp/100%10;
    qianwei=1;
    P1=table1[qian];
    delaynms(2);
    qianwei=0;

    baiwei=1;
```

```
    P1=table[bai];
    delaynms(2);
    baiwei=0;
    shiwei=1;
    P1=table[shi];
    delaynms(2);
    shiwei=0;
    gewei=1;
    P1=table[ge];
    delaynms(2);
    gewei=0;
    }
/****************主函数*************************/
void main()
{
    InitIIC();
    while(1)
    {t=ADC_initial(0x00);
      display(t);
      }
}
```

(3)仿真结果。经过 Keil 软件编译通过后,生成 HEX 文件,再利用 Proteus 仿真软件进行仿真。在 Proteus ISIS 编辑环境中绘制仿真电路图,将编译好的"PCF8591. HEX"文件载入 51 单片机内部,启动仿真,即可以看到用直流电压表测量的输入电压值和数码管显示的输出电压值一致,如图 5-19 所示。

二、D/A 转换器 DAC0832

D/A 转换器是把数字量转换成模拟量的器件。其输入的是二进制(或 BCD)代码,输出是与之成比例的模拟量数值。但 D/A 转换器的输出大都为电流输出形式, D/A 转换器由数码寄存器、模拟电子转换开关、电阻解码网络、求和电路及基准电压等几部分组成。数字量以串行或并行输入方式输入并存储于数码寄存器中,寄存器并行输出的每位数码驱动对应数位上的模拟开关,将在电阻解码网络中获得的相应数位权值送到求和电路,求和电路将各位权值相加便得到与数字量对应的模拟量。

1.D/A 转换器的主要性能指标

(1)分辨率。分辨率是指输入数字量的最低有效位(LSB)发生变化时,所对应的输出模拟量(常为电压)的变化量。它反映了输出模拟量的最小变化值。分辨率与输入数字量的位数有确定的关系,可以表示成满量程输入值$/2^n$,n 为二进制位数。对于 5 V 的满量程,当采用 8 位的 DAC 时,分辨率为 5 V/256 = 19.5 mV;当采用 12 位的 DAC 时,分辨率为 5 V/4 096 = 1.22 mV。显然,位数越多分辨率就越高。

(2)线性度。线性度(又称非线性误差)是实际转换特性曲线与理想直线特性之间的最大偏差。常以相对于满量程的百分数表示。如 ±1%是指实际输出值与理论值之差在满刻度的±1%以内。

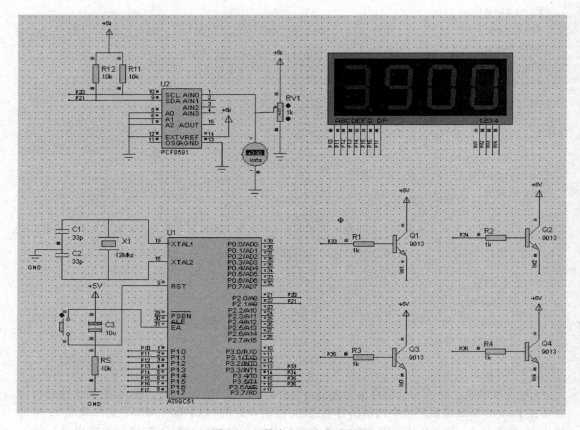

图 5-19　数字电压表仿真结果

（3）绝对精度和相对精度。详述如下：

绝对精度（简称精度）是指在整个刻度范围内，任一输入数码所对应的模拟量实际输出值与理论值之间的最大误差。绝对精度是由 DAC 的增益误差（当输入数码为全 1 时，实际输出值与理想输出值之差）、零点误差（当输入数码为全 0 时，DAC 的非零输出值）、非线性误差和噪声等引起的。绝对精度（即最大误差）应小于 1 LSB。

相对精度与绝对精度表示同一含义，用最大误差相对于满刻度的百分比表示。

（4）建立时间。建立时间是指输入的数字量发生满刻度变化时，输出模拟信号达到满刻度值的 ±1/2LSB 所需的时间。是描述 D/A 转换速率的一个动态指标。

电流输出型 DAC 的建立时间短，电压输出型 DAC 的建立时间主要决定于运算放大器的响应时间。根据建立时间的长短，可以将 DAC 分成超高速（<1 μs）、高速（10～1 μs）、中速（100～10 μs）、低速（≥100 μs）几档。

2. DAC0832 简介

D/A 转换器 DAC0832 是一种电流型 D/A 转换器，具有 8 位分辨率，电流建立时间 1 μs，数字输入端具有双重缓冲功能，故可以直接与单片机接口，可以双缓冲、单缓冲或直通方式输入。它由输入寄存器、DAC 寄存器、D/A 转换器和控制电路组成，其内部结构图如图 5-20 所示。

（1）DAC0832 引脚。DAC0832 是一个具有 20 个引脚的 D/A 转换器，其引脚排列图如图5-21 所示。

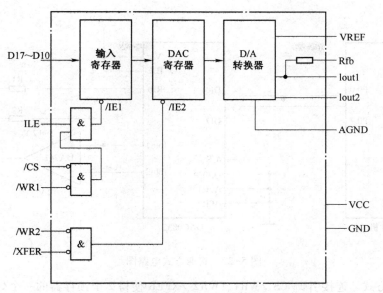

图 5-20　DAC0832 内部结构图

引脚功能如下：

DI0 ~ DI7（DI0 为最低位）：8 位数字量输入端。

ILE：数据允许控制输入线，高电平有效。

/CS：片选信号。

/WR1：写信号线 1。

/WR2：写信号线 2。

/XFER：数据传送控制信号输入线，低电平有效。

Iout1：模拟电流输出线 1。它是数字量输入为"1"的模拟电流输出端。

Iout2：模拟电流输出线 2，它是数字量输入为"0"的模拟电流输出端，采用单极性输出时，Iout2常常接地。

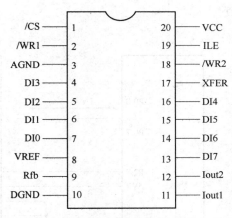

图 5-21　DAC0832 引脚排列图

Rfb：片内反馈电阻引出线，反馈电阻制作在芯片内部，用作外接的运算放大器的反馈电阻。

VREF：基准电压输入线。电压范围为 -10 ~ +10 V。

VCC：工作电源输入端，可接 5~15 V 电源。

AGND：模拟地。

DGND：数字地。

（2）DAC0832 与单片机接口电路。DAC0832 与单片机接口有 3 种方式，即直通方式、单缓冲方式和双缓冲方式。

①直通方式。当引脚 /CS、/WR1、/WR2、/XFER 直接接地，ILE 接电源，DAC0832 工作于直通方式如图 5-22 所示，此时 8 位输入寄存器和 8 位 DAC 寄存器都直接处于导通状态，8 位数字量到达 DI0~DI7，就立即进行 D/A 转换，从输出端得到转换的模拟量。

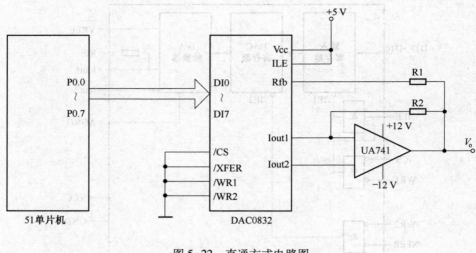

图 5-22　直通方式电路图

②单缓冲方式。连接引脚/CS、/WR1、/WR2、/XFER 使得 2 个锁存器的一个处于直通状态，另一个处于受控制状态，或者 2 个被控制同时导通，DAC0832 就工作于单缓冲方式，如图 5-23 所示。

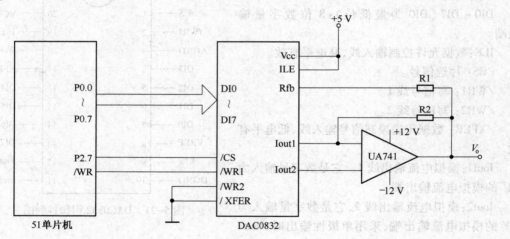

图 5-23　单缓冲方式电路图

（3）DAC0832 应用。利用 DAC0832 单缓冲方式分别产生锯齿波、三角波和方波。这里选用 Proteus 仿真，仿真电路图 5-24 所示。

①产生锯齿波的具体程序如下：

```
#include <reg51.h>
#include <absacc.h>
void main()
{ unsigned char i;
  while(1)
  {for (i=0;i<0xff;i++)
    { XBYTE[0x7FFF]=i;}
```

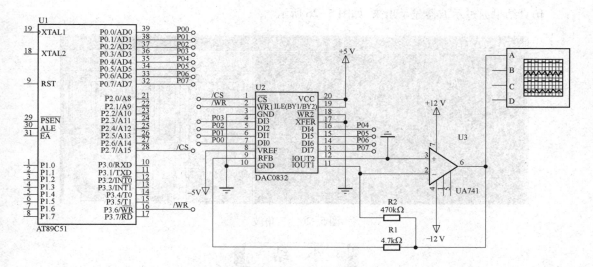

图 5-24 DAC0832 单缓冲方式仿真电路

```
}
```

```
}
```

仿真结果通过示波器显示出来,如图 5-25 所示。

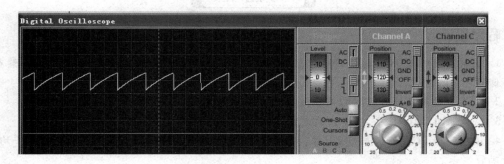

图 5-25 锯齿波

②产生三角波的具体程序如下:

```c
#include <reg51.h>
#include <absacc.h>
void main()
{ unsigned char i;
  while(1)
  {
    for(i=0;i<0xff;i++)
    { XBYTE[0x7FFF]=i;}
    for(i=0xff;i>0;i--)
    { XBYTE[0x7FFF]=i;}
  }
}
```

仿真结果通过示波器显示出来,如图 5-26 所示。

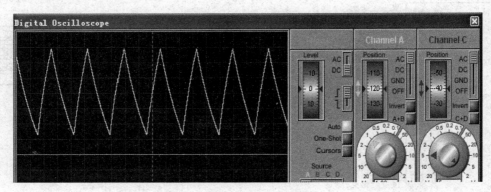

图 5-26 三角波

小 结

本项目以数字电压表为例进行项目化教学,通过并行 *A/D* 转换器 *ADC0809*、串行 *A/D* 转换器 *PCF8591* 分别来实现数字电压表的 *A/D* 采集功能,除此之外还进行知识拓展,学习了 *D/A* 转换器 *DAC0832*,这些内容是学习单片机技术必不可少的基本知识。

习 题 五

程序设计

1. 编制实现 ADC0809 转换的程序,分别对 8 路模拟信号轮流采集一次,并把结果存储在数据存储器中。

2. 把第 1 题中数据存储器的数据送数码管显示。

3. 修改 ADC0809 程序,用查询的方式读取 A/D 转换结果。

4. 编制实现 PCF8591 转换的程序,对输入到通道 0 的模拟信号连续采集 10 次,并取平均值,送数码管显示。

5. 编制实现利用 DAC0832 输出一个从 0 V 开始逐渐升到 5 V 再降到 0V 的正弦波的程序。

项目六 恒温箱温度控制器的设计

学习目标

1. 理解 DS18B20 基本读写时序及常用操作命令；
2. 掌握 DS18B20 控制程序编写方法；
3. 掌握直流电动机驱动电路及驱动方法；
4. 掌握直流电动机 PWM 波调速编程方法；
5. 完成恒温箱温度控制器的设计与制作，并调试运行。

项目内容

一、背景说明

温度是表征物体冷热程度的物理量，是工农业生产过程中一个很重要而且普遍的测量参数。在生产过程中常需要对温度进行检测和监控，温度的测量及控制对保证产品质量、提高生产效率、节约能源和生产安全等方面起到非常重要的作用。采用微型机进行温度检测、显示、信息存储及实时控制，具有实时、准确、方便存储等优点，对于工农业生产发展起着重要的作用。

恒温箱主要是用来控制温度的变化，它为农业研究、生物技术测试等提供所需要的各种环境模拟条件，因此，可广泛应用于药物、纺织、食品加工等无菌试验，稳定性检查以及工业产品的原料性能、产品包装、产品使用寿命等测试。本项目用 51 系列单片机来实现恒温箱的温度测量控制功能。

二、项目描述

设计一个温度控制器，完成其软硬件设计。功能要求：

（1）恒温箱工作在自动模式。自动模式为室温至 70 ℃。恒温箱设有温度保护装置，若温度超过 80 ℃，则恒温箱自动断电。

（2）通过温度传感器采集恒温箱内的当前温度值，并在 LED 数码管上显示当前恒温箱内的温度值。

（3）通过按键选择恒温箱工作状态及设定的目标温度，并在 LED 数码管上显示。按键包括启/停复用按钮，设定温度加按钮，减按钮。

（4）设计控制电路，对恒温箱的通断电状态进行自动控制，采用通断控制电路，控制占空比，实现 PWM 控制算法，使恒温箱中的温度稳定在设定值。

（5）控制参数：温度测量范围为 0～99 ℃，测量精度为 ±0.5 ℃，控制精度为 ±1 ℃。

三、项目方案

系统整体硬件设计框图如图 6-1 所示，整个系统以 AT89C51 为核心，前向通道包括 1 路温度传感器电路、按键电路和过零电路;后向通道包括显示电路、加热器控制电路和风扇控制电路。系统采用 DS18B20 来采集恒温箱内的温度值,所采集的信号送至单片机处理并通过 LED 数码管显示出来,同时,该控制系统可以通过控制电路来对加热器和风扇的电源进行通断控制,从而使恒温箱内的温度值稳定在设定值的范围内。控制系统包括:

(1)单片机单元电路:包含复位电路和时钟电路的 AT89C51 单片机单元电路。

(2)温度传感器电路:利用 DS18B20 芯片把采样温度送入 51 单片机系统处理。

(3)按键电路:通过按键给定要控制的恒温箱中的目标温度。恒温箱按键包括启/停复用按钮、设定温度加按钮、减按钮。启/停复用按钮用于在通电状态下,启动加热器或在工作过程中停止加热器。设定温度加按钮,用于将设定的温度加 1,可按 1 次加 1;设定温度减按钮,用于将设定的温度减 1,可按 1 次减 1。

(4)显示电路:利用数码管显示恒温箱内的温度测量值、给定值和恒温箱工作状态等参数,便于对恒温箱温度进行监控。

(5)加热器控制电路:程序根据采集的恒温箱温度测量值与键盘给定值进行比较,计算出控制率,再通过该控制电路采用 PWM 方式控制加热电源的通断,从而使恒温箱内的温度稳定在设定值的有效范围内。

(6)风扇控制电路:当温度超过设定值,风扇工作,从而使恒温箱内的温度稳定在设定值的有效范围内。

(7)过零电路:当 220V 交流电通过 0V 时产生一脉冲信号。

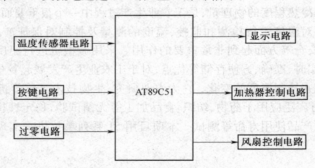

图 6-1　系统整体硬件设计框图

一、硬件设计

系统的整体硬件电路以 AT89C51 为核心控制器,包括单片机系统电源电路,复位电路,时钟电路,温度传感器电路,按键电路,显示电路,加热器控制电路和风扇控制电路等。电源电路,复位电路及时钟电路在前面项目中分别有所介绍,本项目重点介绍温度传感器电路、按键电路、显示电路、加热器控制电路及风扇控制电路。

1. 温度传感器电路

恒温箱控制系统采用数字温度传感器 DS18B20 采集恒温箱内温度,DS18B20 采用外接电源供电,外部电源供电方式是 DS18B20 最佳的工作方式,工作稳定可靠,抗干扰能力强,而且电路也比较简单,可以开发出稳定可靠的多点温度监控系统。DS18B20 接口电路如图 6-2 所示,采样温度送单片机 P2.2 处理。

2. 按键电路和显示电路

恒温箱按键包括启/停复用按钮，设定温度加按钮、减按钮。按键电路接 10 kΩ 上拉电阻器，3 个按钮分别送单片机 P2.3、P2.4、P2.5 处理，按键电路如图 6-3 所示。

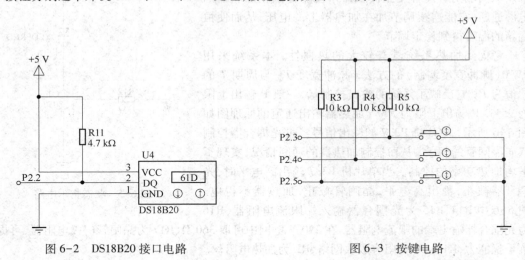

图 6-2　DS18B20 接口电路　　　　　　图 6-3　按键电路

系统中，主要需要显示恒温箱设定温度、当前温度和脉宽系数，采用 8 位数码管显示，显示形式 XX-X-XXX，前两位为设定温度，中间一位为加热功率参数，最后三位为带一位小数的实测温度值，数码管工作在动态显示模式，其工作电路如图 6-4 所示，P0 口经 74LS245 驱动送出段码，P1 口经 74LS245 驱动送出位码。另外用一个发光二极管指示系统工作状态：运行或停止。单片机 P3.5 送出状态信号经晶体管 8050 放大后，发光二极管工作，其状态指示电路如图 6-5 所示。

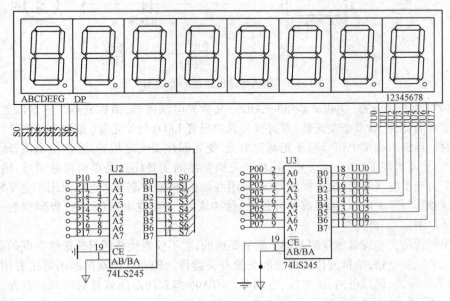

图 6-4　数码管显示电路

3. 加热器控制电路

在传统的恒温箱温度控制系统中，主电路大多采用交流接触器或继电器控制加热器的电源通断。由于触点频繁地启动与停止,造成温度波动较大,难以满足工件热处理的工艺要求。因此,本系统的主电路采用双向晶闸管代替交流接触器来控制恒温箱加热器的电源通断,它能连续调节加在加热器上的电压,从而使恒温箱的温度得到稳定调节。

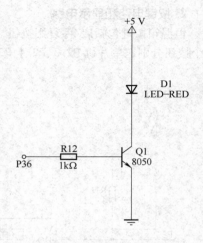

考虑到加热系统具有较大的热惯性,本系统采用 PWM(脉冲宽度调制)的方法,脉冲宽度 T_w 与周期 T 的比值为 P,它反映了系统的输出控制量,一般 P 输出上限为95%,P 输出下限为5%。加热器输出通道的原理图如图6-6所示,单片机 P3.7 的输出信号经过光耦合器控制双向晶闸管的门极,从而控制加热器的通断情况,实现了平均加热功率的控制。当单片机 P3.7 输出高电平时,光耦合器截止,输出高电平,晶闸管截止,加热器不得电。

图6-5 状态指示电路

图6-6 中 R14、R15 为光耦合器输入端限流电阻器,R16 为光耦合器输出端的限流电阻器,在 220 V 电网中可取 360 Ω、R17 为晶闸管门极电阻器,可提高抗干扰能力,R18、C6 为阻容吸收网络,RL 为加热电阻丝。

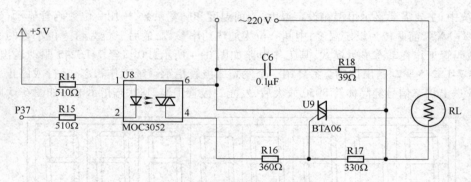

图6-6 加热器输出通道的原理图

MOC3052 为光耦合器(Optical Coupler,OC),又称光电隔离器,简称光耦。它是以光为媒介来传输电信号的器件,通常把发光器(红外线发光二极管 LED)与受光器(光敏半导体管)封装在同一管壳内。当输入端加电信号时发光器发出光,受光器接受光之后导通,产生电流,从输出端有信号输出,从而实现了"电—光—电"转换。光耦合器的主要优点是单向传输信号,输入端与输出端完全实现了电气隔离,抗干扰能力强,使用寿命长,传输效率高。它广泛用于电平转换、信号隔离、级间隔离、开关电路、远距离信号传输、脉冲放大、固态继电器(SSR)、仪器仪表、通信设备及微机接口中。

双向晶闸管是在普通晶闸管的基础上发展而成的,它不仅能代替两只反极性并联的晶闸管,而且仅需一个触发电路,是目前比较理想的交流开关器件。BTA06 型双向晶闸管主要用于变频电路、电动工具开关、调温电路、洗衣机、空调等。BTA06 型双向晶闸管具有可双向触发、阻断电压高、通态压降低、触发可靠等特点。

4. 风扇控制电路

恒温箱温度控制系统有额定电压为12 V 直流风扇一只,用于恒温箱温度超过设定值时,快速降温。风扇控制电路如图6-7所示,风扇驱动电路采用中功率晶体管 TIP41C。TIP41C 最大工作电流为 6 A,极限工作电压为 40 V,器件最大耗散功率 65 W,能正常驱动散热风扇。系统温度超过极限温度,单片机 P3.5 输出高电平,晶体管导通,风扇工作;系统温度低于极限温度,单片机 P3.5 输出高低电平,晶体管截止,风扇停止工作。

5. 过零电路

过零电路的作用是当 220 V 交流电通过 0 V 时产生一脉冲信号,本系统过零电路如图 6-8 所示。220V 交流电通过 R6、R7、R8 降压作用于光耦合器,当电压等于 0 时,两只光耦合器都不导通,输出为高电位,经与非门输出为低电位;当电压不等于 0 时,两只光耦合器总有一只导通,一只输出为低电位,经与非门输出为高电位。过零电路输出加到单片机 P3.2,作为单片机的外部中断信号。

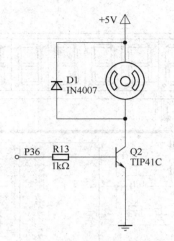

图 6-7　风扇控制电路

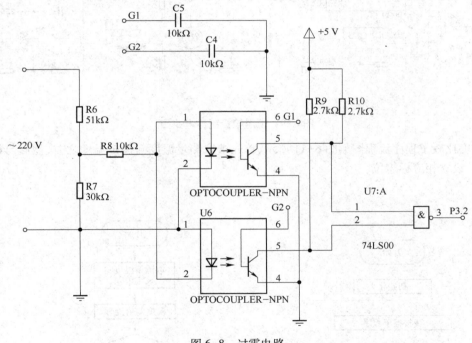

图 6-8　过零电路

6. 恒温箱控制器电路图

恒温箱控制器电路图如图 6-9 所示。

二、软件设计

1. 设计思想

程序设计思想:系统运行后初始化系统变量、I/O 端口以及中断等,然后循环调用 DS18B20 温度比较子程序、按键子程序和显示子程序。主程序流程图如图 6-10 所示。

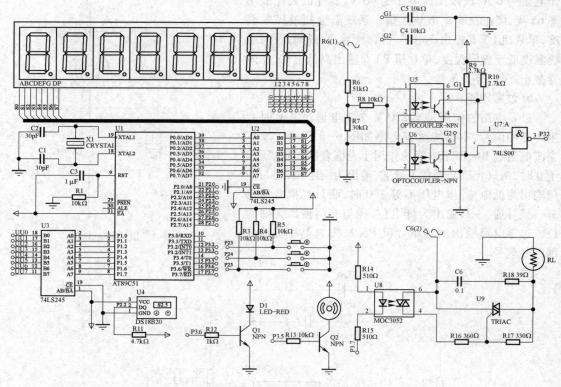

图 6-9 恒温箱控制器电路图

温度比较子程序流程图如图 6-11 所示,首先求取测量温度与设定温度之差,然后与设定温度比较,设立相应标志位。

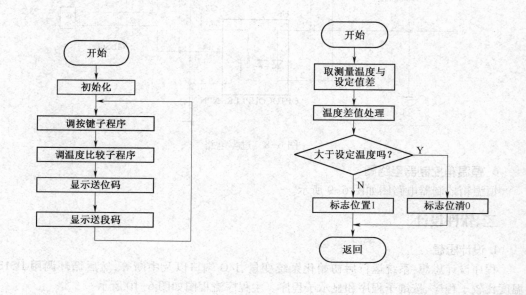

图 6-10 主程序流程图   图 6-11 温度比较子程序流程图

外部中断服务子程序流程图如图 6-12 所示,中断来时,启动定时器 T1 即可。

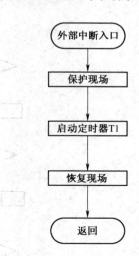

图 6-12 外部中断服务子程序流程图

定时器 T0 中断服务子程序流程图如图 6-13 所示,首先重装初始值,判断时间到否,实现定时 400 ms,调用 DS18B20 测温子程序。定时器 T1 中断服务子程序流程图如图 6-14 所示,首先重装初始值,判断时间到否,根据定时时间不同输出对应 PWM 波及其他信号。

DS18B20 测温子程序流程图如图 6-15 所示,首先发复位脉冲,判断器件存在与否,然后发送相应 ROM、RAM 指令,最后读取温度数据。按键子程序流程图如图 6-16 所示,首先按开机/关机工作按键,设立标志位,然后判断其他按键,并执行相应功能,如加 1、减 1。

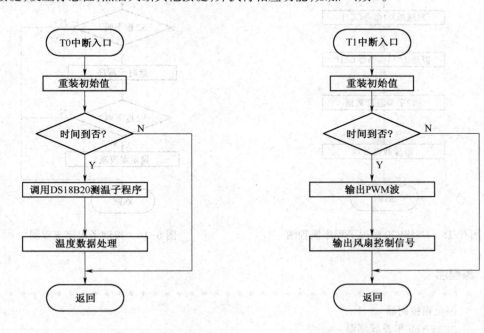

图 6-13 定时器 T0 中断服务子程序流程图　　图 6-14 定时器 T1 中断服务子程序流程图

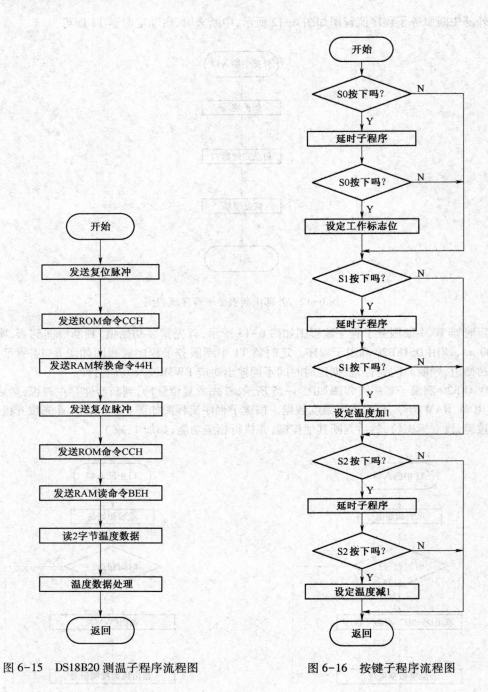

图 6-15　DS18B20 测温子程序流程图　　　　图 6-16　按键子程序流程图

2. 源程序

```
/ * * * * * * * * * * * * * * * * * * * * * * * * * * * * * * * * * * * * * * * *
        恒温箱控制器
        DS18B20 单总线测温
 * * * * * * * * * * * * * * * * * * * * * * * * * * * * * * * * * * * * * * * */
#include <reg51.h>
```

```
#include<intrins.h>
#define uchar unsigned char

unsigned char code table_w[]={0xFE,0xFD,0xFB,0xF7,0xEF,0xDF,0xBF,0x7F};
unsigned char code table_d[]={0x3F,0x06,0x5B,0x4F,0x66,0x6D,0x7D,0x07,
0x7F,0x6F,0x77,0x7C,0x39,0x5E,0x79,0x71,0x00,0x40,0x38,0x76,0x63};
unsigned char code table2_d[]={0xBF,0x86,0xDB,0xCF,0xE6,0xED,0xFD,0x87,
0xFF,0xEF};
unsigned char sdwd=0x40;
signed int mkcs=5;
unsigned int mkcsds=5;mkcstd=5;
unsigned int temp;
unsigned char tempxs,tempzs;
unsigned char t0_count=0;

sbit DQ=P2^2;
sbit Key_st=P2^3;
sbit Key_add=P2^4;
sbit Key_dec=P2^5;

sbit P33=P3^3;
sbit P34=P3^4;
sbit P35=P3^5;
sbit P36=P3^6;
sbit P37=P3^7;
bit ST_flag=0;
bit JR_flag=1;
/**************** 延时 X 毫秒 ********************/
void delayms(uchar x)
{
    uchar i,j;
    for(i=0;i<x;i++)
        for(j=0;j<120;j++);
}
/*****************动态显示程序******************/
void display(uchar wei,uchar duan)          //不带小数点
{
    P1=table_w[wei];
    P0=table_d[duan];
    delayms(5);
}

void display1(uchar wei,uchar duan)          //带小数点
{
```

```
    P1=table_w[wei];
    P0=table2_d[duan];
    delayms(5);
}
/***************DS18B20 驱动程序***************/
void ds18b20_delay(unsigned char x)
{
    while(x--);
}
/***************DS18B20 初始化***************/
void ds18b20_init()
{
    unsigned int i=0;
    DQ=1;
    DQ=0;
    ds18b20_delay(80);
    DQ=1;
    ds18b20_delay(3);
    while(DQ&&i<255)i++;
    DQ=1;
    ds18b20_delay(70);
}
/***************DS18B20 写1字节***************/
void ds18b20_write(unsigned char cmd)
{
    unsigned char i;
    for(i=0;i<8;i++)
    {
        DQ=1;
        DQ=0;
        _nop_();
        cmd>>=1;
        DQ=CY;
        ds18b20_delay(10);
    }
}
/***************DS18B20 读1字节***************/
unsigned char ds18b20_read(void)
{
    unsigned char t=0,i,u=1;
    for(i=0;i<8;i++)
    {
        DQ=1;
```

```
      DQ=0;
      DQ=1;
      _nop_();
      if(DQ)
      {
        t|=(u<<i);
        ds18b20_delay(2);
        _nop_();
      }
      else
      {
        ds18b20_delay(10);
      }
    }
  return t;
    }
```
/ * * * * * * * * * * * * * * *DS18B20 测温主程序* /
```
unsigned int ds18b20_temp(void)
{
    unsigned char temp_low,temp_high;
    //unsigned char tempzs;
    ds18b20_init();
    ds18b20_write(0xcc);          //向 DS18B20 写数据
    ds18b20_write(0x44);
    ds18b20_init();
    ds18b20_write(0xcc);
    ds18b20_write(0xbe);
    temp_low=ds18b20_read();
    temp_high=ds18b20_read();
    temp=temp_high;
    temp<<=8;
    temp=temp+temp_low;
    temp=(int)temp*0.625;//采样温度数据扩大 10 倍
    return temp;
    }
```
/ * * * * * * * * * * * * * * * * *按键子程序* /
```
    void key_scan(void)
    {
        if(Key_st==0)          //工作停止选择按键
{
    delayms(5);
    if(Key_st==0)
    {
    if(Key_st==0)
```

```
        while(! Key_st)
        {
        }
        ST_flag=~ST_flag;

        if(ST_flag==1)
        {
        P36=1;

        }
        else
        {P36=0;
        }
    }
}

    if(Key_add==0)                    //设定温度按键加1
    {
        delayms(5);
        if(Key_add==0)
        {
        while(! Key_add)
        {
        }
        sdwd=sdwd+1;
        }
    }
    if(Key_dec==0)                    //设定温度按键减1
    {
        delayms(5);
        if(Key_dec==0)
        {
        while(! Key_dec)
        {
        }
        sdwd=sdwd-1;
        }
    }
}
/* * * * * * * * * * * * * * * * * * *温度控制子程序* * * * * * * * * * * * * * * * * * */
    void wdbij()
    {
    if(sdwd>=tempzs)
        {
        mkcs=(sdwd-tempzs)/10+1;
```

```
        }
        else
        {
        mkcs=0;
        }
        mkcsds=10-mkcs
        if(tempzs>(sdwd+1))
        {
        JR_flag=0;
        }
        if(tempzs<(sdwd-1))
        {
        JR_flag=1;
        }
        if(tempzs>70)
        {
        JR_flag=0;
        P35=1;
        }
        else P35=0;
}
```

/ * 主程序 * /

```
    void main()
        {
        TMOD=0X11;                          //初始化
        TH0=0X3C;
        TL0=0XB0;
        TH1=0X0FC;
        TL1=0X18;
        TR1=0;
        TR0=1;
        EA=1;
        EX0=1;
        ET1=1;
        ET0=1;
        IT1=1;
        PT0=1;
        P36=0;
        P37=0;
        mkcstd=mkcsds;
            while(1)
            {
              P1=0xFF;                      //关显示
              key_scan();
```

```
          while(ST_flag)
          {
            key_scan();
            wdbij();
            display(0,sdwd/10);
            display(1,sdwd%10);
            display(2,0x11);
            display(3,mkcs);
            display(4,0x11);
            display(5,temp/100);
            display1(6,(temp%100)/10);
            display(7,(temp%100)%10);
          }
      }
}
```

/* * * * * * * * * * * * * * * * *外部中断启动 T1 * * * * * * * * * * * * * * * * * * */

```
    void int0_isr()  interrupt 0
    {TH1=0XFC;
     TL1=0X18;
     TR1=1;
     P37=0;
}
```

/* * * * * * * * * * * * * * * * *T1 用于产生 PWM * * * * * * * * * * * * * * * * * * */

```
    void timer1_isr() interrupt 3
    {       TH1=0XFC;
            TL1=0X18;
            mkcstd--;
            if (mkcstd==0)
            {mkcstd=mkcsds;
               TR1=0;
                 if (JR_flag==0)
                 {
                   P37=0;
                 }
                 else
                 {
                   P37=1;
                 }
             }
    }
```

/* * * * * * * * * * * * * * *T0 用于实现 DS18B20 定时采样转换 * * * * * * * * * * * * * */

```
    void timer0_isr() interrupt 1
    {       TH0=0X3C;
            TL0=0XB0;
```

```
      t0_count++;
   if(t0_count==10)
      {
      t0_count=0;
      temp=ds18b20_temp();
      tempzs=temp/10;           //取温度整数部分
      }
}
```

三、调试仿真

（1）在 Proteus 仿真软件中绘制恒温箱控制电路图。

（2）启动 Keil，建立工程，编写程序，编译产生 HEX 文件。

（3）把 HEX 文件导入 Proteus 中调试仿真，恒温箱控制电路仿真结果如图 6-17 所示，实现了电路的功能。

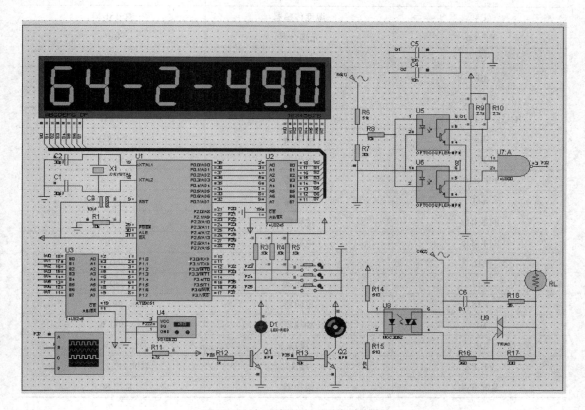

图 6-17　恒温箱控制电路仿真结果

四、项目制作

1. 安装焊接

项目所需元器件清单见表 6-1。按照电路图、电子工艺要求进行安装焊接。

表 6-1 元器件清单

代　号	名　称	规　格
U1	单片机	AT89C51
X1	晶振	12 MHz
C1、C2	电容器	30 pF
C3	电容器	10 μF
C4、C5	电容器	10 nF
C6	电容器	0.1 μF
LS	8 位一体数码管	共阴极
U2、U3	驱动芯片	74LS245
S1、S2、S3	轻触按键	四脚
Q1、Q2	晶体管	8050
D1	发光二极管	红色
U4	温度传感器	DS18B20
U5、U6	光耦合器	817
U7	与非门	74LS00
U8	光耦合器	3052
U9	晶闸管	BTA06
R1、R3、R4、R5、R8	电阻器	10kΩ
R6	电阻器	51 kΩ
R7	电阻器	30 kΩ
R9、R10	电阻器	2.7 kΩ
R11	电阻器	4.7 kΩ
R12、R13	电阻器	1 kΩ
R14、R15	电阻器	510Ω
R16	电阻器	360 Ω
R17	电阻器	330 Ω
R18	电阻器	39 Ω
RL	加热器	300 W
DL	风扇	50 W
P1、P2	接头	单排 2P,2.54 mm
温度开关	温控器	常闭 80℃

2. 系统调试

实物焊接出来之后,先要进行硬件调试。电路的调试过程是检验、修正设计方案的实践过程,也是应用理论知识来解决实践中各类问题的关键环节,是电路设计者必须掌握的基本技能。

把电子元器件连接起来,实现特定功能的关键一步是调试,调试方法有 2 种:分块调试法和整体调试法。

具体调试步骤如下:

（1）通电前检查。任何组装好的控制电路，在通电调试之前，必须认真检查电路连接是否有误。

检查的方法是对照电路图，按一定顺序逐级对应检查。特别是注意电源是否接错，电源与地是否有短接，集成电路和晶体管的引脚是否接错，轻轻拨一拨元器件，观察焊点是否牢固等。

（2）通电检查。先调试好所需电源电压数值，然后再给电路接通电源。电源一经接通，先要观察是否有异常现象，如冒烟、异常气味、放电的声光、元器件发烫等。如果有，应立即关断电源，待故障排除后，方可重新接通电源。然后，测量每个集成块的电源引脚电压是否正常，以确定集成电路是否已通电工作。

（3）分块调试。分块调试时应明确本部分的调试要求，按调试要求测试性能指示和观察波形。调试顺序按信号的流向进行，这样可以把前面调试过的输出信号作为后一级的输入信号，为最后的整机联调创造条件。

（4）整机联调。整机联调时应观察各单元电路连接后各级之间的信号关系，主要观察动态结果，检查电路的性能和参数，分析测量的数据和波形是否符合设计要求。

实物经过硬件调试后还要进行软件调试，即将程序写入到单片机存储器中，实现设计功能。

 相关知识

一、DS18B20 温度传感器

温度传感器（temperature transducer）是指能感受温度并转换成可用输出信号的传感器。温度传感器是通过物体随温度变化而改变某种特性来间接测量的。

按照温度传感器输出信号的模式，可大致划分为三大类：数字温度传感器、逻辑输出温度传感器、模拟温度传感器。DS18B20 是 DALLAS 公司生产的单总线数字温度传感器，它的温度测量范围为$-55\sim+125$ ℃，可编程为 9 位~12 位 A/D 转换精度，测温分辨率可达 0.062 5℃/LSB，被测温度用符号扩展的 16 位数字量方式串行输出。在使用中不需要任何外围元件即可进行温度测量，与单片机交换数据只需要 1 根 I/O 端口线，DS18B20 适用于远距离多点温度检测系统。

1. DS18B20 的引脚图及内部结构

DS18B20 有 3 个引脚：VDD、GND、DQ。DQ 为数字信号输入/输出端，GND 为电源地，VDD 为外接供电电源输入端（寄生电源接线方式时接地）。DS18B20 封装形式如图 6-18 所示。

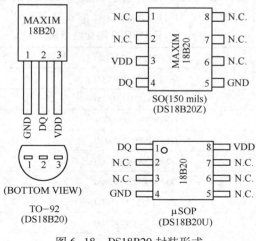

图 6-18　DS18B20 封装形式

DS18B20 内部结构如图 6-19 所示,主要由 64 位 ROM 和单线接口、温度灵敏元件、温度报警触发器 TH 和 TL、配置寄存器 4 部分组成。

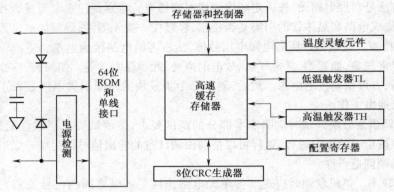

图 6-19 DS18B20 内部结构

ROM 中的 64 位序列号是出厂前被光刻好的,它可以看作该 DS18B20 的地址序列码,每个 DS18B20 的 64 位序列号均不相同,用于实现一根总线上挂接多个 DS18B20 的目的。64 位光刻 ROM 的排列:开始 8 位(28H)是产品类型标号,接着的 48 位是该 DS18B20 自身的序列号,最后 8 位是前面 56 位的循环冗余校验码。

DS18B20 中的温度传感器完成对温度的测量,经 A/D 转换后,用 16 位带符号的二进制补码读数形式提供,以 12 位 A/D 转换精度为例,测温分辨率可达 0.062 5℃/LSB,温度值数据格式如图 6-20 所示,其中 S 为符号位。

	BIT 7	BIT 6	BIT 5	BIT 4	BIT 3	BIT 2	BIT 1	BIT0
LS BYTE	2^3	2^2	2^1	2^0	2^{-1}	2^{-2}	2^{-3}	2^{-4}

	BIT 15	BIT 14	BIT 13	BIT 12	BIT 11	BIT 10	BIT 9	BIT8
MS BYTE	S	S	S	S	S	2^6	2^5	2^4

图 6-20 DS18B20 温度值数据格式

如果测得的温度大于 0,S 位为 0,只要将测到的数值乘 0.062 5 即可得到实际温度值;如果测得的温度小于 0,S 位为 1,测到的数值需要取反加 1 再乘 0.062 5 才可得到实际温度。例如 +125 ℃的数字输出为 07D0H,+25.062 5 ℃的数字输出为 0191H,−25.062 5 ℃的数字输出为 FE6FH,−55 ℃的数字输出为 FC90H。DS18B20 温度数据表见表 6-2。

表 6-2 DS18B20 温度数据表

温度值/℃	数字输出(二进制)	数字输出(十六进制)
+125	0000011111010000	07D0
+85	0000010101010000	0550
+25.062 5	0000000110010001	0191
+10.125	0000000010100010	00A2
+0.5	0000000000001000	0008
0	0000000000000000	0000
−0.5	1111111111111000	FFF8
−10.125	1111111101011110	FF5E

温度值/℃	数字输出（二进制）	数字输出（十六进制）
−25.062 5	1111111001101111	FE6F
−55	1111110010010000	FC90

温度报警触发器 TH 和 TL、配置寄存器存储温度报警上下限值和配置相关信息。

2.DS18B20 的存储器

高速暂存存储器（RAM）由 9 字节组成，其分布如图 6-21 所示。第 0 字节和第 1 字节包含被测温度转换的数字量信息（2 字节补码形式），低位在前，高位在后；第 2、3、4 字节分别是温度报警上限 TH、下限 TL 和配置寄存器的临时复制值，每一次加电复位时被刷新；第 5、6、7 字节未用；第 8 字节是冗余检验字节（CRC 码），CRC 的等效多项式函数为 $CRC = X^8 + X^5 + X^4 + 1$。

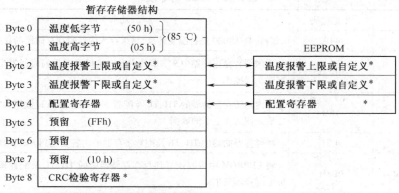

图 6-21　DS18B20 高速暂存存储器分布

配置寄存器结构见表 6-3。

表 6-3　配置寄存器结构

D7	D6	D5	D4	D3	D2	D1	D0
TM	R1	R0	1	1	1	1	1

低五位一直都是"1"，TM 是测试模式位，用于设置 DS18B20 在工作模式还是在测试模式。在 DS18B20 出厂时该位被设置为 0，用户不要去改动。R1 和 R0 用来设置分辨率（DS18B20 出厂时被设置为 11），见表 6-4。

表 6-4　温度分辨率设置表

R1	R0	分辨率/位	精度/℃/LSB	温度转换时间/ms
0	0	9	0.5	93.75
0	1	10	0.25	187.5
1	0	11	0.125	375
1	1	12	0.062 5	750

3.DS18B20 的指令表

根据 DS18B20 的通信协议，主机（单片机）控制 DS18B20 完成温度转换必须经过 3 个步骤：每一次读写之前都要对 DS18B20 进行复位操作，复位成功后发送一条 ROM 指令，最后发送 RAM 操作指令，这样才能对 DS18B20 进行预定的操作。DS18B20 的指令表见表 6-5、表 6-6。

表 6-5　ROM 指令表

指　令	约定代码	功　能
读 ROM	33H	读 DS18B20 温度传感器 ROM 中的编码（即 64 位地址）
符合 ROM	55H	发出此命令之后，接着发出 64 位 ROM 编码，访问单总线上与该编码相对应的 DS18B20，使之做出响应，为下一步对该 DS1820 的读写做准备
搜索 ROM	0F0H	用于确定挂接在同一总线上 DS18B20 的个数和识别 64 位 ROM 地址。为操作各器件做好准备
跳过 ROM	0CCH	忽略 64 位 ROM 地址，直接向 DS18B20 发温度变换命令。适用于单片工作
告警搜索命令	0ECH	执行后只有温度超过设定值上限或下限的芯片才做出响应

表 6-6　RAM 指令表

指　令	约定代码	功　能
温度变换	44H	启动 DS18B20 进行温度转换，结果存入内部暂存存储器的 0、1 字节中
读暂存器	0BEH	读内部暂存存储器中 9 字节的内容。主机可在任何时候发出一个复位脉冲来终止读操作
写暂存器	4EH	向内部暂存存储器的 TH、TL 及配置寄存器 3 字节写数据命令，紧跟该命令之后是传送 3 字节的数据
复制暂存器	48H	将暂存存储器中 TH、TL 及配置寄存器的内容复制到 EEPROM 中
重调 EEPROM	0B8H	将 EEPROM 中内容恢复到暂存存储器中的 TH、TL 及配置寄存器，DS18B20 加电时自动发生
读供电方式	0B4H	读 DS18B20 的供电方式。寄生供电时 DS18B20 发送"0"；外接电源供电时 DS18B20 发送"1"

4.DS18B20 的工作时序

DS18B20 的一线式工作协议流程：初始化→ROM 操作指令→存储器操作指令→数据传输。其工作时序包括初始化时序、写时序和读时序，图 6-22 所示为初始化时序。

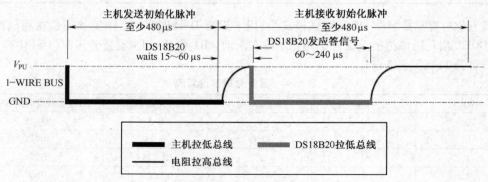

图 6-22　初始化时序

主机即单片机首先发 480~960μs 的低电平，进行复位，然后释放总线，之后总线被外部上拉电阻器拉高，当 DS18B20 检测到上升沿，延时 15~60μs 之后，DS18B20 通过拉低单总线 60 到 240μs 的方式产生应答信号，以示存在，至此初始化结束。

图 6-23 所示为读写操作时序,写"0"的时候,首先单片机发复位信号,然后主机发"0",并且低电平持续 60μs 就完成了写"0"操作;写"1"的时候,首先单片机发复位信号,持续时间大于 1μs 小于 15μs,然后主机发"1",并持续 50μs 以上就完成了写"1"操作。

每个读时序都由主机通过拉低单总线至少 1μs 发起,然后 DS18B20 才开始在总线上发送 0 或 1。主机在 15μs 内采样总线状态,读取 DS18B20 的数据值。

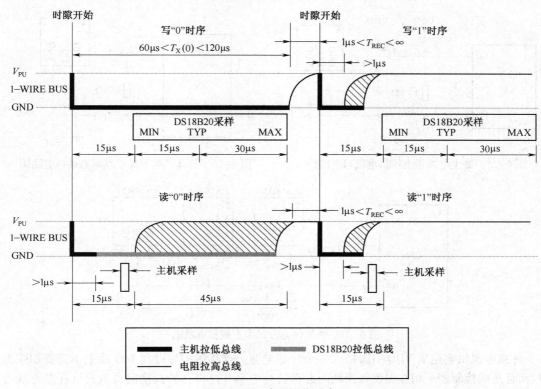

图 6-23　读写操作时序

通过读写操作时序,控制器发送控制命令,对 DS18B20 进行读写操作。DS18B20 工作流程图如图 6-24 所示。

5. DS18B20 与单片机接口电路

DS18B20 与单片机接口电路较为简单,单总线接 4.7kΩ 上拉电阻器,图 6-25 为寄生电源强上拉供电接口电路图,强上拉保证 DS18B20 温度转换时有足够的电流,VDD 必须接地,图 6-26 为外部供电方式单点测温接口电路图。外部供电方式是 DS18B20 最佳的工作方式,工作稳定可靠,抗干扰能力强,电路也比较简单,多点测量温度也很方便可靠,外部供电方式多点测温电路图如图 6-27 所示。

寄生电源供电,在寄生电源供电方式

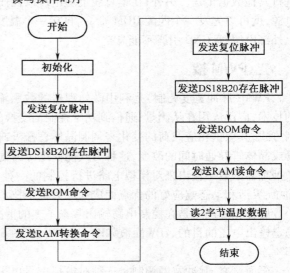

图 6-24　DS18B20 工作流程图

下,DS18B20 从单总线信号线上汲取能量:在信号线 DQ 处于高电平期间把能量存储在内部电容器里,在信号线处于低电平期间消耗电容器上的电能工作,直到高电平到来再给寄生电源(电容器)充电。当有特定的时间和电压需求时,I/O 要提供足够的能量。寄生电源有两大好处:

(1)进行远距离测温时,无需本地电源;

(2)可以在没有常规电源的条件下读 ROM。

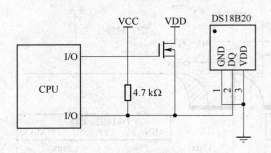 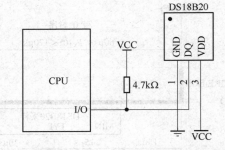

图 6-25　寄生电源强上拉供电接口电路图　　　图 6-26　外部供电方式单点测温接口电路图

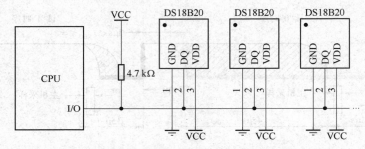

图 6-27　外部供电方式多点测温电路图

外接电源供电是从 VDD 引脚接入一个外部电源。这样做的好处是 I/O 线上不需要加强上拉,而且总线控制器不用在温度转换期间总保持高电平。这样在转换期间可以允许在单总线上进行其他数据传送。另外,在单总线上理论可以挂任意多片 DS18B20,而且如果它们都使用外部电源,就可以先发一个匹配 ROM 命令,再接一个温度转换命令,让它们同时进行温度转换。当加上外部电源时,GND 引脚不能悬空。

二、PWM 波

PWM(脉冲宽度调制)是利用微处理器的数字输出来对模拟电路进行控制的一种非常有效的技术,广泛应用在从测量、通信到功率控制与变换的许多领域中。脉冲宽度调制是一种模拟控制方式,其根据相应载荷的变化来调制晶体管栅极或基极的偏置,来实现开关稳压电源输出晶体管或晶体管导通时间的改变,这种方式能使电源的输出电压在工作条件变化时保持恒定,是利用微处理器的数字输出来对模拟电路进行控制的一种非常有效的技术。PWM 控制技术以其控制简单、灵活和动态响应好的优点而成为电力电子技术中应用最广泛的控制方式。

脉冲宽度调制是在控制电路输出频率不变的情况下,通过电压反馈调整其占空比,从而达到稳定输出电压的目的。PWM 波如图 6-28 所示,图 6-28(a)占空比为 50%,图 6-28(b)占空比为 25%。

简而言之,脉冲宽度调制是一种对模拟信号电平进行数字编码的方法。通过高分辨率计数器的使用,方波的占空比被调制用来对一个具体模拟信号的电平进行编码。PWM 信号仍然是数字的,因为在给定的任何时刻,满幅值的直流供电要么完全有(ON),要么完全无(OFF)。电压源或电流源是以一种通(ON)或断(OFF)的重复脉冲序列被加到模拟负载上去的。通的时候即直流供电被加到负载上的时候,断的时候即供电被断开的时候。

随着电子技术的发展,出现了多种 PWM 技术,其中包括:相电压控制 PWM、脉宽 PWM 法、随机 PWM、SPWM 法、线电压控制 PWM 等。在镍氢电池智能充电器中采用的是脉宽 PWM 法,它是把每一脉冲宽度均相等的脉冲列作为 PWM 波形,通过改变脉冲列的周期可以调频,改变脉冲列的宽度或占空比可以调压,采用适当控制方法即可使电压与频率协调变化。可以通过调整 PWM 的周期、PWM 的占空比从而达到控制充电电流的目的。

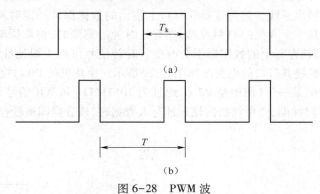

图 6-28　PWM 波

知识拓展

单片机与外围设备之间的数据交换必须通过总线来进行。单片机所使用的总线主要有并行数据总线和串行数据总线 2 种。对于 51 单片机来说这 2 种总线都有,例如 AT89C51 就有 4 个 8 位并行口,在某些情况下甚至还需要扩展更多的并行口。

以前共享总线的方式需要数据总线、地址总线以及控制信号线共同来实现外围设备的连接,这样最少也需要数十种信号线。现在,除了像主内存那种速度要求高的设备外,对低速设备来说,则更希望小规模电路的、少端子的连接方式。在这种应用背景下,出现了多种串行总线协议,如 IIC,SPI,USB 等。

相对于并行口而言,串行口具有占用硬件资源少、简单方便等诸多优点,因此,近几年出现了许多新型的串行总线,这些总线的共同特点就是只需要很少甚至 1 根线就可完成复杂的外围设备识别和数据交换。例如,由 PHILIPS 公司推出的使用一根时钟线 SCL 和一根数据线 SDA 的 IIC 总线,由于该总线具有许多优异的性能,已经被很多公司采用,在很多单片机和半导体器件中都配置了这种接口总线。另外,由美国 DALLAS 半导体公司推出的单总线(1-wire Bus)技术,仅仅需要 1 根线就能完成双向数据交换,也在很多单主机系统中得到了广泛应用。SPI 作为少端子总线,是 MOTOROLA 公司(现在是 FREESCALE Semiconductor)大力提倡的一种规格。该总线的信号线共 4 条,如果只连接 1 个设备,则可将片选端子固定,那么就只需要 3 条连接线。

在一个单片机系统中往往不止有 1 个外围设备,因此单片机与外围设备之间的互动必须有 2 项功能:一是单片机能识别不同的外围设备;二是数据交换。也就是说,一个完整的总线系统必须具有这 2 项功能。

下面介绍并行总线的扩展方法以及几种流行的串行总线。

一、并行总线扩展

虽然一般单片机都有几个并行口,但有时还是不够用,特别是像 AT89C2051 这类只有 2 个并行口的单片机,就需要扩展它的并行口。现在已经有像 8255 这样专用的可编程并行口扩展芯片供用户选用。这里介绍另一类不可编程的并行口扩展方法,这种方法通常使用三态门 74LS244、锁存器 74LS273 或者带三态功能的锁存器 74LS373、74LS573 来扩展并行口,另外,再介绍一种用串行口来扩展并行口的方法。

1. 用锁存器扩展并行口

锁存器用于扩展输出总线。如果需要并行口上输出的数据保持一定时间,则可用锁存器来扩展并行口。锁存器是一个 8 位的 D 触发器,在有效时钟沿到来时,将数据输入锁存器,直到下一个时钟沿到来之前,锁存器上的数据都不会改变。时钟信号可用 1 根地址线和写信号联合产生。锁存器 74LS273 扩展并行口的电路图如图 6-29 所示。单片机的 P0 口接 74LS273 的数据线 D1~D8,单片机 P2 口的某一位(图中是 P2.6,地址为 10111111)和 WR 信号通过一个"或非"门接到 74LS273 的 CLK 时钟端,当单片机向该地址写入数据时,该数据即被锁存到 74LS273 的输出端。

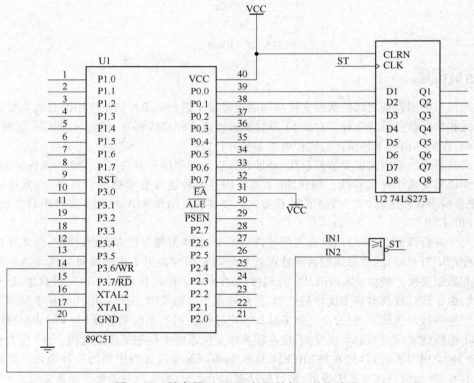

图 6-29　锁存器 74LS273 扩展并行口的电路图

2. 用串行口扩展并行口

若 89C51 单片机的串行口不用作串行通信,则可用来扩展并行口。将串行口设置为方式 0 时,数据的发送和接收都通过引脚 RXD 进行,引脚 TXD 输出移位脉冲,数据以 8 位为一组,按照从低位到高位的顺序通过 RXD 发送或接收。例如,外接一个串入并出的移位寄存器 74LS164,就可扩展一个并行输出口。单片机的引脚 RXD 接 74LS164 的 A、B 串行输入端,引脚 TXD 接

74LS164 的时钟端。若要扩展多个 8 位并行输出口,就将几个 74LS164 串联起来,将前一个 74LS164 的最高位输出引脚接到下一个 74LS164 的 A、B 串行输入端,所有的 74LS164 时钟引脚并联到单片机的引脚 TXD 上。图 6-30 所示为通过串行口、扩展的 2 个 8 位并行口。

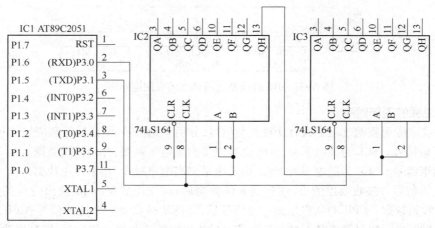

图 6-30　通过串行口扩展的 2 个 8 位并行口

二、IIC 技术

IIC(Inter-Integrated Circuit) 有时也写为 I²C。这是 PHILIPS 公司提出的一种二线制串行总线标准,广泛应用于单片机及其可编程的外设 IC 器件中。它只需要 1 根数据线 SDA 和 1 根时钟信号线 SCL 即可在具有该总线标准的器件之间寻址和交换数据,能够极方便地构成多机系统和外围器件扩展系统。

IIC 总线最主要的优点是简单、高效和占用的系统资源少。IIC 总线占用的空间非常小,因此减小了电路板的空间和芯片引脚的数量,从而降低了互联成本。总线长度可高达 25 英尺(1 英尺 = 0.304 8 m),能够以 10 kbit/s 的最大传输速率支持 40 个组件。IIC 总线的另一个优点是支持多主控(multi-mastering),其中任何能够进行发送和接收的设备都可成为主总线。一个主控能够控制信号的传输和时钟频率。当然,在任何时间点上只能有一个主控。IIC 总线优异的性能使得它在计算机外设芯片、智能传感器、家用电器控制器等各类智能化的可编程 IC 器件中得到了广泛应用。目前很多半导体集成电路上都集成了 IIC 接口。带有 IIC 接口的单片机有:CYGNAL 公司的 C8051F0xx 系列,PHILIPS 公司的 P87LPC7xx 系列,MICROCHIP 公司的 PIC16C6xx 系列等。很多外围器件如存储器、监控芯片等也提供 IIC 接口。

1. IIC 总线的工程原理

IIC 总线是由数据线 SDA 和时钟线 SCL 构成的串行总线,可发送和接收数据。在 CPU 与被控 IC 之间、IC 与 IC 之间可进行双向传送,其最大传输速率为 100 kbit/s。各种被控电路均并联在该条总线上,就像电话机一样只有拨通各自的号码才能工作,所以每个电路和模块都有唯一的地址,在信息传输过程中,IIC 总线上并联的每个模块电路既是主控器(或被控器),又是发送器(或接收器),这取决于它所要完成的功能。CUP 发出的控制信号分为地址码和数据两部分:地址码用来选址,即接通需要控制的电路和确定控制的种类;数据则决定调整的类别(如对比度和亮度等)及需要调整的量。这样,各控制电路虽然挂在同一条总线上,却彼此独立,互不相关。

IIC 总线应用系统的组网方式非常灵活,如由 1 个主 MCU 和几个从 MCU 或由 1 个主 MCU 和几个 I/O 设备等构成的多种系统。在大多数系统中,采用由 1 个主 MCU 来控制挂在 IIC 总线上的所有被控器件,图6-31是IIC总线系统的典型应用电路图。

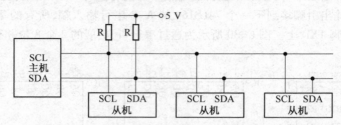

图6-31　IIC总线系统的典型的应用电路图

2. IIC 总线的工作时序

IIC 总线在传送数据过程中共有 3 种类型信号,分别开始信号、结束信号和应答信号。

(1)开始信号。SCL 为高电平时,SDA 由高电平向低电平跳变,开始传送数据。

(2)结束信号。SCL 为低电平时,SDA 由低电平向高电平跳变,结束传送数据。

(3)应答信号。接收数据的 IC 在收到 8 位数据后,向发送数据的 IC 发出特定的低电平脉冲,表示已收到数据。CPU 向从机发出一个信号后,等待从机发回一个应答信号;CPU 接收到应答信号后,根据实际情况做出是否继续传送信号的决定。若未收到应答信号,则判断为从机出现故障。

3. IIC 总线的数据传送格式

主机与从机之间在 IIC 总线上进行一次数据传送,按照 IIC 总线规范的约定,传送的信息由开始信号、寻址字节、数据字节、应答信号以及停止信号等组成。开始信号表示数据传送的开始;接着是寻址字节,包含 7 位地址码和 1 位读/写控制位;再接着是要传送的数据字节和应答信号。数据传输完后,主机给从机发出一个停止信号。IIC 总线的数据传送格式见表6-7。

表6-7　IIC 总线的数据传送格式

开始 信号	7 位 地址	读写 信号	应答 信号	数据 字节 1	应答 信号	数据 字节 2	应答或非 应答信号	停止 信号

4. IIC 总线的寻址方式

IIC 总线只有 SDA 和 SCL 两根线,这两根线既要完成地址选择,又要完成数据传送。因此,其寻址方式和其他并行总线的寻址方式不同。前面提到的 IIC 总线的数据传送格式,在开始信号的后面传送的是地址码,该地址码即决定了地址的选择。具体地说,如果从机是内含 CPU 的智能器件,则地址码由初始化程序定义;如果从机是非智能器件,则由生产厂家在器件内部设定一个从机地址码,该地址码根据器件类型的不同,由 IIC 总线委员会实行统一分配。一般带 IIC 总线接口的器件,均拥有一个专门的 7 位从器件地址码,该 7 位地址码又分为 2 部分:

(1)器件类型地址,占据高 4 位,不可更改,属于固定地址。

(2)引脚设定地址,占据低 3 位,通过引脚接线状态来改变。

AT24C02 IIC 总线存储器读/写地址为 A1H、A0H。

项目五中所用的 A/D 转换器 PCF8591 就属于非智能器件,其写地址码是 90H,读地址码是 91H,寻址码=7 位地址码+1 位读/写,即当写入数据时,读/写码=0,地址码是 90H;当读出数据时,读/写码=1,地址码是 91H。

5. 在 MCS-51 单片机中软件模拟 IIC 总线的方法

由于 MCS-51 单片机不带 IIC 总线接口,因此,当它与带 IIC 总线接口的器件进行连接时不能直接连接,而是通过接口电路 IIC 总线/并行转换器来实现。51 单片机与 IIC 总线接口芯片之间的通信是通过硬件来实现的。另外也可以通过软件模拟的方法来实现这一功能。所谓软件模拟,就是用 51 单片机普通的 I/O 引脚来模拟 IIC 总线的工作时序,从而达到访问带 IIC 总线接口器件的目的。需要注意的是,当单片机引脚作为 SDA 和 SCL 线使用时,应连接一个 10 kΩ 的上拉电阻器。图 6-32 是 AT89C51 与 AT24C02 的接口电路图,可用 AT89C51 的 P1.0 和 P1.1 引脚来模拟 IIC 总线工作时序。

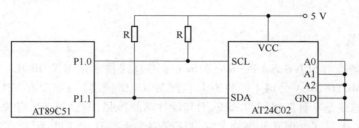

图 6-32　AT89C51 与 AT24C02 的接口电路图

三、DALLAS 半导体公司单总线技术

单总线(1-Wire Bus)技术是美国 DALLAS 半导体公司独创的单片机外设总线,仅需要 1 根信号线即可在单片机和外设芯片之间实现芯片寻址和数据交换。它采用单根信号线,既可传输时钟,又可传输数据,而且数据传输是双向的。因而,这种单总线技术具有线路简单、硬件开销少、成本低廉、便于总线扩展和维护等优点。

单总线适合于单片机系统,能够控制 1 个或多个从机设备。主机可以是微控器,从机可以是单总线器件,它们之间的数据交换只通过 1 根信号线。当只有 1 个从机设备时,系统可按单结点系统操作;当有多个从机设备时,系统则按多结点系统操作。在单总线系统中,所有器件都通过 1 个三态门或开漏极连接在总线上,所以,该控制线需要 1 个弱上拉电阻器。单总线系统中的每个器件都有一个唯一的 64 位 ID 代码,微处理器通过每个器件的 ID 代码来识别和访问器件,因此,在同一总线上能识别的器件数量几乎是无限的。在单总线系统中,通常用单片机作为主机,外围设备作为从机。从机可以是一个或多个,用一个主机可以控制和访问多个从机,如图 6-33 所示。

图 6-33　单片机控制多个单总线器件

1. 硬件结构和连接

单总线需要一个大约 5 kΩ 的上拉电阻器,这样,在空闲状态时总线为高电平。由于连接在单总线系统中的每个器件都是通过 1 个三态门或开漏极连接在总线上的,这就使得每个器件都可以释放总线,而让另一个器件来使用。当某个器件不用总线传输数据时,它释放总线后就可由另一个器件使用总线传输数据。使总线保持低电平的时间超过 80 μs 时,总线上的所有器件就会被复位。

2. 单总线的工作原理

单总线系统是一个单主机的主从系统。由于它是主从结构,所以只有在主机呼叫从机时,从机才能应答。主机在访问单总线器件时要经过初始化单总线器件、识别单总线器件和交换数据这 3 个步骤才能实现对从机的控制。因此,在单总线系统中规定了初始化命令、ROM 命令和功能命令这 3 类,主机通过这 3 类命令来访问从机,而且必须严格按照初始化命令、ROM 命令和功能命令这个顺序来进行,如果出现顺序混乱,单总线器件将不对主机进行响应(搜索 ROM 命令和报警搜索命令除外)。

四、SPI 总线

串行外围设备接口 SPI(Serial Peripheral Interface)总线技术是 MOTOROLA 公司推出的一种同步串行接口。MOTOROLA 公司生产的绝大多数 MCU(微控制器)都配有 SPI 硬件接口,如 68 系列 MCU。SPI 总线是一种三线同步总线,因其硬件功能很强,所以与 SPI 有关的软件就相当简单,使得 CPU 有更多时间处理其他事物。它对速度要求不高且功耗低,因此在需要保存少量参数的智能化传感器系统中得到了广泛应用,使用 SPI 总线接口不仅能简化电路设计,而且还能提高系统的可靠性。

1. SPI 总线的接口信号

SPI 总线也是以同步串行方式用于 MCU 之间或 MCU 与外围设备之间的数据交换。系统中的设备也分主、从两种,主设备必须是 MCU,从设备可以是 MCU 或者是带有 SPI 接口的芯片。但是 SPI 总线要使用 4 根信号线,与 IIC 总线相比多了 2 根,除了时钟线以外,它要按照数据传输方向分别使用 2 根数据线,另外还有 1 根信号线用于选择从设备。

(1)MISO(Master In Slave Out)主机输入、从机输出信号。该信号线在主设备中用于输入,在从设备中用于输出,由从设备向主设备发送数据。一般是先发送 MSB 最高位,后发送 LSB 最低位。

(2)MOSI(Master Out Slave In)主机输出、从机输入信号。该信号线在主设备中用于输出,在从设备中用于输入,由主设备向从设备发送数据。一般也是先发送 MSB 最高位,后发送 LSB 最低位。

(3)SCK(Serial Clock)串行时钟信号。SCK 时钟信号使通过数据线传输的数据保持同步。SCK 由主设备产生,输出给从设备。SCK 的频率决定了总线的数据传输速率,一般可通过主设备对 SPI 控制寄存器进行编程来选择不同的时钟频率。

(4)SS(Slave Select)从机选择信号。该信号用于选择一个从机,在数据发送之前应该由主机将其拉为低电平,并在整个数据传输期间保持稳定的低电平不变。主机的该控制线上应该接上拉电阻器。

2. SPI 总线的工作原理

图 6-34 为 SPI 总线内部结构示意图。SPI·的内部结构相当于 2 个 8 位移位寄存器首尾相接,构成 16 位的环形移位寄存器,SS 信号用于选择设备工作于主方式或者从方式,主设备产生 SPI 移位时钟,并发送给从设备接收。在时钟作用下,2 个移位寄存器同步移位,数据在从主机移向从机的同时,也由从机移向主机。这样,在 1 个移位周期(8 个时钟)内,主、从机就实现了数据交换。

3. SPI 总线在 8051 单片机系统中的应用

SPI 总线可在软件支持下组成各种复杂的应用系统,例如由 1 个主 MCU 和多个从 MCU 组成的单片机系统,或者由多个 MCU 组成的分布式多主机系统。但是常用的还是由 1 个 MCU 作为主机,控制 1 个或几个具有 SPI 总线接口的从设备的主从系统。

图 6-35 为单片机 AT89C2051 控制 1 个 nRF905 无线数传芯片的 SPI 接口硬件连接图,对于不带 SPI 串行总线接口的 MCS-51 系列单片机来说,可以使用软件来模拟 SPI 的操作,包括串行时钟、数据输入和数据输出。在图 6-35 中,P1.7 模拟 MCU 的数据输出端(MOSI),P1.6 模拟 SPI 的数据输入端(MISO),P1.5 模拟 SPI 的 SCK 输出端,P1.4 模拟 SPI 的从机选择端(CSN)。对于不同的串行接口外围芯片,它们的时钟时序是不同的。nRF905 是下降沿输入、上升沿输出的芯片,因此要先置 P1.5 为低电平,再置 P1.5 为高电平,最后置 P1.5 为低电平。

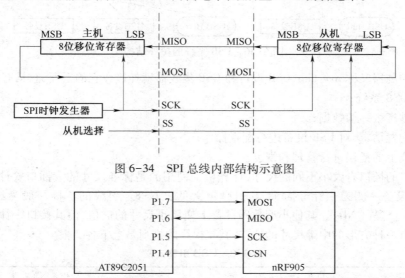

图 6-34　SPI 总线内部结构示意图

图 6-35　单片机 AT89C2051 控制 1 个 nRF905 无线数传芯片的 SPI 接口硬件连接图

五、USB 总线

随着个人计算机(PC)的迅猛发展,计算机外围设备的数量也在迅速增加,原来的计算机外围设备由各自的生产商使用各种不同的接口标准,比如常用的鼠标使用串口,键盘使用 PS/2,打印机使用并口,数字乐器使用 MIDI 接口等,再加上占用主板插槽的各种接口板卡,计算机外围设备接口真是五花八门,这些接口没有统一的标准,存在诸多缺点,限制了它们的进一步使用和发展。

INTEL、COMPAQ、DIGITAL、IBM 等世界著名的计算机和通信公司于 1995 年联合制定了一种新的 PC 串行通信协议——USB0.9 通用串行总线(Universal Serial Bus)规范。USB 接口是一种快速、双向、同步、廉价并且支持热插拔的串行通信接口,它支持多外围设备的连接,1 个 USB 接口理论上可以连接 127 个外围设备,可为外围设备供电,USB 接口可提供+5 V、输出电流最高达500 mA 的电源。USB 支持低功耗模式,如果 3 ms 内无总线活动,则 USB 自动挂起,减少电能消耗。USB 外围设备在国内外的发展十分迅速,迄今为止,各种使用 USB 的外围设备已达上千种。计算机传统的基本外围设备,如键盘、鼠标、打印机、游戏手柄、扫描仪、音响和摄像头等均采用USB 接口,很多消费类的数码产品如手机、数码照相机、MP3 和摄像机等也用上了 USB 接口。现在,USB 接口真正向测试仪器和工业设备等领域渗透,带有 USB 接口的示波仪、信号源和数据采集系统等已经面市。

1. USB 系统硬件

(1)计算机 USB 系统结构。一个计算机的 USB 系统由 USB 主控制器、USB 设备和 USB 集线器(USB Hub)组成,其系统的拓扑结构如图 6-36 所示。

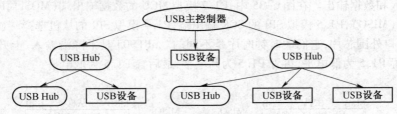

图 6-36　USB 系统的拓扑结构

USB 主控制器又称 root hub,USB 设备和 USB 集线器就挂接在它的下面,它具有以下功能:

①管理 USB 系统;

②每毫秒产生一帧数据;

③发送配置请求,对 USB 设备进行配置操作;

④对总线上的错误进行管理和恢复。

USB 接口的插口有大小不同的尺寸,计算机上使用的是标准尺寸的大插口。计算机一侧为 4 针公插头,设备一侧为 4 针母插头,其引脚定义见表 6-8。引线的色标一般为红(VCC)、白(D-)、绿(D+)、黑(GND)。其他小型数码设备上使用小尺寸的插口,但其接口一律为 4 芯的标准形式。还有一种方形的中等尺寸的插口,其 4 根线的排列是上下各 2 根。

表 6-8　USB 引脚定义

引脚号	名　称	说　明
1	VCC	+5 V 电源
2	D-	数据负
3	D+	数据正
4	GND	地线

(2)单片机用的 USB 控制器和转换器。一个单片机系统要想使用 USB 总线,可以使用 USB 控制器或转换器芯片,几乎所有的 IC 公司都有该类产品。USB 控制器一般有 2 种类型:一种是集成有 USB 接口的单片机,如 ATMEL 公司的 AT89C5132、MICROCHIP 公司的 PIC18F4550、CYG-NAL 公司的 C8051F320、ST 公司的 μPSD3234A 和 CYPRESS 公司的 EZ-USB 等;另一种是单独的 USB 接口芯片,仅处理 USB 通信,如 PHILIPS 公司的 PDIUSBD12(IIC 接口)、PDIUSBP11A、PDI-USBD12(并行接口),NATIONAL SEMICONDUCTOR 公司的 USBN9602、USBN9603、USBN9604,国产芯片有南京沁恒公司的 CH371 等。前一种类型由于开发时需要单独开发系统,因此开发成本较高;后一种类型只是在芯片与单片机的接口之间实现 USB 通信功能,因此成本较低,容易使用,而且可靠性也高。

USB 转换器是另外一类芯片,它可将一个 USB 接口转换为单片机使用的异步串口、打印口、并口以及常用的 2 线和 4 线同步串行接口 IIC 和 SPI 等。CH341 就是这样的芯片。用转换器芯片可以实现 USB 接口与其他接口的转换功能,包括从 USB 到 PS/2、从 USB 到 SCSI、从 USB 到串口、从 USB 到 RS-485、从 USB 到 PCI 接口卡等。这些转换设备可将其他 USB 接口的外围设备连接到计算机的 USB 端口上使用。

2. USB 系统的软件设计

USB 系统的软件设计主要包括 2 个部分:一是 USB 设备端的单片机软件,主要完成 USB 协议处理与数据交换(多数情况下是一个中断子程序)以及其他应用功能程序(如 A/D 转换和 MP3 解码等);二是 PC 端的程序,由 USB 通信程序和用户服务程序 2 部分组成,用户服务程序通过 USB 通信程序与 USB 设备接口 USBDI(USB Device Interface)通信,有系统地完成 USB 协议的处理与数据传输。PC 端程序的开发难度较大,程序员不仅需要熟悉 USB 协议,还要熟悉 Windows 体系结构,并能熟练运用 DDK 工具。因此很多 IC 制造商和设备供应商都会提供芯片或设备的驱动程序,或者提供现成的功能函数供用户在自己的应用程序中调用,使用户无须自己编写太多的代码,从而大大减轻了编程负担。例如芯片 CH341 提供了驱动程序,CH371 提供了应用函数供调用。

小　结

本项目采用单片机和数字温度传感器测量恒温箱温度,并和设定温度相比较,根据比较结果控制加热电阻丝和风扇的动作,从而控制恒温箱的温度,并通过 LED 数码管将实时温度显示出来。整个系统结构简单、目的明确、控制效果良好。在具体设计过程中应注意以下几个问题:

(1)本系统使用一线制数字温度传感器 DS18B20 测试温度,测温分辨率可达 0.062 5℃,被测温度用符号扩展的 16 位数字量方式串行输出。它采用 1 根信号线,既可传输时钟,又可传输数据,而且数据传输是双向的。因而,这种单总线技术具有线路简单、硬件开销少、成本低廉、便于总线扩展和维护等优点。

(2)本系统的主电路采用双向晶闸管代替交流接触器来控制恒温箱加热器的电源通断,它能连续调节加在加热器上的电压,从而使恒温箱的温度得到稳定调节。克服了传统的恒温箱温度控制系统中,主电路大多采用交流接触器或继电器控制加热器的电源通断。由于触点频繁地启动与停止,造成温度波动较大,难以满足工件热处理的工艺要求的问题。

(3)本系统能根据测量温度与设定温度差来控制 PWM,实现恒温箱的温度控制精确的效果。

习 题 六

程序设计

1. 一控制系统具有多路 DS18B20 测温,如何实现不同测温点数据读取?
2. 利用 PWM 波设计一模拟自然风电风扇控制电路。
3. 设计一远程温度报警系统。
4. 设计一 DS18B20 四位数据温度计,可测量负温度,用 LCD1602 显示。

项目七 电动阀门智能控制器的设计

项目内容

一、背景说明

阀门是管道控制系统中的重要组成部分，是用来截断和调节管道中的介质流量的，广泛应用于石油、化工、电站、长输管线、造船、核工业、各种低温工程、宇航及海洋采油等国民经济各部门。

最初的阀门完全是手动控制，但是由于人工操作存在着如反应时间、控制距离和操作者熟练程度等方面的影响，这种方式逐步被电动阀门、液动阀门及电液一体阀门所取代。其中电动阀门是阀门系列中应用最广泛、用量最大的一个品种。电动阀门装置，又称阀门驱动器、阀门电动执行机构、阀门电动头等，是由阀门电动装置和阀门组合成一体的管道附件，如图 7-1 所示。它可以接受运行人员或自动装置的命令，自动截断或调节管道中的介质流量。它的动作和响应极快、工作效率高、调速性能好、操作简便、安全性能好。

随着单片机技术的广泛应用，电动阀门控制器的智能化成为了现实，能在很大程度上实现电动阀门控制的数字化，并且能够实现 PID 控制和局域网络集散控制。本项目基于 51 单片机设计了一种自动化程度较高的电动阀门智能控制器。

图 7-1　电动阀门装置

二、项目描述

电动阀门智能控制器，是在阀门机械执行机构的基础上开发的自动控制系统应用模块。该模块的设计要满足改造传统的阀门手动控制为智能化、数字化的程序控制，要能增加装置与操作者之间的信息交流，并且能够实现数字化的远程信息传输，因而，本项目设计的阀门控制器具体功能要求如下：

（1）阀门开、关、停闭环控制。开、关、停是阀门运动最基本的 3 种形式，所有的附加功能都围绕着如何更好地实现这3种基本运动进行,因此阀门控制器需要实现可靠的信号驱动和必要的控制逻辑次序。

(2)阀门各种状态的采集功能。阀门实际工作反馈信号,包括阀门的开、关状态及开度(打开角度)。

(3)阀门控制器本地显示、本地参数设定及本地控制功能。这是阀门现场操作人员进行阀门控制的人机接口,出于安全考虑,本地控制优先级必须高于远程控制的优先级。

(4)故障检测和故障处理功能。能根据电动阀门装置反馈的异常状况判断故障类型,如阀门卡塞、过力矩等,并做出相应的故障处理。

(5)远程控制。具有与PC通信的远程通信模块,能够实现数字化智能通信,实现数字化远程控制以及必要的信息通信。

三、项目方案

1. 总体设计思路

电动阀门智能控制器是阀门控制系统的核心器件,对电动阀门工作进行闭环控制。电动阀门智能控制器接收的控制信号,可以是本地的开关信号,也可以是通过双绞线与PC相连接,在线传送的数字信号。与此同时,电动阀门智能控制器应接收执行器(阀门)的开、关及开度信号,并在控制面板实时显示开、关及开度信号。总体方案设计示意图如图7-2所示。

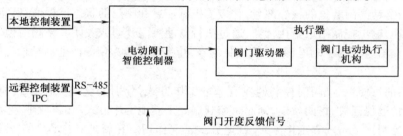

图7-2　总体方案设计示意图

2. 阀门电动执行机构简介

电动阀门装置(见图7-3)主要由执行器和控制器组成。执行器主要是在控制器的控制下控制电动阀门完成设定动作的机械部分,控制器发出控制执行器动作的信号。执行器一般由专用电动机、手动机构、行程控制机构、转矩控制机构、减速器(机械主传动机构)、电位器(开度反馈机构)等部分组成。

专用电动机采用单相电容运转可逆电动机或三相异步电动机,它是执行器电动功能实现主要组成部分。本项目驱动电动机采用单相电容运转可逆电动机,其额定电压为220 V,频率为50 Hz,额定电流为0.5 A,额定功率为110 W,带机械阻尼。

手动机构在阀门工作出现异常状况(如电动机突然断电,造成阀门停止工作)时,实现通过手动操作的形式应急开、关阀门。常采用手动调节蜗杆带动蜗轮转动,通过齿轮机构,从而使输出轴角位移发生改变,实现手动应急调节。

机械主传动机构常采用的减速机构为多级齿轮和蜗轮蜗杆传动。

开度反馈机构用于向单片机提供阀门工作的实际开度信号,阀门电动执行机构的输出轴通过齿轮组带动精密电位器转动,这样电位器以一定的传动比随输出轴转动,使得旋转电位器的旋转角度与阀门启闭件转角完全一致,从而将角度量精确转化为电压量,最终实现传感器数据的传输功能。精密电位器转动角度的改变,直接反映为输出电压的线性改变,进而以电压信号的形式将开度变化反馈到控制器。

行程控制机构由全开、全关两个行程限制开关组成,其分别由 1 个凸轮和 1 个金属片组成。通常工作状态中凸轮尖端与金属触片相距一定的距离,保持断开;随着齿轮组的转动,在阀门达到设定的全开和全闭位置时,转动的凸轮的尖端就会靠近金属触片,进而接通串入控制电路的金属触片,引起电平变化。该电平信号的变化,可作为控制器判断阀门开、闭的依据。

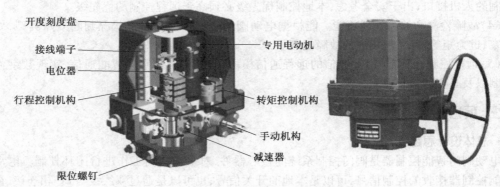

开度刻度盘
接线端子
电位器
行程控制机构
专用电动机
转矩控制机构
手动机构
减速器
限位螺钉

图 7-3　电动阀门装置执行器结构及外形

3. 电动阀门智能控制器总体设计方案

控制器是电动阀门装置的核心部分,它接受控制信息和阀门的状态反馈信息,将两信息进行比较,判断处理,输出控制结果给执行器,通过执行器使阀门开启或关闭。该阀门控制装置以 AC 220 V、50 Hz 交流电源为驱动电源,接受控制信号,并将其转换为相应的电动机输出轴位移,从而去操纵阀门。

为了使用的方便性,该阀门控制器应有 2 种工作方式,分别为就地工作方式和远程工作方式。如将就地/远程开关,指向就地,则此时控制器处于就地工作方式;如将就地/远程开关,指向远程,则此时控制器处于远程工作方式,就地方式不起作用。在就地和远程工作方式下,均可选择阀门控制器处于自动控制模式还是手动控制模式。

(1)就地工作方式。详述如下:

①手动控制模式:按下"开"按钮,阀门打开,当阀门全开到位时,电动机停止转动,前面板上的"开足"指示灯亮,阀门开度显示 100%处;按下"关"按钮,阀门关闭,当阀门全关到位时,电动机停止转动,前面板上的"关足"指示灯亮,阀门开度显示 0%处;当阀门在"开"或"关"状态需要停止时,按"停"按钮,阀门停止,阀门开度指示到 0%~100%之间。

②自动控制模式:通过电位器设定阀门开度值,控制器自动检测阀门当前开度,检测的开度值与设定开度值比较,若小于设定开度值则阀门正转;若大于设定开度值则阀门反转;若等于设定开度值则阀门停转。

(2)远程工作方式。在通信前,需要用前面板下方的地址拨码开关设置地址,此地址是通信的基础,二进制为 0000001B~1111111B,十进制为 1~127,"ON"一侧为 0,另一侧为 1。用前面板下方的波特率拨码开关选波特率:00 为 1200、01 为 2400、10 为 4800、11 为 9600,"ON"一侧为 0,另一侧为 1。

①手动模式:此时,面板上的"开"、"关"和"停"按钮已不再起作用,开关阀动作与否全靠上位机控制。上位机控制时,可将阀门控制器的数据传到上位机并显示出来,上位机也可命令阀门控制器开、关和停。

②自动模式:通过计算机设定阀门开度值,控制器自动检测阀门当前开度,检测的开度值与

设定开度值比较,若小于设定开度值则阀门正转;若大于设定开度值则阀门反转;若等于设定开度值则阀门停转。

4. 电动阀门智能控制器的结构

电动阀门智能控制器总体框图如图 7-4 所示。由图可知,整个系统以单片机 AT89C52 为核心,包括电动机正反转驱动电路、拨码开关及按钮输入电路、节点信号输入电路、指示灯驱动电路、A/D 转换电路、看门狗电路、RS-485 通信口及电源电路等。可以实现电动阀门智能控制器对电动阀门的本地及远程控制。电动阀门智能控制器功能包括驱动阀门开、关、停等动作,显示阀门工作状态,故障报警;单片机定时通过通信电路,以数字量的形式向 PC 控制中心汇报当前阀门实际反馈角度并在故障出现时及时报警;控制中心则根据操作人员对工业现场的需要,随时向单片机发送数字信号命令,指挥电动阀门下一步的工作,通信采用半双工方式。真正做到控制器的数字化、智能化。

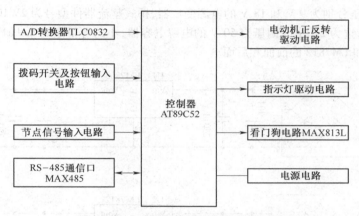

图 7-4 电动阀门智能控制器总体框图

(1)电动机正反转驱动电路:电动机的正转对应于阀门的开启;电动机的反转对应于阀门的关闭。

(2)拨码开关及按钮输入电路:PC 和阀门控制器通信时,阀门控制器的地址与波特率均可设定。用 2 个拨码开关来设定:一个 8 位拨码开关用来选地址;另一个 2 位拨码开关用来选波特率。阀门控制器的前面板上有"开"、"关"和"停"3 个按钮,"开"按钮用于打开阀门,"停"按钮用于停止开、关过程,"关"按钮用于关闭阀门。

(3)节点信号输入电路:所谓节点信号就是通断信号,共有 3 个节点信号,它们就是配套阀门电动装置输出的全开、全关和故障信号,均属于远传节点信号。

(4)指示灯驱动电路:阀门控制器的前面板上有 3 个指示灯,分别是开足、故障、关足指示灯。用光耦合器隔离,由晶体管 9013 和继电器驱动。

(5)A/D 转换电路:使用 TLC0832 芯片,TLC0832 是 2 通道,串行 8 位 A/D 转换器。这里用这 2 个通道来采样设定阀门开度值的电位器和指示阀门开度值的电位器大小。

(6)看门狗电路:使用 MAX813L 芯片,这是一种单纯看门狗电路芯片。如果在 1.6 s 内没有接到"喂狗"指令,则 MAX813L 芯片的输出引脚即输出一个低电平信号,使单片机复位。

(7)RS-485 通信口:使用 MAX485 芯片,上位机(如 PC 或工控机)和阀门控制器的通信,使用 RS-485 通信口,两者为主从关系。上位机为主机,阀门控制器为从机。

(8)电源电路:为阀门控制器提供 2 组电源,一组为+5 V,另一组为+12 V。前者供单片机使用,后者供指示灯等外围器件包括光耦合器使用。

项目实施

一、硬件设计

1. 电源电路的设计

本电动阀门智能控制器共需要 2 组电源：一组为 +5 V，另一组为 +12 V。前者供单片机使用，后者供指示灯等外围器件包括光耦合器使用，如图 7-5 所示。两组大致相同的电源电路都是由电源变压器、桥式整流器件、滤波电容器、78 系列固定三端稳压块和干扰抑制器等组成。两组电路的不同之处主要有 3 点：变压器二次电压不同——前者二次电压为 9V，后者二次电压为 18V；固定三端稳压块不同——前者用 LM7805，后者用 LM7812；瞬态电压抑制器（TVS）不同——前者额定断态工作电压选为 5.2 V，后者额定断态工作电压选为 12.5 V。两组电源选一个功率为 10 W、输出两组二次电压分别为 9 V 和 18 V 的电源变压器，桥式整流器件型号为 2W10，滤波电容器一大一小，大的容量选为 220 μF、耐压为 50 V 的电解电容器，小的容量选为 0.1μF 瓷片电容器，分别置于 LM7805 和 LM7812 的前面和后面。

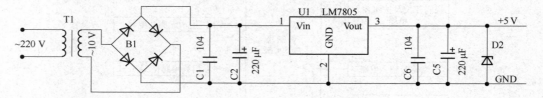

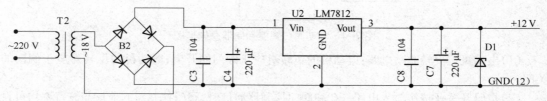

图 7-5　电源电路原理图

2. 电动机驱动电路的设计

电动机是电动阀门执行机构的动力装置，是带动执行器运作的器件。本项目采用的电动机是单相交流可逆电动机（额定电压为 220 V，频率为 50 Hz，额定功率为 110 W，转速为 1 440 r/min）。该电动机主要实现对阀门的开关驱动，其功率较小，且由于阀门在实际使用中不会频繁开闭，所以采用控制方式较简单的、可靠的继电器控制方式。

阀门驱动电动机为启动绕组和运行绕组一样的单相电动机。这种电动机的启动绕组与运行绕组的电阻值是一样的，即电动机的启动绕组与运行绕组线径与线圈数是完全一致的。阀门驱动电动机主电路图如图 7-6 所示，控制时，二个绕组的一端并联在一起（公共端）接中性线，启动绕组一个头，运行绕组一个头，启动电容器接在运行绕组和启动绕组之间，相线接在继电器动触点上，继电器常开触点切换到

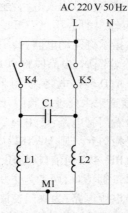

图 7-6　阀门驱动电动机主电路图

运行绕组时电动机正转;继电器常开触点切换到启动绕组时电动机反转。

阀门驱动电动机控制电路图如图7-7所示。当需要阀门打开,即需要阀门驱动电动机正转时,单片机的P3.4置低电位,P3.5置高电位,则与P3.4相连的光耦合器的发光二极管导通,光敏器件的发射结导通,9013晶体管的基极高电位,9013晶体管导通(饱和),继电器K4线圈导通,则继电器K4的常开触点闭合,也就是图7-7中的K4常开触点闭合,电动机正转,阀门打开。

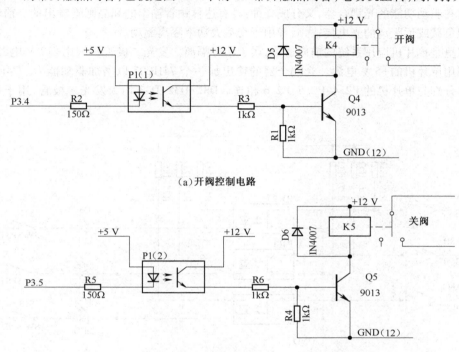

(a)开阀控制电路

(b)闭阀控制电路

图7-7 阀门驱动电动机控制电路图

当需要阀门关闭,即需要阀门驱动电动机反转时,单片机的P3.4置高电位,P3.5置低电位,则与P3.5相连的光耦合器的发光二极管导通,光敏器件的发射结导通,9013晶体管的基极高电位,9013晶体管导通,继电器K5线圈导通,则继电器K5的常开触点闭合,也就是图7-6中的K5常开触点闭合,电动机反转,阀门关闭。

当需要阀门停转,即需要阀门驱动电动机停转时,单片机的P3.4、P3.5均置高电位,则继电器K4、K5线圈均断电,则K4、K5常开触点均断开,电动机不转,阀门也停止。

3. 限位控制电路的设计

当阀门运动到极限位置时,单片机必须控制电动机停止转动,以免由于过转或定位误差而造成零部件损坏甚至经济损失。本限位控制电路采用传统式机械设计,阀门的上下限位信号由行程开关提供。全开、全关两个行程限制开关分别由一个凸轮和一个金属片组成。通常工作状态中凸轮尖端与金属触片相距一定的距离,保持断开;阀门转动时,随着齿轮组的转动,在阀门达到设定的全开和全闭位置时,转动的凸轮的尖端就会靠近金属触片,进而接通串入控制电路的金属触片,引起电平变化,变化的电平信号传输给单片机处理,单片机产生相应信号,控制电动机停止运动,因为行程开关安装在阀门驱动头内部,要通过信号电缆送至控制器,所以这是一种远传节点信号,极易引入干扰。这里采用光隔离技术,使用TPL521光耦合器。光耦合器的隔离作用主要有 2 种:一为信号隔离,用于单片机应用系统的前向通道,可防止由输入信号引入的干扰;二为驱动隔离,用于单片机应用系统的后向通道,可防止由输出通道引入的干扰。限位控制电路如图 7-8 所示。

光耦合器有多种,如普通的光耦合器,高速的光耦合器,输出端基极带引出线的光耦合器,输出端基极不带引出线的光耦合器。

具有驱动功能的光耦合器,又分成 2 种:具有达林顿管输出的和晶闸管输出的。前者用于驱动低频负载或远距离的光电传输,后者用于交流大功率隔离驱动。

这里是单片机应用系统的前向通道,属于信号隔离。发光二极管一侧用 +12 V 电源,光敏器件一侧用单片机的 +5 V 电源。光耦合器的输出加一个 74HC07 以增加驱动能力。74HC07 的 3 个输出分别与单片机的 P2.4、P2.5、P2.6 相连。D31、D32、D33 均为发光二极管,用于指示信号的有无。

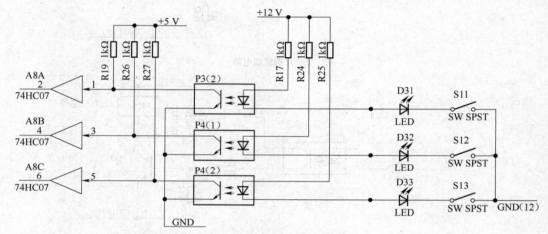

图 7-8　限位控制电路

当阀门没有运动到极限位置时,限位开关一般处于断开状态,此时光耦合器的发光二极管没有电流通过,不产生光,光电晶体管不导通,集电极输出为高电平;阀门运动到极限位置时,限位开关闭合,发光二极管发射的光使光电晶体管导通,集电极输出为低电平。集电极电平的这一电平的高低变化产生一个负脉冲信号,信号传输到 AT89C52 的 I/O 端口,单片机识别信号并控制电动机停止运动,保护电动机安全。

当节点信号有输入,相当于 S11(或 S12、S13)开关闭合时,串有发光二极管的 12 V 电压回路导通,发光二极管发光,光敏器件受光后导通,74HC07 的输入端为低电位,则输出端也为低电位,则 P2.4 引脚为低电位。

当节点信号无输入,相当于 S11(或 S12、S13)开关断开时,串有发光二极管的 12 V 电压回路不通,发光二极管不发光,光敏器件不导通,74HC07 的输入端为高电位,则输出端也为高电位,则 P2.4 引脚为高电位。

4. 阀门实际开度及反馈机构的设计

阀门实际开度反馈机构用于向单片机提供阀门工作的实际开度信号。阀门实际开度反馈机构如图 7-9 所示。阀门电动执行机构的输出轴通过凸轮Ⅰ、凸轮Ⅱ及齿轮组带动精密电位器转动,这样电位器以一定的传动比随输出轴转动,使得旋转电位器的旋转角度与阀门启闭件转角完全一致,从而将角度量精确转化为电压量,最终实现传感器数据的传输功能。精密电位器转动角

度的改变,直接反映为输出电压的线性改变,进
而以电压信号的形式将开度变化反馈到控
制器。

阀门位置传感器是检测和获取阀门所处
开度位置并产生反馈信号的电子装置,主要
有电位器式、电容式、螺线管电感式、涡流式
机械传感器等几种类型。本项目设计中的位
置传感器为电位器式,使用精密电位器,其最
大阻值为 1kΩ。安装时,精密电位器与齿轮
同轴,输出轴的上下运动带动精密电位器的
齿轮转动,进而引起阻值的变化。反馈电路

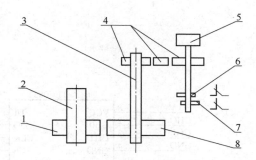

图 7-9　阀门实际开度反馈机构
1—齿轮Ⅰ;2—输出轴;3—轴;4—齿轮组;
5—电位器;6—凸轮Ⅰ;7—凸轮Ⅱ;8—齿轮Ⅱ

将阻值的变化转变成电压的变化,再传输给单片机的 A/D 转换器的输入口进行 A/D 转换,
根据转换后的结果与输入的控制信号值进行比较,判断阀门是否运行到所要求的位置。阀
门位置反馈电路如图 7-10 所示,阀门位置的变化转变成精密电位器阻值的变化,精密电位
器通过分压将阀门的开度转换成电压信号传给电压跟随器,由电压跟随器将该电压信号传
给串行 A/D 转换器的 CH0 口,A/D 转换器将电压信号转换成数字信号,由单片机进行数据
处理并转换成阀门开度信号。

单片机控制系统常用到 A/D 转换,本项目设计所用的 A/D 转换器为 8 位的串行 A/D 转换
器 TLC0832。TLC0832 是 TI 公司生产的 8 位逐次比较型 A/D 转换器,具有两个可多路选择的输
入通道,其多路器可由软件配置为单端输入或差分输入,也可以配置为伪差分输入。另外,其输
入基准电压大小可以调整。在全 8 位分辨率下,它允许任意小的模拟电压编码间隔。由于
TLC0832 采用的是串行输入结构,因此封装体积小,可节省 51 系列单片机 I/O 资源,价格也较
适中。

TLC0832 的引脚排列如图 7-11 所示。CH0、CH1 为模拟输入端;CS 为片选端;DI 为串行数
据输入端;DO 为串行数据输出端;CLK 为串行时钟输入端;VCC/REF 为正电源电压端或参考电
压输入端;GND 为电源地。

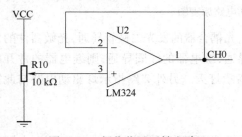

图 7-10　阀位位置反馈电路

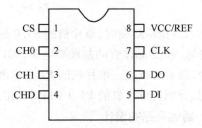

图 7-11　TLC0832 的引脚排列

TLC0832 与单片机的连接图如图 7-12 所示,DO、CLK 和 CS 依次和单片机的 P1.4、P1.5、
P1.6 连接,其中 DO 和 DI 是连在一起的。CH0 和 CH1 接 2 路模拟输入信号。

5. 指示灯驱动电路的设计

智能阀门控制器的前面板上有 3 个指示灯,分别是开足、故障、关足指示灯。指示灯驱动电
路原理如图 7-13 所示,单片机的 P1.0 接驱动隔离 TLP521 光耦合器,发光二极管一侧用单片机
的+5 V 电源,光敏器件一侧用+12 V 电源。光耦合器的输出与 9013 晶体管的基极相连,晶体管

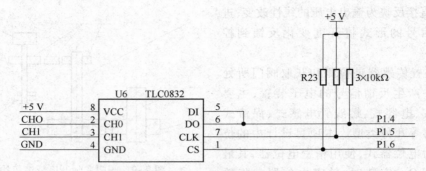

图 7-12　TLC0832 与单片机的连接图

的集电极与继电器的线圈相连,继电器的线圈上并联的二极管是续流二极管,其作用是抑制断开线圈时产生的反电动势干扰。继电器的常开触点串联在指示灯回路中,指示灯供电电压为 12 V。

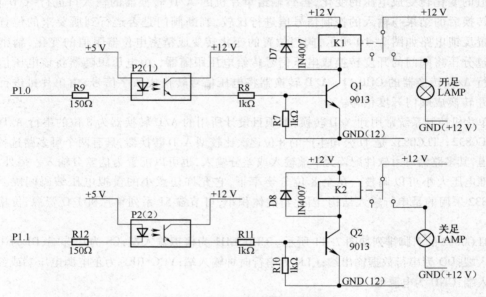

图 7-13　指示灯驱动电路原理图

　　当需要指示灯亮时,单片机的 P1.0 输出低电平,光耦合器的发光二极管导通,光敏器件的发射结导通,9013 晶体管的基极高电位,9013 晶体管导通,继电器的线圈导通,则继电器的常开触点闭合,指示灯点亮。单片机的 P1.0 输出高电平,指示灯灭。另外 2 路指示灯驱动电路与此完全相同,分别与单片机的 P1.1 和 P1.2 相连。

6. 通信电路的设计

　　为了完成工业控制和组网的需要,本项目设计的智能阀门控制器支持 RS-485 通信,电平转换芯片采用 MAX485,RS-485 通信网络总线图如图 7-14 所示。MAX485 接口芯片是 Maxim 公司的一种 RS-485 芯片,采用单一+5 V 电源工作,额定电流为 300 μA,半双工通信方式,它完成由TTL 电平转换为 RS-485 通信协议规定电平的功能。MAX485 芯片的结构和引脚都非常简单,内部含有一个驱动器和接收器。RO 端和 DI 端分别为接收器的输出端和驱动器的输入端,与单片机连接时只需要分别与单片机的 RXD 和 TXD 相连即可;/RE 和 DE 端分别为接收和发送的使能端,当/RE 为逻辑 0 时,器件处于接收状态;当 DE 为逻辑 1 时,器件处于发送状态,因为

MAX485 工作在半双工状态,所以只需要用单片机的一个 I/O 端口控制这 2 个引脚即可;A 端和 B 端分别为接收和发送的差分信号端,当 A 端的电平高于 B 端时,代表发送的数据为 1;当 A 端的电平低于 B 端时,代表发送的数据为 0。MAX485 芯片与单片机连接非常简单,只需要一个信号控制 MAX485 的接收和发送即可,同时需要在 A 端和 B 端之间加匹配电阻器,一般可选阻值为 120Ω。

　　通信电路实际工作时,可以与上位机进行远程通信,控制运行方式并监控运行状态,若干个阀门执行机构可同时受上位机控制。由于 PC 拥有的是 RS-232 标准串行口,而单片机的串行口是 TTL 电平的,因此需要一个远程通信卡实现 RS-485 通信协议电平与 RS-232 通信协议电平的相互转换,这样才能实现单片机与上位机之间信息准确无误的传输。串口通信协议不使用 RS-232 的原因是,RS-232 要求设备的通信距离不大于 15 m,且传输速率比较小,最大为 20 KB/s,可连接设备最多为 2 台,存在共地噪声和不能抑制共模干扰等问题;而 RS-485 采用平衡发送和差分接收,因此具有抑制共模干扰的能力,其用于多点互联时非常方便,可以省掉许多信号线。

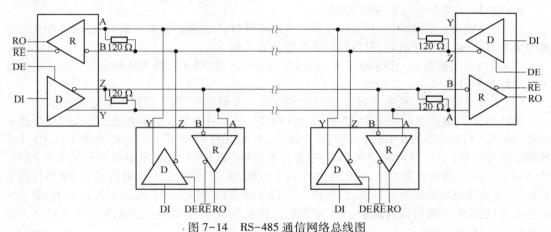

图 7-14　RS-485 通信网络总线图

　　RS-485 接口电路的主要功能是将来自微处理器的发送信号 TX 通过"发送器"转换成通信网络中的差分信号,也可以将通信网络中的差分信号通过"接收器"转换成被微处理器接收的 RX 信号。任一时刻,RS-485 收发器只能够工作在"接收"或"发送"两种模式之一,因此,必须为 RS-485 接口电路增加一个收/发逻辑控制电路。另外,由于应用环境的各不相同,RS-485 接口电路的附加保护措施也是必须重点考虑的环节。MAX485 芯片有 8 个引脚:电源(VCC)、地(GND)、发送器输入(DI)、接收器输出(RO)、发送器使能(DE)、接收器使能(RE)以及 A 相和 B 相。RS-485 接口电路原理图如图 7-15 所示。

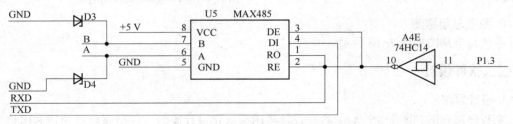

图 7-15　RS-485 接口电路原理图

MAX485 的输入信号与单片机的 RXD、TXD 连接,转换完毕的 A、B 与 RS-485 两芯插座连接。MAX485 的 RE 和 DE 连线就是控制端。单片机的 I/O 端口不是直接控制控制端而是通过反相器间接控制,目的是防止单片机加电时控制线的干扰。D3、D4 是用来保护 RS-485 总线,避免 RS-485 总线在受外界干扰时(雷击、浪涌)产生的高压损坏 RS-485 收发器。在长线传输时,为了避免信号的反射和回波,需要在接收端接入终端匹配电阻器。终端匹配电阻器的典型值为 120 Ω。在实际配置时,在电缆的 2 个终端节点上,即最近端和最远端,各接入一个终端匹配电阻器,而处于中间部分的节点则不能接入终端匹配电阻器,否则将导致通信出错。

7. MAX813L 看门狗电路的设计

为了提高系统的可靠性,设计了基于 MAX813L 的看门狗电路。MAX813L 是一组 CMOS 监控电路,能够监控电源电压、电池故障和微处理器(MPU 或 MP)或微控制器(MCU 或 MC)的工作状态。

MAX813L 引脚排列如图 7-16 所示。引脚功能如下:MR 为手动复位输入端,低电平有效;VCC、GND 分别为电源端和地端;PFI 为电源故障输入端;PFO 为电源故障输出端;WDI 为看门狗输入端;RESET 为复位输出端;WDO 为看门狗输出端。

MAX813L 芯片具有以下主要性能特点:

(1)复位输出。系统加电、掉电以及供电电压降低时,7 引脚产生复位输出,复位脉冲宽度的典型值为 200 ms,高电平有效,复位门限的典型值为 4.65 V。

(2)看门狗电路输出。如果在 1.6 s 内没有触发该电路(即 6 引脚无脉冲输入),则 8 引脚输出一个低电平信号。

(3)手动复位输入。低电平有效,即 1 引脚输入一个低电平,则 7 引脚产生复位输出。

MAX813L 的应用电路如图 7-17 所示,MAX813L 的 1 引脚与 8 引脚相连。7 引脚接单片机的复位引脚(AT89C52 的 9 引脚);6 引脚(WDI)与单片机的 P3.7 相连。在软件设计中,P3.7 不断输出脉冲信号,如果因某种原因单片机进入死循环,则 P3.7 无脉冲输出。于是 1.6 s 后在 MAX813L 的 8 引脚输出低电平,该低电平加到 1 引脚,使 MAX813L 产生复位输出,使单片机有效复位,摆脱死循环的困境。另外,当电源电压低于限值时,MAX813L 也产生复位输出,使单片机处于复位状态,不执行任何指令,直至电源电压恢复正常,可有效防止因电源电压较低进而使单片机产生错误的动作。

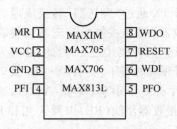

图 7-16　MAX813L 引脚排列

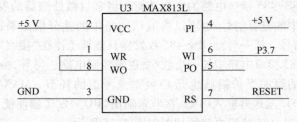

图 7-17　MAX813L 的应用电路

8. 系统总电路图

系统总电路图如图 7-18 所示。

二、软件设计

1. 设计思想

主程序流程图如图 7-19 所示,程序设计采用模块化设计思想。包括阀位自动控制模块、远程控制模块、就地控制模块和 A/D 转换模块等,其中通信部分功能通过串口中断服务程序实现。

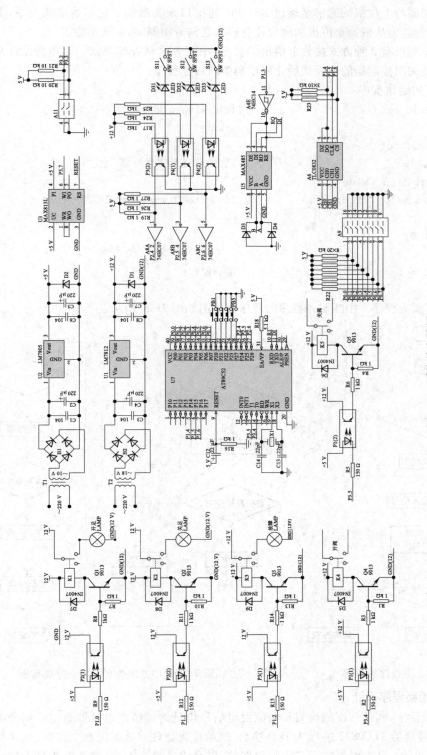

图7-18　系统总电路图

2. 通信程序设计

阀门控制器与上位机的通信是通过 RS-485 通信口来实现的。它们是主从关系,上位机为主机,阀门控制器为从机。上位机和阀位控制器的通信采用 Modbus 通信协议。

阀门控制器可有 2 种方式接收上位机的数据,中断方式和查询方式。本项目设计采用中断方式。下面是阀门控制器的中断初始化程序和中断服务程序。

(1)中断初始化程序:

```
Valve_Addr_Set();                    //设定阀门通信地址
PCON=0;                              //smod=0
Valve_Baud_Set();
TMOD=0x20;                           //用 T1 作波特率发生器
TL1=Comm_Baud_Value;
TH1=Comm_Baud_Value;                 //11.0592MHz,smod=0;9600==0xfd
TR1=1;
SCON=0x70;
ES=1;
Ctrl_485 = 1;                        //准备接收
EA=1;
```

(2)中断服务程序。中断服务程序的程序流程图如图 7-20 所示。

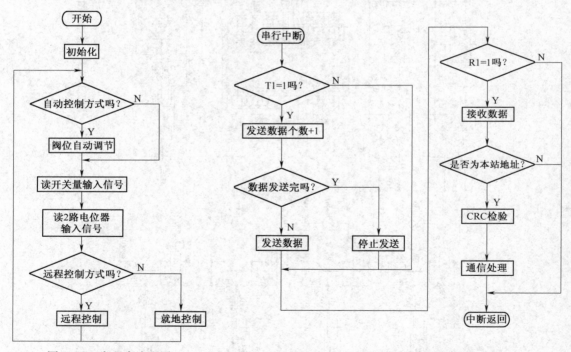

图 7-19 主程序流程图   图 7-20 中断服务程序的程序流程图

3. A/D 转换程序设计

本项目设计中,阀位开度的检测和阀位设定信号均是通过精密电位器给定。精密电位器信号通过 A/D 转换器 TLC0832 进行 A/D 转换后,送单片机处理。该系统在工作时,单片机将通过编程产生串行时钟,并按时序发送与接收数据位,以完成通道方式/通道数据的写入和转换结果的读出。A/D 转换程序如下：

```c
#include<reg51.h>
#include <intrins.h>
/* * * * * * * * * * * * * * * * *端口定义* * * * * * * * * * * * * * * * * * * * */
sbit CS   = P1^6;
sbit Clk = P1^5;
sbit DATI = P1^4;
sbit DATO = P1^4;
/* * * * * * * * * * * * * * *定义全局变量* * * * * * * * * * * * * * * * * * * * */
unsigned char AD_Data = 0x00;        //AD 值
unsigned char CH;                     //通道变量
/* * * * * * * * * * * * * * * * * * * * * * * * * * * * * * * * * * * * * * * * *
函数功能:A/D 转换子程序
入口参数:CH
出口参数:AD_Data
* * * * * * * * * * * * * * * * * * * * * * * * * * * * * * * * * * * * * * * */
unsigned char adc0832(unsigned char CH)
{
    unsigned char i,test,adval;
    adval= 0x00;
    test = 0x00;
    CS=1;
    Clk=0;
    CS=0;                           //初始化
    DATI = 1;
    _nop_();
    Clk = 1;
    if ( CH == 0x00 )               //通道选择
    {
        Clk = 0;
        DATI = 1;                   //通道 0 的第 1 位
        _nop_();
        Clk = 1;
        _nop_();
        Clk = 0;
        DATI = 0;                   //通道 0 的第 2 位
        _nop_();
        Clk = 1;
        _nop_();
    }
    else
    {
        Clk = 0;
        DATI = 1;                   //通道 1 的第 1 位
```

```
            _nop_();
            Clk = 1;
            _nop_();
            Clk = 0;
            DATI = 1;                      //通道 1 的第 2 位
            _nop_();
            Clk = 1;
            _nop_();
        }
        Clk = 0;
        DATI = 1;
        for( i = 0;i < 8;i++ )             //读取前 8 位的值
        {
        _nop_();
        adval <<= 1;
        Clk = 1;
        _nop_();
        Clk = 0;
        if (DATO)
            adval |= 0x01;
        else
            adval |= 0x00;
        }
        dat = adval;
        _nop_();
        CS = 1;                            //释放 ADC0832
        DATO = 1;
        Clk = 1;
    return AD_Data;
}
```

4. 程序代码

/* */
　　＊这是阀门控制器主程序，文件名是 E_Valve_Control.C
/* */

```
    #include <reg52.h>                     //单片机头文件
    #include <stdio.h>
    #include <math.h>
    #include <absacc.h>
    #include <ctype.h>
    #include <string.h>
    #include <stdlib.h>
    #include <Intrins.h>
    #include <Stdarg.h>
    #define uchar unsigned char            //简化定义
```

```
#define uint unsigned int
#define lint unsigned long int
void timedelay(uint timess);                    //函数说明
void delay1(uint x);
void AD_Convert(void);
void Valve_Addr_Set(void);
void Valve_Status_Cmd(void);
void Valve_Baud_Set(void);
void Valve_Baud_S1et(void);
void delay2(void);
void delay3(void);
void Valve_Key_Detect(void);
void comerr(void);
void Valve_Auto_Control(void);                  //阀门本地方式自动运行
extern   uchar AD_Data;                         //把全局变量 AD_Data 声明为外部变量
extern   uchar adc0832(uchar);                  //把 adc0832 声明为外部函数-A/D 转换程序
uint    arc,crc;                                //变量说明
uchar TX_Data_Num,tx_count,sent;
uchar idata * aba, * abc;
uchar idata Temp_Staus_Cmd,PC_CommandA,PC_CommandB,flag ;
uchar idata Temp_Filter_1,Temp_Filter_2,Key_Temp_Data;
uchar idata RX_BUF[8] ,TX_BUF[18];
uchar idata Comm_Baud_Value,Local_Addr;
uchar idata UValve_Angle_Set,UValve_Angle_Run;
float idata Valve_Angle_Set,Valve_Angle_Run;
uint crc16(uchar * str,uint num);
sbit Full_Open_Dis = P1^0;                      //阀门全开指示
sbit Full_Close_Dis = P1^1;                     //阀门全关指示
sbit Valve_Err_Dis=P1^2;                        //阀门故障指示
sbit Ctrl_485 = P1^3;                           //RS-485 通信控制端
sbit p17=P1^7;
sbit Valve_Open_Drive=P3^4;                     //阀门开驱动信号
sbit Valve_Close_Drive=P3^5;                    //阀门关驱动信号
sbit Alarm_Signal=P3^6;                         //警报信号
sbit Watch_Dog_Ctrl=P3^7;                       //喂狗信号
sbit Valve_Open_Ctrl=P2^0;                      //手动控制阀门开
sbit Valve_Stop_Ctrl=P2^1;                      //手动控制阀门停
sbit Valve_close_Ctrl=P2^2;                     //手动控制阀门关
sbit Local_Remote=P2^3;                         //本地、远程
sbit Valve_Open_Signal=P2^4;                    //阀门开到位信号,取自行程开关
sbit Valve_Close_Signal=P2^5;                   //阀门关到位信号,取自行程开关
sbit error=P2^6;
uint code  crctable[]={                         //CRC 计算用表
      0x0000,0xC0C1,0xC181,0x0140,0xC301,0x03C0,0x0280,0xC241,
```

```
            0xC601,0x06C0,0x0780,0xC741,0x0500,0xC5C1,0xC481,0x0440,
            0xCC01,0x0CC0,0x0D80,0xCD41,0x0F00,0xCFC1,0xCE81,0x0E40,
            0x0A00,0xCAC1,0xCB81,0x0B40,0xC901,0x09C0,0x0880,0xC841,
            0xD801,0x18C0,0x1980,0xD941,0x1B00,0xDBC1,0xDA81,0x1A40,
            0x1E00,0xDEC1,0xDF81,0x1F40,0xDD01,0x1DC0,0x1C80,0xDC41,
            0x1400,0xD4C1,0xD581,0x1540,0xD701,0x17C0,0x1680,0xD641,
            0xD201,0x12C0,0x1380,0xD341,0x1100,0xD1C1,0xD081,0x1040,
            0xF001,0x30C0,0x3180,0xF141,0x3300,0xF3C1,0xF281,0x3240,
            0x3600,0xF6C1,0xF781,0x3740,0xF501,0x35C0,0x3480,0xF441,
            0x3C00,0xFCC1,0xFD81,0x3D40,0xFF01,0x3FC0,0x3E80,0xFE41,
            0xFA01,0x3AC0,0x3B80,0xFB41,0x3900,0xF9C1,0xF881,0x3840,
            0x2800,0xE8C1,0xE981,0x2940,0xEB01,0x2BC0,0x2A80,0xEA41,
            0xEE01,0x2EC0,0x2F80,0xEF41,0x2D00,0xEDC1,0xEC81,0x2C40,
            0xE401,0x24C0,0x2580,0xE541,0x2700,0xE7C1,0xE681,0x2640,
            0x2200,0xE2C1,0xE381,0x2340,0xE101,0x21C0,0x2080,0xE041,
            0xA001,0x60C0,0x6180,0xA141,0x6300,0xA3C1,0xA281,0x6240,
            0x6600,0xA6C1,0xA781,0x6740,0xA501,0x65C0,0x6480,0xA441,
            0x6C00,0xACC1,0xAD81,0x6D40,0xAF01,0x6FC0,0x6E80,0xAE41,
            0xAA01,0x6AC0,0x6B80,0xAB41,0x6900,0xA9C1,0xA881,0x6840,
            0x7800,0xB8C1,0xB981,0x7940,0xBB01,0x7BC0,0x7A80,0xBA41,
            0xBE01,0x7EC0,0x7F80,0xBF41,0x7D00,0xBDC1,0xBC81,0x7C40,
            0xB401,0x74C0,0x7580,0xB541,0x7700,0xB7C1,0xB681,0x7640,
            0x7200,0xB2C1,0xB381,0x7340,0xB101,0x71C0,0x7080,0xB041,
            0x5000,0x90C1,0x9181,0x5140,0x9301,0x53C0,0x5280,0x9241,
            0x9601,0x56C0,0x5780,0x9741,0x5500,0x95C1,0x9481,0x5440,
            0x9C01,0x5CC0,0x5D80,0x9D41,0x5F00,0x9FC1,0x9E81,0x5E40,
            0x5A00,0x9AC1,0x9B81,0x5B40,0x9901,0x59C0,0x5880,0x9841,
            0x8801,0x48C0,0x4980,0x8941,0x4B00,0x8BC1,0x8A81,0x4A40,
            0x4E00,0x8EC1,0x8F81,0x4F40,0x8D01,0x4DC0,0x4C80,0x8C41,
            0x4400,0x84C1,0x8581,0x4540,0x8701,0x47C0,0x4680,0x8641,
            0x8201,0x42C0,0x4380,0x8341,0x4100,0x81C1,0x8081,0x4040};
/******************串行通信口中断服务子程序******************/
    void UART_R_T(void) interrupt 4 using 1
    {
        uchar i,point,der;

        if (TI)                             //数据发送
        {
            TX_Data_Num++;                  //发送数据个数
            if (TX_Data_Num<=tx_count)
            {
                Ctrl_485 = 0;               //准备发送
                SBUF =TX_BUF[TX_Data_Num];
            }
```

```
    else
    {
        Ctrl_485=1;                          //准备接受
        TX_Data_Num=0;
    }

    _nop_();
    _nop_();

}
if (RI)                                  //数据接收,把收到的数放进队列
{
    RX_BUF[0]=RX_BUF[1];                  // RX_BUF(0):阀门地址
    RX_BUF[1]=RX_BUF[2];                  // RX_BUF(1):读写控制
    RX_BUF[2]=RX_BUF[3];                  // RX_BUF(2):阀门状态
    RX_BUF[3]=RX_BUF[4];                  // RX_BUF(3):阀门状态
    RX_BUF[4]=RX_BUF[5];                  // RX_BUF(4):阀门控制命令
    RX_BUF[5]=RX_BUF[6];                  // RX_BUF(5):阀门控制命令
    RX_BUF[6]=RX_BUF[7];
    RX_BUF[7] = SBUF;
    if(RX_BUF[0] == Local_Addr)           //本站地址为 Local_Addr
    {
        crc = 0xFFFF;                      //modbus_crc 初值
        for (i=0; i<=7;i++ )               //CRC 检验
        {
            arc= (RX_BUF[i] ^ crc) & 0x00FF;      //异或
            crc=_irol_(crc,8);
            crc= crc & 0x00FF;
            crc= crc ^ crctable[arc];             //异或
            _nop_();
        }

        if (crc == 0)
        {
        switch (RX_BUF[1])
        { case 0x03:    //读寄存器
            TX_BUF[0]=RX_BUF[0]; //TX_BUF[i]为返回的数据
            TX_BUF[1]=RX_BUF[1];
            TX_BUF[2] = (RX_BUF[5]) * 2;
            point=TX_BUF[2];
            sent=3;
            aba=RX_BUF[3];
            for(i=0;i<point;i++) //将指定地址单元的内容取出
            {
```

```
                    TX_BUF[sent] = * aba;
                    aba++;
                    sent++;
                }
                crc=crc16(TX_BUF,sent);//CRC 检验
                abc=&crc;
                _nop_();
                sent++;
                TX_BUF[sent] = * abc;
                abc++;
                sent--;
                TX_BUF[sent] =  * abc;
                Ctrl_485 = 0;
                SBUF = TX_BUF[0];
                ES=1;
                sent++;
                tx_count=sent;
                TX_Data_Num=0;
                break;
            case 0x04:                    //读寄存器
                TX_BUF[0]=RX_BUF[0];
                TX_BUF[1]=RX_BUF[1];
                TX_BUF[2]=2;
                TX_BUF[3]=0x00;
                TX_BUF[4]=Temp_Staus_Cmd;
                sent=5;
                crc=crc16(TX_BUF,sent);
                abc=&crc;
                _nop_();
                sent++;
                TX_BUF[sent] = * abc;
                abc++;
                sent--;
                TX_BUF[sent] =  * abc;
                Ctrl_485 = 0;
                SBUF = TX_BUF[0];
                ES=1;
                tx_count=6;
                TX_Data_Num=0;
                break;
            case 0x06:                    //写寄存器
                TX_BUF[0]=RX_BUF[0]; //TX_BUF[i]为返回的数据
                TX_BUF[1]=RX_BUF[1];
                TX_BUF[2]=RX_BUF[2];
```

```
                    TX_BUF[3]=RX_BUF[3];
                    TX_BUF[4]=RX_BUF[4];
                    TX_BUF[5]=RX_BUF[5];
                    TX_BUF[6]=RX_BUF[6];
                    TX_BUF[7]=RX_BUF[7];
                    PC_CommandA=RX_BUF[4];
                    //PC_CommandA,PC_CommandB 为上位机发来的命令
                    PC_CommandB=RX_BUF[5];
                    Ctrl_485 = 0;
                    SBUF = TX_BUF[0];
                    ES=1;
                    tx_count=7;
                    TX_Data_Num=0;
                    break;
                  default :
                    break;
                  }
                }
              }

          ES=1;
    }
uint crc16(uchar * str,uint num)              //CRC 计算子程序
{
uint i, crc;
crc=0xffff;
for (i=0; i<num ;i++ )
    {
    arc= (str[i] ^ crc) & 0x00ff;
    crc=_irol_(crc,8);
    crc= crc & 0x00ff;
    crc= crc ^ crctable[arc];
    }
   return(crc);
}
void Valve_Addr_Set(void)                  //设定阀门地址
{
    Key_Temp_Data=P0;
    delay2();
    Key_Temp_Data=Key_Temp_Data&0x1f;
    Local_Addr=Key_Temp_Data;
}
```

```
    void Valve_Status_Cmd(void)                    //读入开关量
    {
        Key_Temp_Data=P2;
        delay2();
    }
    void Valve_Baud_Set(void)                      //波特率设定程序
    {
        Key_Temp_Data=P3;
        Key_Temp_Data=Key_Temp_Data>>2;
        Key_Temp_Data=Key_Temp_Data&0x03;
        switch(Key_Temp_Data)
        {
            case:0
            Comm_Baud_Value=0xe8;   //1200
            break;
            case:1
            Comm_Baud_Value=0xf4;   //2400
            break;
            case:2
            Comm_Baud_Value=0xfa;   //4800
            break;
            case:3
            Comm_Baud_Value=0xfd;   //9600
            break;
        }
        delay2();
    }
/* * * * * * * * * * * * * * * * * * * * * 延时程序 * * * * * * * * * * * * * * * * * * * * * * */
    void delay2(void)
    {
        uchar m;
        for (m=0;m<=3;m++){
        timedelay(1000);
        }
    }
    /* * * * * * * * * * * * * * * * * * 延时程序 * * * * * * * * * * * * * * * * * * * * * * */
    void delay3(void)
    {
        uchar m;
        for (m=0;m<=10;m++)
        {
            Watch_Dog_Ctrl=0;
            Watch_Dog_Ctrl=1;
            delay1(1000);
```

```
    }
}
/* * * * * * * * * * * * * *查寻开关量的程序* * * * * * * * * * * * * * * * * */
void Valve_Key_Detect(void)
{                                              //判断阀门开关及故障状态
    uchar m;
    for (m=0;m<=8;m++)
    {
        Watch_Dog_Ctrl=0;
        Watch_Dog_Ctrl=1;

        Valve_Status_Cmd();

        Key_Temp_Data=Key_Temp_Data&0x70;

        if (Key_Temp_Data==0x30)               //故障状态
        {
            Valve_Err_Dis=0;                   //故障状态灯亮
            Valve_Close_Drive=1;               //禁止关阀
            Valve_Open_Drive=1;                //禁止开阀
            delay1(10);
        }
        else
        Valve_Err_Dis=1;                       //故障状态灯灭

        if (Key_Temp_Data==0x60)               //阀门开到位
        {
            Full_Open_Dis=0;                   //阀门开到位指示灯亮
            Valve_Open_Drive=1;                //禁止开阀
            delay1(10);
        }
        else
        Full_Open_Dis=1;

        if (Key_Temp_Data==0x50)               //阀门开到位
        {
            Full_Close_Dis=0;                  //阀门关到位指示灯亮
            Valve_Close_Drive=1;               //禁止关阀
            delay1(10);
        }
        else
        Full_Close_Dis=1;

        delay1(1000);
```

```c
    }
}
/******************* 延时程序 *********************/
void timedelay(uint timess)
{
uint tj;
for (tj=timess;tj>0;tj--){;}
}
/******************* 延时程序 *********************/
void delay1(uint x)
{
uchar tw;
while (x-->0){
for (tw=0;tw<125;tw++){;}
}
}
/*************** 阀位运转角度设定及检测程序 ***************/
void AD_Convert()
{
  uchar Temp_Filter_3,Temp_Filter_4,Temp_Filter_5,Temp_Filter_6;
  uint AD_Temp_Value[2];
  AD_Data=adc0832(0x03);                    //采样阀门转角设定电位器
  Temp_Filter_1=AD_Data;
  AD_Data=adc0832(0x07);                    //采样阀门运转角度电位器
  Temp_Filter_2=AD_Data;
  timedelay(200);
  AD_Data=adc0832(0x03);
  Temp_Filter_3=AD_Data;
  AD_Data=adc0832(0x07);
  Temp_Filter_4=AD_Data;
  timedelay(200);
  AD_Data=adc0832(0x03);
  Temp_Filter_5=AD_Data;
  AD_Data=adc0832(0x07);
  Temp_Filter_6=AD_Data;
  timedelay(200);
  AD_Temp_Value[0]=(int)Temp_Filter_1+(int)Temp_Filter_3+(int)Temp_Filter_5;
          //三次采样求和
  AD_Temp_Value[1]=(int)Temp_Filter_2+(int)Temp_Filter_4+(int)Temp_Filter_6;
  Valve_Angle_Set=(AD_Temp_Value[0]/3.0/255.0)*100.0;
          //求平均值,标度变换
  Valve_Angle_Run=(AD_Temp_Value[1]/3.0/255.0)*100.0;
  if (Valve_Angle_Set>100.0)  Valve_Angle_Set=100.0;
  if (Valve_Angle_Run>100.0)  Valve_Angle_Run=100.0;
```

```
    if (Valve_Angle_Set<0.0)   Valve_Angle_Set=0.0;
    if (Valve_Angle_Run<0.0)   Valve_Angle_Run=0.0;
    UValve_Angle_Set=(uchar)Valve_Angle_Set;
    UValve_Angle_Run=(uchar)Valve_Angle_Run;
}
/* * * * * * * * * * * * * * * * * * * * 主程序* * * * * * * * * * * * * * * * * * * */
void main()
{
    SP=0xcf;
    timedelay(10000);
    delay1(1000);
    flag=0;
    EA=0;
    PC_CommandA=0xff;
    PC_CommandB=0xff;
    DBYTE[0x50]=0x0;
    DBYTE[0x51]=0x0;
    DBYTE[0x52]=0x0;
    DBYTE[0x53]=0x0;
    DBYTE[0x54]=0x0;
    DBYTE[0x55]=0x0;
    DBYTE[0x56]=0x0;
    DBYTE[0x57]=0x0;
    DBYTE[0x58]=0x0;
    Valve_Addr_Set();                      //设定阀门通信地址
    PCON=0;                                //smod=0
    Valve_Baud_Set();
    TMOD=0x20;                             //用 T1 作波特率发生器
    TL1=Comm_Baud_Value;
    TH1=Comm_Baud_Value;                   //11.0592MHz,smod=0;9600==0xfd
    TR1=1;
    SCON=0x70;
    ES=1;
    Ctrl_485 = 1;                          //准备接收
    EA=1;

    while(1)
    {
        if (0==p17)
        {
            Valve_Auto_Control();
        }
        Watch_Dog_Ctrl=0;
        Watch_Dog_Ctrl=1;
```

```
        Valve_Status_Cmd();
        Key_Temp_Data=Key_Temp_Data&0x0f8;
        AD_Convert();
        DBYTE[0x50]=DBYTE[0xa8];
        DBYTE[0x51]=DBYTE[0xa7];
        DBYTE[0x52]=DBYTE[0xa6];
        DBYTE[0x53]=DBYTE[0xa5];
        DBYTE[0x54]=DBYTE[0xac];
        DBYTE[0x55]=DBYTE[0xab];
        DBYTE[0x56]=DBYTE[0xaa];
        DBYTE[0x57]=DBYTE[0xa9];
        DBYTE[0x58]=0x55;
        Key_Temp_Data=Key_Temp_Data&0x08;
        if (0==Key_Temp_Data)
        {
            Valve_Remote_Control();
        }
        else
        {
            Valve_Local_Control();          //就地控制方式
        }
    }
}


void Valve_Local_Control()                  //就地控制方式
{
    Watch_Dog_Ctrl=0;
    Watch_Dog_Ctrl=1;
    Valve_Status_Cmd();
    Temp_Staus_Cmd=Key_Temp_Data;
    Key_Temp_Data=Key_Temp_Data&0x70;
    if (0x30==Key_Temp_Data)
    {
      Valve_Err_Dis=0;
      Valve_Close_Drive=1;
      Valve_Open_Drive=1;
      delay1(100);
    }
    else
      Valve_Err_Dis=1;                      //011 为故障
    if (0x60==Key_Temp_Data)
    {
      Full_Open_Dis=0;
      Valve_Open_Drive=1;
```

```
        delay1(100);
    }
    else
      Full_Open_Dis=1;                        //110 为开足
    if (0x50==Key_Temp_Data)
    {
      Full_Close_Dis=0;
      Valve_Close_Drive=1;
      delay1(100);
    }
    else
    Full_Close_Dis=1;                         //101 为关足
    Key_Temp_Data=Temp_Staus_Cmd;
    Key_Temp_Data=Key_Temp_Data&0x07;
    if (Key_Temp_Data==5)                     //"停"按钮
    {
      Valve_Close_Drive=1;
      Valve_Open_Drive=1;
      delay1(300);
    }
    if (Key_Temp_Data==6)                     //"开"按钮
    {
      if (Valve_Open_Signal==0)
       {
          Valve_Close_Drive=1;
          Valve_Open_Drive=1;
       }
      Valve_Close_Drive=1;
      Valve_Open_Drive=0;
      delay1(200);
    }
    if (Key_Temp_Data==3)                     //"关"按钮
    {
      if (Valve_Close_Signal==0)
      {
          Valve_Close_Drive=1;
          Valve_Open_Drive=1;
       }
      Valve_Open_Drive=1;
      Valve_Close_Drive=0;
      delay1(200);
    }
}
void Valve_Remote_Control()
```

```
    {
        Watch_Dog_Ctrl=0;                              //远程控制方式1
        Watch_Dog_Ctrl=1;
        Valve_Status_Cmd();
        Temp_Staus_Cmd=Key_Temp_Data&0x78;
        Key_Temp_Data=Key_Temp_Data&0x70;
        if (0x30 == Key_Temp_Data)
        {
          Valve_Err_Dis=0;
          Valve_Close_Drive=1;
          Valve_Open_Drive=1;
          delay1(100);
        }
        else
        Valve_Err_Dis=1;
        if (Key_Temp_Data==0x60)
        {
          Full_Open_Dis=0;
          Valve_Open_Drive=1;
          delay1(100);
        }
        else
        Full_Open_Dis=1;
        if (Key_Temp_Data==0x50)
        {
          Full_Close_Dis=0;
          Valve_Close_Drive=1;
          delay1(100);
        }
        else
        Full_Close_Dis=1;
        if (PC_CommandA==0x00&&PC_CommandB==0xff)   //正转
        {
          if (Valve_Open_Signal==0)
          {
             Valve_Close_Drive=1;
             Valve_Open_Drive=1;
          }
          Valve_Close_Drive=1;
          Valve_Open_Drive=0;
          delay1(200);
        }
        if (PC_CommandA==0xff&&PC_CommandB==0x00)      //反转
        {
```

```
    if (Valve_Close_Signal==0)
    {
        Valve_Close_Drive=1;
        Valve_Open_Drive=1;
    }
    Valve_Open_Drive=1;
    Valve_Close_Drive=0;
    delay1(200);
    }
}
}
```

//自控方式:根据设定电位器所设定的阀门大小,与现在阀门实际开度作比较:如设定值大于实际值,则把阀门调大;如设定值小于实际值,则把阀门调小;如设定值接近实际值,则不动。总之,通过调节,阀门将停到所需要的位置。

```
    Valve_Auto_Control()
    {
        Watch_Dog_Ctrl=0;
        Watch_Dog_Ctrl=1;
        Valve_Status_Cmd();
        Key_Temp_Data=Key_Temp_Data&0x70;
        if (Key_Temp_Data==0x30)
        {
            Valve_Err_Dis=0;
            Valve_Close_Drive=1;
            Valve_Open_Drive=1;
            delay1(100);
        }
        else
            Valve_Err_Dis=1;

        if (Key_Temp_Data==0x60)
        {
            Full_Open_Dis=0;
            Valve_Open_Drive=1;
            delay1(10);
        }
        else
            Full_Open_Dis=1;

        if (Key_Temp_Data==0x50)
        {
            Full_Close_Dis=0;
            Valve_Close_Drive=1;
            delay1(10);}
```

```
        else
            Full_Close_Dis=1;

    AD_Convert();
    if((Valve_Angle_Set-Valve_Angle_Run)>10.0)
    {
        if(Valve_Open_Signal==0)
        {
            Full_Open_Dis=0;
            Valve_Close_Drive=1;
            Valve_Open_Drive=1;
            delay1(300);
        }
        else
        {
            Full_Open_Dis=1;
            Valve_Close_Drive=1;
            Valve_Open_Drive=0;
            Valve_Key_Detect();;
        }
    }

    if((Valve_Angle_Run-Valve_Angle_Set)>10.0)
    {
        if(Valve_Close_Signal==0)
        {
            Full_Close_Dis=0;
            Valve_Close_Drive=1;
            Valve_Open_Drive=1;
            delay1(300);
        }
        else
        {
            Full_Close_Dis=1;
            Valve_Open_Drive=1;
            Valve_Close_Drive=0;
            Valve_Key_Detect();
        }
    }
}
```

相关知识

一、串行通信基础

计算机与外界的信息交换称为通信。基本的通信方式有并行通信和串行通信 2 种。

并行通信的特点:所传送数据的各位同时发送或接收,传送速度快、效率高,但是有多少个数据位就需要多少根数据线,传输线多,成本较高,比较适合近距离传输。并行通信传送的距离通常小于 30 m。

串行通信的特点:数据传送按位顺序进行,只需要 1~2 根传输线即可,成本低但速度较慢。

1. 串行通信概述

(1)异步通信与同步通信。串行通信有 2 种基本方式,即异步通信和同步通信。

①异步通信。在异步通信中,数据或字符是一帧一帧传送的。帧定义为一个字符的完整的通信格式,一般又称帧格式。在帧格式中,1 个字符由 4 个部分组成:起始位、数据位、奇偶检验位和停止位。首先是 1 位起始位"0"表示字符的开始;然后是 5~8 位数据位,规定低位在前,高位在后;接下来是奇偶检验位(该位可省略);最后是 1 位停止位"1",用以表示字符的结束,停止位可以是 1 位、2 位,不同的计算机规定有所不同。图 7-21 所示为 11 位异步通信格式。

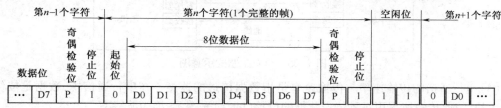

图 7-21　11 位异步通信格式

由于异步通信每传送一帧有固定格式,通信双方只需要按约定的帧格式来发送和接收数据,所以,硬件结构比较简单;此外,它还能利用奇偶检验位检测错误,因此,这种通信方式应用比较广泛。

②同步通信。同步通信中,在数据开始传送前用同步字符来指示,同步字符通常为 1~2 个,数据传送由时钟系统实现发送端和接收端同步,即检测到规定的同步字符后,下面就连续按顺序传送数据,直到通信告一段落。同步传送时,字符与字符之间没有间隙,不用起始位和停止位,仅在数据块开始时用同步字符 SYNC 来指示,同步通信格式如图 7-22 所示。

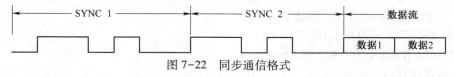

图 7-22　同步通信格式

同步通信中数据块传送时去掉了字符开始和结束的标志,因而其速度高于异步通信,但这种通信方式对硬件的结构要求比较高。

(2)串行通信的制式。在串行通信中,数据是在两机之间进行传送的。按照数据传送的方向,串行通信可以分为单工制式、半双工制式和全双工制式。

①单工制式。单工制式的数据传送是单向的,如图 7-23 所示,通信双方中一方固定为发送端,另一方固定为接收端。单工制式的串行通信只需要 1 根数据线。

②半双工制式。在半双工制式下,甲乙两机之间只有 1 个通信回路,接收和发送不能同时进

行,只能分时接收和发送,即在任一时刻只能由两机中的一方发送数据,另一方接收数据。因而两机之间只需要 1 根数据线即可,如图 7-24 所示。

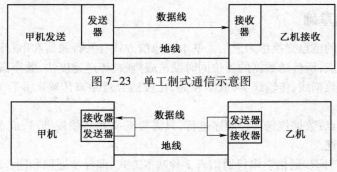

图 7-23　单工制式通信示意图

图 7-24　半双工制式示意图

③全双工制式。在全双工制式下,甲乙两机之间的数据发送和接收可以同时进行,全双工制式的串行通信必须使用 2 根数据线,如图 7-25 所示。不管哪种形式的串行通信,两机之间均应有共地线。

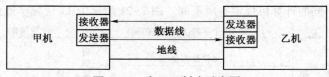

图 7-25　全双工制式示意图

(3)串行通信的传输速率。传输速率是指数据传送的速度。在串行通信中,数据是按位进行传送的,因此传输速率用每秒传送数据的位数(bit/s)来表示,称为波特率。

异步通信的传输速率一般在 50~19 200 bit/s 之间,常用于计算机低速终端以及双机或多机之间的通信等。在波特率选定之后,对于设计者来说,就是如何得到能满足波特率要求的发送时钟脉冲和接收时钟脉冲。

2. 串行通信接口标准

串行通信接口(Serial Communication Interface)按国际标准化组织提供的电气标准及协议划分为 RS-232、RS-485、USB、IEEE 1394 等。RS-232 和 RS-485 标准只对接口的电气特性做出规定,不涉及接插件、电缆或协议。USB 和 IEEE 1394 是近几年发展起来的新型接口标准,主要应用于高速数据传输领域。

(1)串行标准接口及分类。详述如下:

①RS-232-C(RS-232-A,RS-232-B)。

②RS-449,RS-422,RS-423 和 RS-485。

③USB 通用接口。

④IEEE 1394。

所谓标准接口,就是明确定义若干信号线,使接口电路标准化、通用化。借助串行通信标准接口,不同类型的数据通信设备可以很容易实现它们之间的串行通信连接。

采用标准接口后,能很方便地把各种计算机、外围设备、测量仪器等有机地连接起来,进行串行通信。RS-232-C 是由美国电子工业协会(EIA)正式公布的,在异步串行通信中应用最广的标准接口。它包括了按位串行传输的电气和机械方面的规定。适合于短距离或带调制解调器的通信场合,为了提高数据传输速率和通信距离,EIA 又公布了 RS-422,RS-423 和 RS-485 串行总线接口标准。20 mA 电流环是一种非标准的串行口电路,但由于它具有简单、对电气噪声不敏感的优点,因而在串行通信中也得到了广泛使用。为保证通信的可靠性要求,在选择接口标准时,需要注意两点:通信速度和通信距离;抗干扰能力。

通常的标准接口标准,其电气特性都具有可靠传输时的最大通信速率和传送距离两方面指标,但这两方面指标之间具有一定的相关性。通常情况下,适当地降低通信速率,可提高通信距离,反之亦然。例如,采用 RS-232-C 标准进行单向数据传输时,最大数据传输速率为 20 kbit/s,最大传送距离为 15 m,而改用 RS-422 标准时,最大传输速率可达 10 Mbit/s,最大传送距离为 300 m,在适当降低数据传输速率情况下,传送距离可延伸到 1 200 m。

串行通信接口标准的选择,在保证不超过其使用范围情况下,还要考虑其抗干扰能力,以保证信号的可靠传输。但工业测控系统运行环境往往十分恶劣,因此,在通信介质选择、接口标准选择时要充分注意其抗干扰能力,并采取必要的抗干扰措施。例如,在远距离传输时,使用 RS-422 标准,能有效地抑制共模信号干扰。

在高噪声污染环境中,使用带有金属屏蔽层、光纤介质来减少电磁噪声的干扰;采用光电隔离提高通信系统的安全性等,都是一些行之有效的办法。

(2)串行通信总线标准及其接口。在计算机测量控制系统中,设备(包括各种计算机、外围设备、测量仪器)之间的数据通信主要采用异步串行通信方式。在设计一个计算机测量控制系统的通信接口时,应根据具体需要选择接口标准,同时还要考虑传输介质、电平转换等问题。采用标准接口后,能很方便地把各种设备有机地连接起来,构成一个完整的系统。

3.RS-232-C 接口

RS-232 是微型计算机与通信工业中应用最广泛的一种串行通信接口标准。RS-232 采取不平衡传输方式,即所谓的单端通信。RS-232-C 串行接口总线适用于设备之间的通信距离不大于 15 m,传输速率最大为 20 kbit/s 的场合。

目前最常用的串行通信总线接口是美国电子工业协会 1969 年推荐的 RS-232-C。

RS-232-C 标准接口的全称是"使用二进制进行交换的数据终端设备(DTE)和数据通信设备(DCE)之间的接口"。计算机、外围设备、显示终端等都属于数据终端设备,而调制解调器则属于数据通信设备。RS-232-C 在通信线路中的连接方式如图 7-26 所示。

图 7-26　RS-232-C 在通信线路中的连接方式

(1)接口信号。一个完整的 RS-232-C 接口有 22 根线,采用标准的 25 芯插头座。表 7-1 给出了 RS-232-C 串行标准接口信号名称及功能。

表 7-1　RS-232-C 串行标准接口信号名称及功能

引脚号	信　号　名　称	简　　称	方　　向	信　号　功　能
1	保护地	—	—	接设备外壳,安全地线
2	发送数据	TXD	→DCE	DTE 发送串行数据
3	接收数据	RXD	DTE←	DTE 接收串行数据
4	请求发送	RTS	→DCE	DTE 请求切换到发送方式
5	清除发送	CTS	DTE←	DCE 已切换到准备接受(清除发送)

引脚号	信 号 名 称	简 称	方 向	信 号 功 能
6	数据设备就绪	DSR	DTE←	DCE 准备就绪
7	信号地	—	—	信号地
8	载波检测（RLSD）	DCD	DTE←	DCE 已接受到远程信号
20	数据终端就绪	DTR	→DCE	DTE 准备就绪
22	振铃指示	RI	DTE←	通知 DTE，通信线路已妥

通常使用 25 芯的接插件（DB25 插头和插座）来实现 RS-232-C 标准接口的连接。

RS-232-C 标准接口（DB25）连接器的机械结构与信号线的排列如图 7-27 所示。

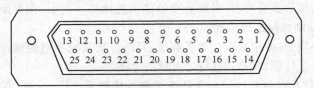

图 7-27　DB25 连接器的机械结构与信号线的排列

（2）电气特性。RS-232-C 采用负逻辑，即逻辑"1"为 -5～-15 V，逻辑"0"为 5～15 V。因此，RS-232-C 不能直接与 TTL 电路连接，使用时必须加上适当的电平转换电路，RS-232-C 接口的主要电气特性见表 7-2。

表 7-2　RS-232-C 接口的主要电气特性

不带负载时驱动器输出电平 V_o	<25 V（-25～+25 V）
负载电阻 R_0	3～7 kΩ
负载电容（包括线间电容）C_L	<2 500 pF
空号（SPACE）或逻辑"0"时，驱动器输出电平	5～15 V
在负载端传号（MARK）或逻辑"1"时，驱动器输出电平	>3 V
驱动器输出电平	-5～-15 V
在负载端	<-3 V
输出短路电流	<0.5 A
驱动器转换速率	<30 V
驱动器输出电阻 R	<300 Ω

（3）用 RS-232-C 总线标准连接系统。用 RS-232-C 总线标准连接系统时，有近程通信和远程通信之分。近程通信是指传输距离小于 15 m 的通信，这时可以用 RS-232-C 电缆直接连接；传输距离在 15 m 以上的远距离通信需要采用调制解调器（MODEM）。

①远程通信。图 7-28 所示为采用调制解调器的远程通信连接。

②近程通信。当 2 台 PC 进行近距离点对点通信，或 PC 与外围设备进行串行通信时，可将 2 个 DTE 直接连接，而省去作为 DCE 的调制解调器 MODEM，这种连接方法称为零 MODEM 连接，如图 7-29 所示。

在这种连接方式中，双方的 RTS 端与己方的 CTS 端相连，使得当向对方请求发送的同时通知己方的清除发送，表示对方已经响应。RTS 端还连接到对方的 DCD 端，这是因为"请求发送"信号的出现类似于通信通道中的载波检测。DSR 是一个接收端，与对方的 DTR 端相连，以便得

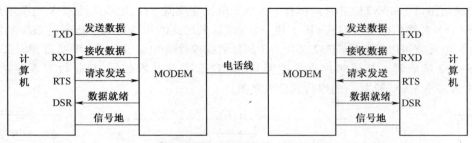

图 7-28　采用调制解调器的远程通信连接

知对方是否已经准备好。DTR 端收到对方 DSR 的信号,类似于通信中收到对方发出的"振铃指示"的情况,因此,可将 RI 端与 DTR 端并联在一起。

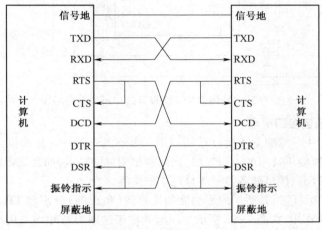

图 7-29　异步串行通信的更完整接连

图 7-30 给出了 2 种异步串行通信的最简单连接形式,仅将 TXD 端与 RXD 端交叉连接,其余的信号均不使用。图 7-30(a)所示为其余信号都不连接的形式,在图 7-30(b)中,同一设备的 RTS 端连到自己的 CTS 端及 DCD 端,其 DTR 端连到自己的 DSR 端。

图 7-30(a)所示的连接方式不适用于需要检测"清除发送""载波检测""数据设备就绪"等信号状态的通信程序;对图 7-30(b)所示的连接方式,程序虽然能够运行,但并不能真正检测到对方状态,只是程序受到该连接方式的"欺骗"而已。在许多场合下只需要单向传送时,例如计算机向单片机开发系统传送目标程序,就采用图 7-30(a)所示的连接方式进行通信。

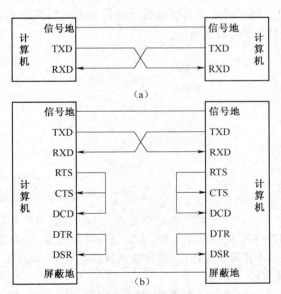

图 7-30　异步串行通信的最简单连接形式

(4)接口的实现及电平转换。MAX232 芯片是 MAXIM 公司生产的,包含 2 路接收器和驱动器的 IC 芯片,适用于各种 RS-232-C 和 V.28/

V. 24 的通信接口。MAX232 芯片内部有一个电源电压变换器,可以把输入的+5 V 电源电压变换成为 RS-232-C 输出电平所需的±10 V 电压。所以,采用此芯片接口的串行通信系统只需要单一的+5 V 电源就可以了。MAX232 芯片由 3 部分组成:2 个充电泵、DC-DC 变换器、RS-232 驱动器和 RS-232 接收器。其他芯片收发性能与 MAX232 芯片基本相同,只是收发器路数不同。图 7-31 为采用 MAX232 接口的串行通信电路图。

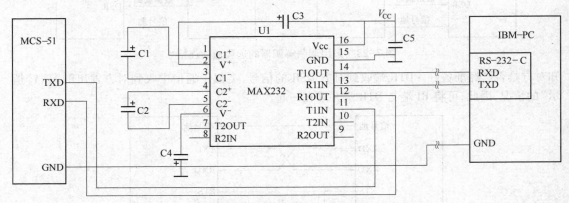

图 7-31　采用 MAX232 接口的串行通信电路图

4. 远距离串行通信接口标准

(1) RS-422/RS-485 标准总线接口及其应用。由于 RS-232-C 标准推出较早,虽然应用很广,但随着现代计算机应用技术的不断发展,已暴露出明显的缺点,如数据传输速率慢、通信距离短、未规定标准的连接器、接口处各信号间易产生串扰等。

采用 RS-232-C 标准时,其所用的驱动器和接收器(负载侧)分别起 TTL/RS-232-C 和 RS-232-C/TTL 电平转换作用,如图 7-32 所示。问题就在于这两类芯片均采用单端电路,易于引入附加电平:一是来自于干扰,用 e_n 表示;二是由于两者地(A 点和 B 点)电平不同引入的电位差 V_s,如果两者距离较远或分别接至不同的馈电系统,则这种电压差可达数伏,从而导致接收器产生错误的数据输出。

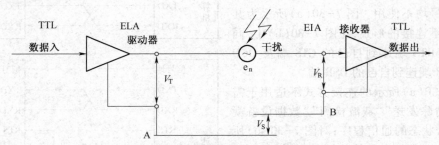

图 7-32　单端驱动非差分接收电路(RS-232-C)

(2) RS-422-A 接口标准。为了改进 RS-232 通信距离短、速度低等缺点,由 RS-232 发展了 RS-422 接口标准。RS-422 是一种单机发送、多机接收的单向、平衡传输规范。RS-422 定义了一种平衡通信接口,将传输速率提高到 10 Mbit/s,并允许在一条平衡总线上最多可连接 10 个接收器。

RS-422-A 规范中给出了应用时对电缆、驱动器和接收器的要求,规定了双端电气接口标准。概括地说,在 RS-422-A 标准中,通过传输线驱动器,把逻辑电平变换成电位差,完成发送端的信息传送,通过传输线另一端的接收器,把电位差转变成逻辑电平,实现终端的信息接收。

RS-422-A 比 RS-232-C 传输距离更长、速度更快。RS-422-A 的最大传输速率为 10 Mbit/s，在该速率下通信电缆长度可达到 120 m。如果采用较低的数据传输速率，如 90 000 波特率时，最大距离可达 1 200 m。

①平衡传输。RS-422 接口电路由发送器、平衡连接电缆、电缆终端负载、接收器等几部分组成。每个通道要求用 2 条信号线，其中一条是逻辑"1"状态，另一条就为逻辑"0"状态。按照 RS-422 标准规定，在某一时刻，电路中只允许有一个发送器发送数据，但可以同时有多个接收器接收数据，因此，通常采用点对点通信方式。该标准允许驱动器输出的电压范围为 ±2 ~ ±6 V，接收器能够检测到的输入信号电平最低可达到 200 mV。

图 7-33 所示为平衡驱动差分接收电路。平衡驱动器的 2 个输出端分别为 $+V_T$ 和 $-V_T$，故差分接收器的输入信号电压 $V_R = +V_T - (-V_T) = 2V_T$，两者之间不共地，这样既可削弱干扰的影响，又可获得更长的传输距离及允许更大的信号衰减。采用 RS-422-A 标准，其传输速率可达 10 Mbit/s。

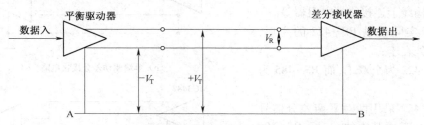

图 7-33　平衡驱动差分接收电路

RS-422 数据信号传输采用差分方式，又称平衡传输。具体地说，使用一对双绞线，将其中一线定义为 A，另一线定义为 B。通常情况下，发送驱动器 A、B 之间的正电平在 2~6 V，是一个逻辑状态；负电平在 -2~-6 V，是另一个逻辑状态；另有一个信号地 C。

接收端的规定与发送端的规定相同，收、发端通过平衡双绞线将 AA 与 BB 对应相连，当在收、发两端 AB 之间有大于 +200 mV 的电平时，输出正逻辑电平；小于 -200 mV 时，输出负逻辑电平。接收器接收平衡线上的电平范围通常在 200 mV~6 V 之间。

②RS-422 电气特性。RS-422 接口标准全称是"平衡电压数字接口电路的电气特性"。典型的 RS-422 通信电缆有 5 根线，其中 4 根线用于数据传输，另一根线是信号地。与 RS-232 接口标准相比，RS-422 的接收器采用高输入阻抗，这样发送驱动器的驱动能力更强，所以允许在相同传输线上连接多个接收节点，最多可接 10 个节点，即一个主设备（Master），其余为从设备（Slave），从设备之间不能通信。因此，RS-422 支持一对多点的双向通信。此外，RS-422 的 4 根数据传输线接口采用单独的发送和接收通道，所以不必控制数据方向，各装置之间任何信号交换均可以按照软件方式（XON/XOFF 握手）或硬件方式（一对单独的双绞线）实现。

③RS-422 接口最大传输距离。按照 RS-422 接口标准，其最大传输距离约 1 219 m，最大传输速率为 10 Mbit/s，但其平衡双绞线的长度与传输速率成反比，在 100 kbit/s 速率以下，才可能达到最大传输距离。只有在很短的距离下才能获得最大传输速率。一般 100 m 长的双绞线上所能获得的最大传输速率仅为 1 Mbit/s。

通常情况下，采用 RS-422 接口公共线路的另一端要求安装一个终端电阻器，其阻值约等于传输电缆的特性阻抗。在短距离传输时可不使用终端电阻器，即一般在 300 m 以下无需终端电阻器。

图 7-34 所示为 RS-232-C/RS-423-A/RS-422-A 电气接口电路。

5. RS-485 接口标准

EIA 在 RS-422 的基础上制定了 RS-485 接口标准，用以扩展串行异步通信的应用范围。在

RS-485 规范中,增加了多点、双向通信以及抗共模干扰等能力。

RS-485 收发器分别采用平衡发送和差分接收,即在发送端驱动器将 TTL 电平信号转换成差分信号输出,在接收端接收器将差分信号变成 TTL 电平信号。因此,具有较强的抑制共模干扰的能力。与此同时,提高了接收器的灵敏度,能检测低达 200 mV 的电压,所以,数据传输距离可达千米以外。RS-485 许多电气规定与 RS-422 相仿。如都采用平衡传输方式,都需要在传输线上连接终端电阻器等。

RS-485 实际就是 RS-422 的变形,二者不同之处在于:

(1)RS-422 为全双工,而 RS-485 为半双工;

(2)RS-422 采用两对平衡差分信号线,RS-485 只需要其中的一对。RS-485 更适合于多站互联,一个发送驱动器最多可连接 32 个负载设备。负载设备可以是被动发送器、接收器和收发器。电路结构是在平衡连接电缆两端有终端电阻器,在平衡电缆上挂发送器、接收器或收发器。两种接口的连接电路如图 7-35 所示。

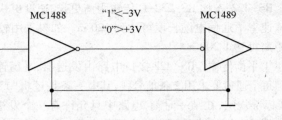

（a）单端驱动非差分接收电路

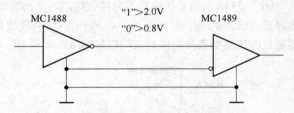

（b）单端驱动差分接收电路

（c）平衡驱动差分接收电路

图 7-34　RS-232-C/RS-423-A/RS-422-A
电气接口电路

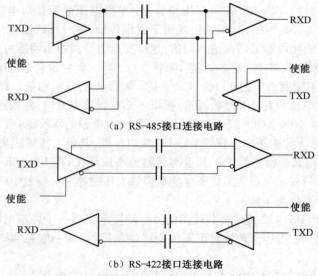

（a）RS-485接口连接电路

（b）RS-422接口连接电路

图 7-35　RS-485/RS-422 接口的连接电路

图 7-35(a)为 RS-485 连接电路。在此电路中,某一时刻只能有一个站可以发送数据,而另

一个站只能接收数据。因此,其发送电路必须由使能站加以控制。而图 7-35(b)由于是双工连接方式,在任一时刻两站都可以同时发送和接收数据。

最简单的 RS-485 通信电路电缆由 2 条信号线路组成,通信电缆必须接大地参考点,这样的电路连接能支持 32 对发送/接收器。每个设备一定要接大地,另外,通信电缆应包括第 3 信号参考线,连接到每个设备的电缆地。若用屏蔽电缆,屏蔽电缆应接到电缆设备的外壳。

RS-485 可采用二线或四线连接方式。二线连接方式时,能实现真正的多点双向通信;四线连接方式时,与 RS-422 一样只能实现一对多点的通信,即只能有一个主设备,其余为从设备,但它比 RS-422 有改进。无论采用哪种连接方式,总线上均可连接多达 32 个设备。

RS-485 与 RS-422 的共模输出电压是不同的。RS-485 共模输出电压在 $-7 \sim +12$ V 之间,RS-422 共模输出电压在 $-7 \sim +7$ V 之间;RS-485 接收器最小输入阻抗为 12 kΩ,RS-422 接收器最小输入阻抗为 4 kΩ;RS-485 满足所有 RS-422 的规范,所以,RS-485 的驱动器可以用在任何使用 RS-422 的场合。但不能用 RS-422 来替代全部使用 RS-485 的场合。

与 RS-422 一样,RS-485 最大传输速率为 10 Mbit/s。当波特率为 1 200 Bd 时,最大传输距离理论上可达 15 km。平衡双绞线的长度与传输速率成反比,在 100 kbit/s 传输速率以下,才可能使用规定最长电缆。

RS-485 需要 2 个终端电阻器,接在传输总线的两端,其阻值要求等于传输电缆的特性阻抗。在短距离(300 m 以下)传输时可以不使用终端电阻器。RS-232/RS-422/RS-485 接口电路特性比较见表 7-3。

表 7-3 RS-232/RS-422/RS-485 接口电路特性比较

规　定	RS-232	RS-422	RS-485
工作方式	单端	差分	差分
节点数	1 收、1 发	1 发、10 收	1 发、32 收
最大传输电缆长度	15 m	120 m	120 m
最大传输速率	20 kbit/s	10 Mbit/s	10 Mbit/s
最大驱动输出电压	±25 V	$-0.25 \sim +6$ V	$-7 \sim +12$ V
驱动器输出信号电平(负载最小值)	$\pm5 \sim \pm15$ V	±2.0 V	±1.5 V
驱动器输出信号电平(空载最大值)	±25 V	±6 V	±6 V
驱动器负载阻抗	3~7 kΩ	100 Ω	54 Ω
接收器输入电压范围	±15 V	$-10 \sim +10$ V	$-7 \sim +12$ V
接收器输入门限	±3 V	±200 mV	±200 mV
接收器输入电阻	3~7 kΩ	4 kΩ(最小)	≥12 kΩ

RS-422 和 RS-485 两种接口总线需要专用的接口芯片完成电平转换。下边介绍一种典型的 RS-485/RS-422 接口芯片。

MAX481E/MAX488E 是低电源(只有+5 V)RS-485/RS-422 接口芯片。每个芯片内都含有 1 个驱动器和 1 个接收器,采用 8 引脚 DIP/SO 封装。除了上述 2 种芯片外,与 MAX481E 相同的系列芯片还有 MAX483E/MAX485E/MAX487E/MAX1487E 等;与 MAX488E 相同的系列芯片有 MAX490E。这 2 种芯片的主要区别是前者为半双工,后者为全双工。它们的结构及引脚图如图 7-36 所示。

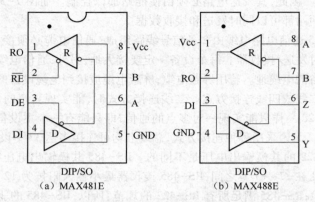

图 7-36　MAX481E/MAX488E 结构及引脚图

图 7-37 为 MAX481E/MAX488E 连接电路图。从图 7-37 中可以看出,图 7-37(a)、图 7-37(b)电路的共同点是都有 1 个接收输出端 RO 和 1 个驱动输入端 DI。不同的是,图 7-37(a)中只有 2 个信号线:A 和 B。A 为同相接收器输入和同相驱动器输出,B 为反相接收器输入和反相驱动器输出;而在图 7-37(b)中,由于是双工的,所以信号线分开,为 A,B,Z,Y。这 2 种芯片由于内部都含有接收器和驱动器,所以每个站只用 1 片即可完成收发任务。

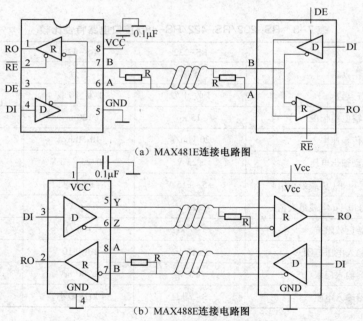

（a）MAX481E连接电路图

（b）MAX488E连接电路图

图 7-37　MAX481E/MAX488E 连接电路图

二、8051 单片机串行口简介

对于单片机来说,为实现串行通信,在单片机内部都设计有串行口电路。8051 的串行口是一个可编程的全双工串行通信接口,通过软件编程可以用作通用异步接收和发送器,也可以用作同步移位寄存器。其帧格式有 8 位、10 位和 11 位,并能设置各种波特率,使用灵活、方便。

1. 串行口的结构

8051单片机的串行口结构框图如图7-38所示。由图可见,它主要由2个数据缓冲器(SBUF)和1个输入移位寄存器,以及1个串行口控制寄存器(SCON)等组成。8051单片机的串行口能以全双工方式通信,即2个数据缓冲器可以同时接收和发送数据,但是对于单片机内部总线来说,发送和接收是不能同时进行的,所以给这2个数据缓冲器指定相同的名称SBUF,且占用同一个地址99H。

串行发送与接收的速率与移位脉冲同步。8051单片机常用定时器T1(方式2)作为串行通信的波特率发生器,定时器T1的溢出率经2分频(或不分频)后,再经16分频作为串行发送或接收的移位脉冲。移位脉冲的频率即串行通信的波特率。

此外,在接收缓冲器之前还有移位寄存器,从而构成了串行接收的双缓冲结构,以避免在数据接收过程中出现的帧重叠错误。在前一个字符从接收缓冲器(SBUF)取走之前,当前字符即开始以串行的方式被接收到移位寄存器。但是,在当前字符接收完毕之后,如果前一个字符还未被读取时,前一个字符就会被当前字符覆盖。与接收数据情况不同,在发送数据时,由于CPU是主动的,不会发生帧重叠错误,因此发送电路不需要双缓冲结构,以保持最大的传输速率。

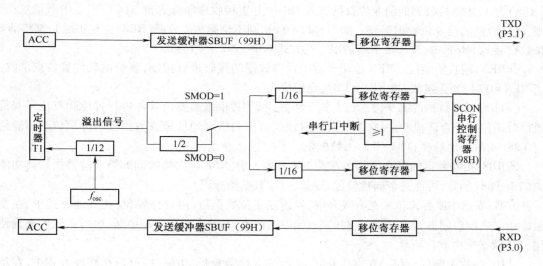

图7-38 8051单片机的串行口结构框图

串行口的发送和接收都是以特殊功能寄存器SBUF的名义进行读或写的。当向SBUF写数据(执行"MOV SBUF,A"指令)时,即开始启动一个字符的发送,发送完毕置发送中断标志位TI=1。在满足接收中断标志位RI=0的条件下,只要置接收使能位REN=1,就会启动一个字符的接收过程。一个字符接收完毕,自动置接收中断标志位RI=1,同时将移位寄存器中所接收的字符移送到接收缓冲器SBUF中。执行"MOV A,SBUF"指令时,便由接收缓冲器将接收的字符送到累加器A中。

2. 串行口的控制

8051的串行口是可编程接口,通过对2个特殊功能寄存器SCON和PCON的初始化编程,可以实现对串行口的控制。

(1)串行口控制寄存器(SCON)。SCON是一个可位寻址的专用寄存器,用于串行数据通信的控制。其单元地址为98H,位地址为98H~9FH。串行口控制器各位格式见表7-4。

表 7-4 串行口控制器各位格式

位地址	9FH	9EH	9DH	9CH	9BH	9AH	99H	98H
位符号	SM0	SM1	SM2	REN	TB8	RB8	TI	RI

①SM0、SM1：串行口工作方式选择位。其状态组合所对应的工作方式见表 7-5。

表 7-5 串行口的工作方式

SM0 SM1	工作方式	功 能 描 述	波 特 率
0 0	方式 0	8 位同步移位寄存器	$f_{osc}/12$
0 1	方式 1	10 位 UART	可变
1 0	方式 2	11 位 UART	$f_{osc}/64$ 或 $f_{osc}/32$
1 1	方式 3	11 位 UART	可变

②SM2：多机通信控制位。因多机通信是在方式 2 和方式 3 下进行的，因此 SM2 主要用于方式 2 和方式 3。当串行口以方式 2 或方式 3 接收时，若 SM2=1，只有当接收到的第 9 位数据（RB8）为 1，才将接收到的前 8 位数据送入 SBUF，并置接收中断标志位 RI=1，产生中断请求；否则，将接收到的前 8 位数据丢弃。而当 SM2=0 时，则不论第 9 位数据（RB8）为 0 还是 1，都将前 8 位数据装入 SBUF 中，并产生中断请求。在方式 0 中，SM2 必须为 0。

③REN：接收使能位。REN 位用于对串行口数据的接收进行控制，该位由软件置位或清除。当 REN=0 时，禁止接收；当 REN=1 时，允许接收。

④TB8：发送数据的第 9 位。在方式 2 和方式 3 中，根据需要由软件进行置位和复位。双机通信时该位可作奇偶检验位；在多机通信时该位可作为区别地址帧或数据帧的标识位。一般约定 TB8=1 时为地址帧；TB8=0 时为数据帧。

⑤RB8：接收数据的第 9 位。在方式 2 和方式 3 中，RB8 存放接收到的第 9 位数据。其功能类似于 TB8（例如，可能是奇偶检验位，或是地址/数据帧标识）。

⑥TI：发送中断标志位。在方式 0 中，发送完 8 位数据后，由硬件置位；在其他方式中，在发送停止位之前由硬件置位。TI=1 时，表示帧发送结束，其状态既可申请中断，也可供软件查询使用。TI 位必须由软件清 0。

⑦RI：接收中断标志位。在方式 0 时，接收完 8 位数据后，由硬件置位；在其他方式中，在接收停止位的中间，由硬件置位。RI=1 时，表示帧接收结束，其状态既可申请中断，也可供软件查询使用。RI 位必须由软件清 0。

（2）电源控制寄存器（PCON）。PCON 主要是为 CHMOS 型单片机的电源控制而设的专用寄存器，其单元地址为 87H。电源控制寄存器各位格式见表 7-6。

表 7-6 电源控制寄存器各位格式

位序	D7	D6	D5	D4	D3	D2	D1	D0
位符号	SMOD	—	—	—	GF1	GF0	PD	IDL

在 CHMOS 单片机中，该寄存器中除最高位之外，其他位都是虚设的。最高位 SMOD 是串行口波特率倍增位。当 SMOD=1 时，串行口波特率加倍；系统复位时，SMOD=0。

3. 串行口的工作方式

根据需要，8051 单片机的串行口可设置 4 种工作方式，可有 8 位、10 位或 11 位帧格式。

（1）方式 0。在方式 0 下，串行口是作为同步移位寄存器使用的。这时以 RXD（P3.0）端作为数据移入的入口和出口，而由 TXD（P3.1）端提供移位脉冲。移位数据的发送和接收以 8 位为 1 帧，不设起始位和停止位，低位在前，高位在后。这种方式常用于扩展 I/O 端口。

（2）方式 1。方式 1 真正用于串行发送和接收，为 10 位通用异步接口。TXD（P3.1）用于发送数据，RXD（P3.0）用于接收数据。接收或发送一帧数据的格式为：1 位起始位，8 位数据位和 1 位停止位，其波特率可调。

发送时，数据从 TXD（P3.1）引脚输出，当数据写入发送缓冲器 SBUF 时，就启动发送。发送完一帧数据后，由硬件将 TI 置 1，并申请中断，通知 CPU 可以发送下一个数据。

接收时，由软件将 REN 置 1，允许接收，串行口采样 RXD（P3.0）端。当采样到由 1 至 0 的跳变时，确认是起始位"0"，就开始接收一帧数据。当停止位来到之后将停止位送入 RB8 位，由硬件将 RI 置 1，并申请中断，通知 CPU 从 SBUF 取走接收到的一个数据。

（3）方式 2 与方式 3。在方式 2 下，串行口为 11 位帧格式的异步通信接口。接收或发送一帧数据的格式为：1 位起始位，8 位数据位，1 位可编程位和 1 位停止位。波特率与 SMOD 有关。

发送前，先根据通信协议由软件设置 TB8（如作奇偶检验位或地址/数据标志位），然后将要发送的数据写入 SBUF 即能启动发送。"写 SBUF"指令把 8 位数据装入 SBUF 的同时，还把 TB8 装入发送移位寄存器的第 9 位上，然后从 TXD（P3.1）端输出。一帧数据发送完后，由硬件将 TI 置 1，并申请中断。

接收时，先将 REN 置 1，使串行口处于允许接收状态，同时还要将 RI 清 0。在满足此条件的前提下，再根据 SM2 的状态和所接收到的 RB8 的状态决定串行口在数据到来后是否使 RI 置 1，并申请中断，接收信息。

当 SM2=0 时，不管 RB8 为 0 还是为 1，RI 都置 1，接收发来的信息，并申请中断。

当 SM2=1，且 RB8=1 时，表示在多机通信的状态下，接收的信息为地址帧，此时 RI 置 1，串行口接收发来的地址，并申请中断。

当 SM2=1，且 RB8=0 时，表示接收的信息为数据帧，但不是发给本从机的，此时 RI 不置 1，因而 SBUF 中所接收的数据帧将丢失。

方式 3 同样是 11 位为 1 帧的串行通信方式，其通信过程与方式 2 完全相同，所不同的仅仅是波特率。

4. 多机通信

8051 串行口的方式 2 和方式 3 有一个专门的应用领域，即多机通信。这一功能通常采用主从式多机通信方式，在这种方式中，要用 1 台主机和多台从机。主机发送的信息可以传送到各个从机或指定的从机，各从机发送的信息只能被主机接收，从机与从机之间不能进行通信。图 7-39 是多机通信的一种连接示意图。

在编程前，首先要给各从机定义地址编号，如分别为 1,2,…,n 等。在主机想发送一个数据块给某个从机时，它必须先送出 1 个地址字节，以辨认从机。编程实现多机通信的过程如下：

（1）主机发送一帧地址信息，与所需的从机联络。主机应置 1，表示发送的是地址帧。

（2）所有从机初始化，设置 SM2=1，处于准备接收一帧地址信息的状态。

（3）各从机接收到地址信息，因为 RB8=1，则置中断标志 RI。中断后，首先判断主机送过来的地址信息与自己的地址是否相符。对于地址相符的从机，则置 SM2=0，以接收主机随后发来的所有信息；对于地址不相符的从机，保持 SM2=1 的状态，对主机随后发来的信息不理睬，直到发送新的一帧地址信息。

（4）主机发送控制指令和数据信息给被寻址的从机。其中，主机置 TB8=0，表示发送的是数据或控制指令。对于没选中的从机,因为 SM2 = 1,RB8 = 0,所以不会产生中断,对主机发送的信息不接收。

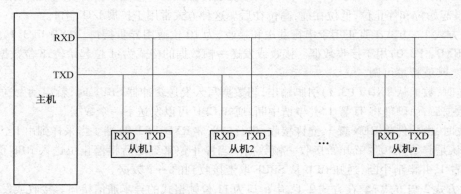

图 7-39　多机通信的一种连接示意图

三、TLC0832 简介

TLC0832 是 8 位逐次比较型 A/D 转换器,有 2 个可多路选择的输入通道。串行输出可配置为标准移位寄存器或微处理器接口。

TLC0832 的多路器可用软件配置为单端输入或差分输入。差分的模拟电压输入可以共模抑制和使模拟输入电压偏移值为零;另外,输入基准电压可以调整大小,在全 8 位分辨率下允许任意小的模拟电压编码间隔。使 REF 端输入等于最大模拟信号输入值,可以得到满比例尺转换,获得最高的转换分辨率。如设 REF 端等于 VCC(TLC0832 内部已设定)。

(1)特点:

①8 位分辨率。

②易于和微处理器接口或独立使用。

③满比例尺转换或用 5 V 基准电压。

④单通道或多路器选择的双通道,可单端输入或差分输入。

⑤单 5 V 供电,输入范围 0~5 V。

⑥输入和输出与 TTL 和 CMOS 兼容。

⑦在 FCLOCK = 250 kHz 时,转换时间为 32 μs。

⑧设计成可以和国家半导体公司的 ADC0831 和 ADC0832 互换。

⑨总非调整误差± 1LSB。

(2)功能说明。TLC0832 使用采样-数据-比较器的结构,用逐次比较流程,转换差分模拟输入信号。要转换的输入电压连到一个输入端,相对于地(单端输入)或另一输入端(差分输入)。TLC0832 的输入端可以分配为正极(+)或负极(-)。可以使用差分信号,连在它的 IN+ 和 IN- 端;或使 IN- 连到地,信号连到 IN+,作为单端输入。当连到分配为正端的输入电压低于连到分配为负端的输入电压时,转换结果为全 0。通过和控制处理器相连的串行数据链路传送控制命令,用软件对通道选择和对输入端进行配置。串行通信格式在不增加封装大小的情况下,可以在转换器中包含更多的功能。另外,可把转换器和模拟传感器放在一起,和远端的控制处理器串行通信,而不用进行低电平的模拟信号的远程传送。这样处理过程返回到处理器的是无噪声的数字数据。置 CS 为低能启动转换开始,使所有逻辑电路使能(CS 在整个转换过程中必须置为低)。接着从处理器接收一个时钟,一个时钟的时间间隔被自动插入,以使多路转换器选定的通道稳定。DO 脱离高阻状态,提供一个时钟的时间间隔的前导低电平,以使多路器稳定。SAR 比较器把从电阻梯形网络输出的信号和输入模拟信号进行比较。比较器输出指出输入模拟信号是大于还是小于电阻梯形网络的输出信号。在转换过程中,转换数据同时从 DO 端输出,以最高位(MSB)开头。经过 8 个时钟后,转换完成。当 CS 变高,内部所有寄存器清 0。此时,输出电路变为高阻状态。如果希望开始另一个转换,CS 必须做一个从高到低的跳变,后面紧接地址数据。TLC0832 的输入配置在多路器寻址时序中进行。多路器地址通过 DI 端移入转换器。多路器地址选择模拟输入通道,也决定输入是单端输入还是差分输入。当输入是差分时,要分配输入通道的极性,另外在选择差分输入模式时,极性也可以选择。输入通道的 2 个输入端的任一个都可以作为正极或负极。在每个时钟的上升跳变时,DI 端的数据移入多路器地址移位寄存器。DI 端的第一个逻辑高,表示起始位。紧接的 2 位是 TLC0832 的配置位。在连续的每个时钟的上升跳变,起始位和配置位移入移位寄存器。当起始位移入多路器寄存器的开始位置后,输入通道选通,转换开始。TLC0832 的 DI 端在转换过程中和多路器的移位寄存器是关断的。TLC0832 在输出以最高位(MSB)开头的数据流后,又以最低位(LSB)开头重输出一遍(前面的)数据流。DI 端和 DO 端可以连在一起,通过 1 根线连到处理器的 1 个双向 I/O 端口进行控制。之所以能这样做,是因为 DI 端只在多路器寻址时被检测,而此时 DO 端仍为高阻状态。TLC0832 的工作时序图如图 7-40 所示。

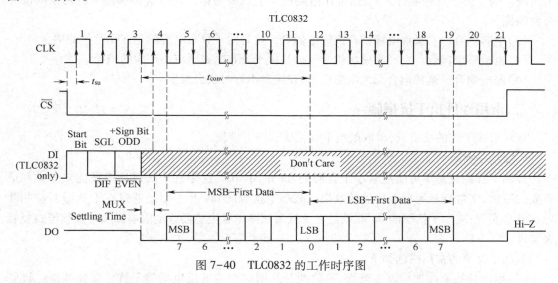

图 7-40　TLC0832 的工作时序图

知识拓展

下面将介绍单片机系统的抗电磁干扰。

影响单片机系统可靠、安全运行的主要因素主要来自系统内部和外部的各种电气干扰,并受系统结构设计、元器件选择、安装、制造工艺影响。这些都构成了单片机系统的干扰因素,常会导致单片机系统运行失常,轻则影响产品质量和产量;重则会导致事故,造成重大经济损失。

形成单片机系统干扰的基本要素如下:

(1)干扰源。它是指产生干扰的元器件、设备或信号,用数学语言描述如下 du/dt,di/dt 大的地方就是干扰源。如雷电、继电器、晶闸管、电动机、高频时钟等都可能成为干扰源。

(2)传播路径。它是指干扰从干扰源传播到敏感器件的通路或媒介。典型的干扰传播路径是通过导线的传导和空间的辐射。

(3)敏感器件。它是指容易被干扰的对象。如 A/D 转换器、D/A 转换器、单片机、数字 IC、弱信号放大器等。

一、干扰的分类

干扰的分类有许多种,通常可以按照噪声产生的原因、传导方式、波形特性等进行不同的分类。

按噪声产生的原因分:可分为放电噪声、高频振荡噪声、浪涌噪声。

按传导方式分:可分为共模噪声和串模噪声。

按波形特性分:可分为持续正弦波、脉冲电压、脉冲序列。

干扰源产生的干扰信号是通过一定的耦合通道才对测控系统产生作用的。因此,有必要看看干扰源和被干扰对象之间的传递方式。干扰的耦合方式,无非是通过导线、空间、公共线等进行,细分下来,主要有以下几种:

(1)直接耦合。这是最直接的耦合方式,也是系统中最普遍的一种耦合方式。比如干扰信号通过电源线侵入系统。对于这种形式,最有效的方法就是加入去耦电路。

(2)公共阻抗耦合。这也是常见的耦合方式,这种方式常常发生在 2 个电路电流有共同通路的情况。为了防止这种耦合方式,通常在电路设计上就要考虑。使干扰源和被干扰对象间没有公共阻抗。

(3)电容耦合。它又称电场耦合或静电耦合。这是由于分布电容的存在而产生的耦合。

(4)电磁感应耦合。它又称磁场耦合。这是由于分布电磁感应而产生的耦合。

(5)漏电耦合。这种耦合是纯电阻性的,在绝缘不好时就会发生。

二、常用硬件抗干扰措施

针对形成干扰的三要素,采取的抗干扰主要有以下措施。

1. 抑制干扰源

抑制干扰源就是尽可能地减小干扰源的 du/dt,di/dt。这是抗干扰设计中最优先考虑和最重要的原则,常常会起到事半功倍的效果。减小干扰源的 du/dt 主要是通过在干扰源两端并联电容器来实现;减小干扰源的 di/dt 则是在干扰源回路串联电感器或电阻器以及增加续流二极管来实现。

抑制干扰源的常用措施如下:

(1)继电器线圈增加续流二极管,消除断开线圈时产生的反电动势干扰。仅加续流二极管会使继电器的断开时间滞后,增加稳压二极管后继电器在单位时间内可动作更多的次数。

(2)在继电器接点两端并联火花抑制电路(一般是 RC 串联电路,电阻一般选几千欧到几十千欧,电容选 0.01 μF),减小电火花影响。

(3)给电动机加滤波电路,注意电容器、电感器引线要尽量短。

(4)电路板上每个 IC 要并联一个 0.01~0.1 μF 的高频电容器,以减小 IC 对电源的影响。注意高频电容器的布线,连线应靠近电源端并尽量粗短;否则,等于增大了电容器的等效串联电阻,会影响滤波效果。

(5)布线时避免 90°折线,减少高频噪声发射。

(6)晶闸管两端并联 RC 抑制电路,减小晶闸管产生的噪声(这个噪声严重时可能会把晶闸管击穿)。

2. 切断干扰传播路径

按干扰的传播路径可分为传导干扰和辐射干扰 2 类。

所谓传导干扰是指通过导线传播到敏感器件的干扰。高频干扰噪声和有用信号的频带不同，可以通过在导线上增加滤波器的方法切断高频干扰噪声的传播，有时也可加隔离光耦来解决。电源噪声的危害最大，要特别注意处理。

所谓辐射干扰是指通过空间辐射传播到敏感器件的干扰。一般的解决方法是增加干扰源与敏感器件的距离，用地线把它们隔离或在敏感器件上加屏蔽罩。

切断干扰传播路径的常用措施如下：

（1）充分考虑电源对单片机的影响。电源做得好，整个电路的抗干扰就解决了一大半。许多单片机对电源噪声很敏感，要给单片机电源加滤波电路或稳压器，以减小电源噪声对单片机的干扰。比如，可以利用磁珠和电容器组成 Π 形滤波电路，当然条件要求不高时也可用 100 Ω 电阻器代替磁珠。

（2）如果单片机的 I/O 端口用来控制电动机等噪声器件，在 I/O 端口与噪声源之间应加隔离（增加 Π 形滤波电路）。

（3）注意晶振布线。晶振与单片机引脚应尽量靠近，用地线把时钟区隔离起来，晶振外壳接地并固定。

（4）电路板合理分区，如强弱信号，数字、模拟信号。尽可能把干扰源（如电动机、继电器）与敏感元件（如单片机）分离。

（5）用地线把数字区与模拟区隔离。数字地与模拟地要分离，最后在一点接于电源地。A/D、D/A 转换芯片布线也以此为原则。

（6）单片机和大功率器件的地线要单独接地，以减小相互干扰。大功率器件尽可能放在电路板边缘。

（7）在单片机 I/O 端口、电源线、电路板连接线等关键地方使用抗干扰元件，如磁珠、磁环、电源滤波器、屏蔽罩，可显著提高电路的抗干扰性能。

3. 提高敏感器件的抗干扰性能

提高敏感器件的抗干扰性能是指从敏感器件这边考虑尽量减少对干扰噪声的拾取，以及从不正常状态尽快恢复的方法。

提高敏感器件抗干扰性能的常用措施如下：

（1）布线时尽量减少回路环的面积，以降低感应噪声。

（2）布线时，电源线和地线要尽量粗。除减小电压降外，更重要的是降低耦合噪声。

（3）对于单片机闲置的 I/O 端口，不要悬空，要接地或接电源。其他 IC 的闲置端在不改变系统逻辑的情况下接地或接电源。

（4）对单片机使用电源监控及看门狗电路，如 IMP809、IMP706、IMP813、X5043、X5045 等，可大幅度提高整个电路的抗干扰性能。

（5）在速度能满足要求的前提下，尽量降低单片机的晶振和选用低速数字电路。

（6）IC 器件尽量直接焊在电路板上，少用 IC 座。

4. 其他常用硬件抗干扰措施

（1）交流端用电感器电容器滤波：去掉高频、低频干扰脉冲。

（2）变压器双隔离措施：变压器一次侧串联电容器，一、二次绕组间屏蔽层与一次侧电容器中心接点接大地，二次侧外屏蔽层接印制电路板地，这是硬件抗干扰的关键手段。二次侧加低通滤波器，用以吸收变压器产生的浪涌电压。

（3）采用集成式直流稳压电源：有过电流、过电压、过热等保护作用。

（4）I/O 端口采用光电、磁电、继电器隔离，同时去掉公共地。

（5）通信线用双绞线：排除平行互感。

（6）防雷电，用光纤隔离最为有效。

（7）A/D 转换用隔离放大器或采用现场转换，以减少误差。

（8）外壳接大地，以保证人身安全及防外界电磁场干扰。

（9）加复位电压检测电路。防止复位不充分，CPU 就工作，尤其有 EEPROM 的器件，复位不充分会改变 EEPROM 的内容。

（10）印制电路板工艺抗干扰：

①电源线加粗，合理走线、接地，三总线分开以减少互感振荡。

②CPU、RAM、ROM 等主芯片，VCC 和 GND 之间接电解电容器及瓷片电容器，去掉高、低频干扰信号。

③独立系统结构，减少接插件与连线，提高可靠性，减少故障率。

④集成块与插座接触可靠，用双簧插座，最好集成块直接焊在印制电路板上，防止器件接触不良故障。

⑤有条件的采用 4 层以上印制电路板，中间 2 层为电源及地。

三、常用软件抗干扰措施

一般来讲，窜入微机测控系统的干扰，其频谱往往很宽，采用硬件抗干扰措施只能抑制某个频率段的干扰，仍有一些干扰会进入系统。因此，除了采取硬件抗干扰措施外，还应采取软件抗干扰措施。

软件抗干扰措施如下：

（1）多用查询代替中断，把中断源减到最少，中断信号连线不大于 0.1 m，防止误触发、感应触发。

（2）A/D 转换采用数字滤波、平均法、比较平均法等，防止突发性干扰。

（3）MCS-51 单片机空单元写上 00H，最后放跳转指令到 ORG 0000H，因干扰程序走飞，可能抓回去。

（4）多次重复输出，输出信号保持在 RAM 中，防止干扰信号输出。

（5）开机自检、自诊断，RAM 中重要内容要分区存放，经常进行比较检查，机器不能带病工作。

（6）表格参数放在 EPROM 中，检验和存于最后单元，防止 EPROM 内容被修改。

（7）加看门狗，程序走飞可从头开始。

（8）开关信号延时去抖动。

（9）I/O 端口正确操作，必须检查 I/O 端口执行命令情况，防止外部故障不执行控制命令。

（10）通信应加奇偶检验或查询表决比较等措施，防止通信出错。

小　结

电动阀门智能控制器就是应用单片微处理器 AT89C52 和现代控制理论，将限位开关、执行器、阀位反馈、控制器（包括控制、设定、显示、输入、输出等）、系统诊断与报警、操作器、变送器、传感器、通信接口、电源等有机地结合成一体，形成的新型智能控制器。这样可以大大简化控制系统的设计、安装、调试、操作和维护，并使可靠性大大提高，系统造价和运行维护成本也会显著降低。

电动阀门智能控制器所实现的主要功能有：

（1）阀门开、关、停闭环控制。开、关、停是阀门运动最基本的 3 种形式，所有的附加功能都围绕着如何更好地实现这 3 种基本运动进行，因此阀门控制器需要实现可靠的信号驱动和必要的控制逻辑次序。

（2）阀门各种状态的采集功能。阀门实际工作反馈信号，包括阀门的开、关状态及阀门开度等。

（3）阀门控制器本地显示、本地参数设定及本地控制功能。这是阀门现场操作人员进行阀门控制的人机接口，出于安全考虑，本地的控制优先级必须高于远程控制的优先级。

（4）故障检测和故障处理功能。能根据电动阀门装置反馈的异常状况判断故障类型，如阀门卡塞、过力矩等，并做出相应的故障处理。

（5）远程控制。具有与 PC 通信的远程通信模块，能够实现数字化智能通信，实现数字化远程控制以及必要的信息通信。

通过本项目的学习，读者可以较好地掌握电动机控制、A/D 转换及串口通信等技术。本项目是一个综合性较强的项目，工程化应用较好。

习　题　七

简答题

1. 简述智能阀门控制的基本功能及结构组成。
2. 简述阀门开度的检测方法。
3. 简述串行通信的特点。
4. 简述 MAX813L 看门狗电路的工作原理。
5. 按照数据传送的方向，串行通信可以分为哪几种制式，各种制式有什么不同？
6. 简述特殊功能寄存器 SCON 和 PCON 的用法。
7. 简述常用硬件抗干扰措施。

1. 项目二　流水灯 C 语言源程序

```c
#include<reg51.h>
#define uint unsigned int
#define uchar unsigned char
/* * * * * * * * * * * * * * * * * 延时子程序 * * * * * * * * * * * * * * * * * * */
void delay(void)
{
    uint i,j,k;
    for(i=10;i>0;i--)
      {for(j=200;j>0;j--)
      {for(k=230;k>0;k--);}}
}
/* * * * * * * * * * * * * * * * * * 主程序 * * * * * * * * * * * * * * * * * * * */
void main(void)
{
    uchari,j;
    P2=0xFF;
    while(1)
      {
      j=0x01;                              //流水灯初值
        for(i=0;i<8;i++)
          {
            P2=~j;
            delay();
            j=j<<1;                        //流水灯左移
          }
      }
}
```

2. 项目三　数字钟 C 语言源程序

```c
/* * * * * * * * * * * * * * * 包含头文件,初始化 * * * * * * * * * * * * * * * * * * * */
#include<reg51.h>
#define  uchar  unsigned  char
#define  unit  unsigned    int
sbit  S_SET=P1^0;
sbit  M_SET=P1^1;
sbit  H_SET=P1^2;
```

```
sbit   RESET=P1^3;
unsigned char SECOND,MINITE,HOUR,TCNT,restar=0;                //行扫描数组
uchar code scan[8]={0xfe,0xfd,0xfb,0xf7,0xef,0xdf,0xbf,0x7f};   //数码管段码表
uchar code table[13]={0x3F,0x06,0x5B,0x4F,0x66,0x6D,0x7D,0x07,
0x7F,0x6F,0x40,0x39,0x00};
uchar dispbuf[8];                                              //显示缓冲区
```
/ * * * * * * * * * * * * * * * * * *延时函数* /
```
void  delay(unsigned  int  us)
{
   while(us - -);
}
```
/ *扫描显示函数* /
```
void  SCANDISP()
{
   unsigned char i,value;
for(i=0;i<8;i++)
{
    P3=0xff;
    value=table[dispbuf[i]];
    P0=value;
    P3=scan[i];
    delay(50);
}
}
```
/ * * * * * * * * * * * * * * * * * *定时器/计数器 0 中断函数* * * * * * * * * * * * * * * * * /
```
void  Timer()(void) interrupt 1 using 1
{
  TH0=(65536-50000)/256;
  TL0=(65536-50000)% 256
  TCNT++;
  if(TCNT==20)                         //1s 到,进行秒分时计时
    {
     SECOND++;
     TCNT=0;
     if(SECOND==60)
      {
        MINITE++;
        SECOND=0;
        If(MINITE==60)
           {
             HOUR++;
             MINITE=0;
             if(HOUR==24)
               {
```

```
                    HOUR=0;
                    MINITE=0;
                    SECOND=0;
                    TCNT=0;
                }
            }
        }
    }
}
```

/* * * * * * * * * * * * * * * * * * * *显示时分秒函数* * * * * * * * * * * * * * * * * * * */

```
void DISPLAY()
{
  SCANDISP();
  dispbuf[6]=SECOND/10;
  dispbuf[7]=SECOND%10;
  dispbuf[5]=10;
  dispbuf[3]=MINITE/10;
  dispbuf[4]=MINITE%10;
  dispbuf[2]=10;
  dispbuf[0]=HOUR/10;
  dispbuf[1]=HOUR%10;
}
```

/* * * * * * * * * * * * *独立按键扫描和键值处理函数* * * * * * * * * * * * * * * * * */

```
void KEY-TEST()
{
  DISPLAY();
  P1=0xff;
  restar=0;
  if(S-SET==0)
  {
      delay(100);
      if(S-SET==0)
  {
          SECOND++;
          if(SECOND==60)
        {
          SECOND=0;
        }
      while (S-SET==0) DISPLAY();
  }
}
        if (M-SET==0)
        {
        delay(100);
```

```
if (M-SET==0)
{
  MINITE++;
if (MINITE==60)
{
  MINITE=0;
}
while (M-SET==0) DISPLAY( );
}
}
if (H-SET==0)
{
  delay(100);
  if(H-SET==0)
{
  HOUR++;
  if(HOUR==24)
  {
    HOUR=0;
  }
  while(H-SET==0)  DISPLAY( );
  }
}
If(RESET==0)
{
  delay(100);
  if(RESET==0)
  {
    restar=1;
  }
}
}
/********************主函数********************/
void main( )
{
  while(1)
  {
  HOUR=0;
  MINITE=0;
  SECOND=0;
  TCNT=0;
  TMOD=0x01;
  TH0=(65536-50000)/256;
  TL0=(65536-50000)%256;
```

```
    IE=0x82;
    TR0=1;
    while(1)
    {
    KEY-TEST( );
    if(restar==1)
    break;
    }
    }
    }
```

3. 项目五　数字电压表汇编语言源程序

```
ORG 0000h
LJMP start
ORG 0003h
LJMP AD
```

;＊＊＊＊＊＊＊＊＊＊＊＊＊＊＊＊＊主程序＊＊＊＊＊＊＊＊＊＊＊＊＊＊＊＊＊＊＊＊

```
    START:LCALL    FORMAT
          SETB     IT0
          SETB     EX0
          SETB     EA
    L1:   MOV      A,#00H
          MOV      DPTR,#0000h
          MOVX     @ DPTR,A                          ;启动 0809
          LCALL    CONVER
          LCALL    DIS
          AJMP     L1
```

;＊＊＊＊＊＊＊＊＊＊＊＊＊＊＊＊＊初始化＊＊＊＊＊＊＊＊＊＊＊＊＊＊＊＊＊＊＊＊

```
    FORMAT:MOV 78H,#0H
           MOV 79H,#0H
           MOV 7AH,#0H
           MOV 7BH,#0H
           RET
```

;＊＊＊＊＊＊＊＊＊＊＊＊＊＊＊＊＊数据处理＊＊＊＊＊＊＊＊＊＊＊＊＊＊＊＊＊＊＊

```
    CONVER:  SETB     RS1
             SETB     RS0
             MOV      A,6FH
             MOV      B,#196                         ;乘 196
             MUL      AB
             MOV      R0,A
             MOV      R1,B
             MOV      R2,#10H
             MOV      R3,#27H
             CLR      C
             MOV      R4,#0
```

```
LOOP1:    MOV    A,R0                          ;不断减 10000 提取千位
          MOV    68H,A
          SUBB   A,R2
          MOV    R0,A
          MOV    A,R1
          MOV    69H,A
          SUBB   A,R3
          JC     LOOP2
          MOV    R1,A
          INC    R4
          SJMP   LOOP1
LOOP2:    MOV    R0,68H                        ;不断减 1000 提取百位
          MOV    R1,69H
          MOV    78H,R4
          MOV    R4,#0
LOOP3:    MOV    R2,#0E8H
          MOV    R3,#03H
          MOV    A,R0
          MOV    68H,A
          SUBB   A,R2
          MOV    R0,A
          MOV    A,R1
          MOV    69H,A
          SUBB   A,R3
          JC     LOOP4
          MOV    R1,A
          INC    R4
          SJMP   LOOP3
LOOP4:    MOV    R0,68H                        ;不断减 100 提取十位
          MOV    R1,69H
          MOV    79H,R4
          MOV    R4,#0
LOOP5:    MOV    R2,#64H
          MOV    R3,#00H
          MOV    A,R0
          MOV    68H,A
          SUBB   A,R2
          MOV    R0,A
          MOV    A,R1
          MOV    69H,A
          SUBB   A,R3
          JC     LOOP6
          MOV    R1,A
          INC    R4
```

```
                SJMP    LOOP5
        LOOP6:  MOV     R0,68H                      ;不断减 10 提取个位
                MOV     R1,69H
                MOV     7AH,R4
                MOV     R4,#0
        LOOP7:  MOV     R2,#0AH
                MOV     R3,#00H
                MOV     A,R0
                MOV     68H,A
                SUBB    A,R2
                MOV     R0,A
                MOV     A,R1
                MOV     69H,A
                SUBB    A,R3
                JC      LOOP8
                MOV     R1,A
                INC     R4
                SJMP    LOOP7
        LOOP8:  MOV     R0,68H
                MOV     R1,69H
                MOV     7BH,R4
                CLR     RS0
                CLR     RS1
                RET
;* * * * * * * * * * * * * * * *动态扫描显示子程序* * * * * * * * * * * * * * * * *
    DIS:        SETB    P2.0
                MOV     DPTR, #TAB1
                MOV     A,78H
                MOVC    A,@ A+DPTR                   ;查表得段码
                MOV     P1,A
                LCALL   DELAY
                CLR     P2.0                         ;位码有效
                SETB    P2.1
                MOV     DPTR, #TAB
                MOV     A,79H
                MOVC    A,@ A+DPTR                   ;查表得段码
                MOV     P1,A
                LCALL   DELAY
                CLR     P2.1                         ;位码有效
                SETB    P2.2
                MOV     DPTR, #TAB
                MOV     A,7AH
                MOVC    A,@ A+DPTR                   ;查表得段码
                MOV     P1,A
```

```
        LCALL    DELAY
        CLR      P2.2                            ;位码有效
        SETB     P2.3
        MOV      DPTR, #TAB
        MOV      A,7BH
        MOVC     A,@ A+DPTR                      ;查表得段码
        MOV      P1,A
        LCALL    DELAY
        CLR      P2.3                            ;位码有效
        RET
TAB:    DB  0xc0,0xf9,0xa4,0xb0,0x99,0x92,0x82,0xf8,0x80,0x90
TAB1:   DB  0x40,0x79,0x24,0x30,0x19,0x12,0x02,0x78,0x00,0x10
```

; * * * * * * * * * * * * 中断子程序读 A/D 转换数据 * * * * * * * * * * * * * * * *

```
AD:     MOVX     A,@ DPTR
        MOV      6FH,A
        RETI
```

; * * * * * * * * * * * * * * * 延时子程序 * * * * * * * * * * * * * * * * * * *

```
DELAY:  MOV      R6,#2
DELY2:  MOV      R7,#250
DELY1:  NOP
        NOP
        NOP
        NOP
        DJNZ     R7,DELY1
        DJNZ     R6,DELY2
        RET
        END
```

4. 项目六　恒温箱温度控制器电路汇编语言源程序

; *

;功能:恒温箱温度采集与控制

; * * * * * * * * * * * * * * * DS18B20 引脚控制 * * * * * * * * * * * * * * * *

```
DQ      EQU P2.2
FLAG    EQU 2FH                         ;18B20 存在标志位
S0      BIT P2.3                        ;运行停止键
S1      BIT P2.4                        ;温度+1 键
S2      BIT P2.5                        ;温度-1 键
```

; *

```
ORG     0000H
LJMP    MAIN
ORG     000BH
LJMP    T0DS
ORG     001BH
LJMP    T1DS
ORG     0003H
```

```
        SETB    TR1
        CLR     P3.7
        RETI
        ORG     0030H
;* * * * * * * * * * * * * * * *初始化* * * * * * * * * * * * * * * * * * * *
    MAIN:MOV     SP,#60H
        MOV     TMOD,#11H
        MOV     TH1,#0FCH
        MOV     TL1,#18H
        MOV     TH0,#8AH
        MOV     TL0,#0D0H
        MOV     70H,#11H
        MOV     71H,#11H
        MOV     72H,#11H
        MOV     73H,#11H
        MOV     74H,#11H
        MOV     75H,#11H
        MOV     76H,#14H
        MOV     77H,#0CH
        CLR     TR1
        SETB    EA
        SETB    EX0
        SETB    ET0
        SETB    ET1
        SETB    IT1
        CLR     20H                     ;运行停止标志位,默认自动 (0)
        CLR     21H                     ;加热器工作标志位,默认停止(0)
        CLR     P3.6
        CLR     P3.5
        MOV     58H,#60                 ;设定温度初值
        MOV     57H,#05                 ;PWM 参数初值
        MOV     R3,57H
        MOV     R4,#10
    LOOP:LCALL  DS18B20
        LCALL   SJCHULI
        LCALL   AJCHULI
        LCALL   WDBIJ
        LCALL   DTXS
        LJMP    LOOP
;* * * * * * * * * * * * * * *发生 PWM 波* * * * * * * * * * * * * * * * * * *
    T0DS:MOV     TH0,#8AH
        MOV     TL0,#0D0H
        DJNZ    R4,T0CK
        MOV     R4,#10
```

```
        LCALL  DS18B20
T0CK:RETI
T1DS:MOV    TH1,#0FCH
     MOV    TL1,#18H
     DJNZ   R3,T1CK            ;定时时间到否
     MOV    R3,57H
     JNB    21H,TZ            ;达到设定温度的
     SETB   P3.7             ;送 PWM 波,启动加热器
     NOP
     NOP
     NOP
     NOP
     CLR    TR1
     SJMP   T1CK
TZ:  CLR    P3.7
T1CK:RETI
```

;* * * * * * * * * * * * * * * * * * *按键程序* * * * * * * * * * * * * * * * * * * *

```
AJCHULI:JB    S0,AJ1
        LCALL  FANGDOU
        JNB    S0, $
        CPL    20H              ;加热器工作标志位
        JB     20H,QID
        CLR    EX0
        CLR    P3.6
        SJMP   AJ1
QID:    SETB   EX0
        SETB   P3.6
AJ1:    JB     S1,AJ2
        LCALL  FANGDOU
        JNB    S1, $
        INC    58H
        SJMP   AJCK
AJ2:    JB     S2,AJCK
        LCALL  FANGDOU
        JNB    S2, $
        DEC    58H
AJCK:   MOV    A,58H
        ADD    A,#01
        MOV    59H,A
        MOV    A,58H
        CLR    C
        SUBB   A,#01
        MOV    5AH,A
        RET
```

```
        FANGDOU:MOV      R6,#40
        F1:     MOV      R5,#100
        F2:     DJNZ     R5,F2
                JNZ      R6,F1
                RET
;* * * * * * * * * * * * * * * * *显示子程序* * * * * * * * * * * * * * * * * *
        DTXS:   SETB     RS1
                SETB     RS0
                MOV      R0,#70H
                MOV      R1,#0
                MOV      R2,#8
        XS1:    MOV      A,R1
                MOV      DPTR,#KAICOM
                MOVC     A,@A+DPTR
                CPL      A
                MOV      P1,A                ;送位码
                MOV      A,@R0
                MOV      DPTR,#TAB0
                MOVC     A,@A+DPTR
                CJNE     R0,#74H,XS2
                ANL      A,#7FH
        XS2:    CPL      A
                MOV      P0,A                ;送段码
                LCALL    DL1
                INC      R0
                INC      R1
                DJNZ     R2,XS1
                CLR      RS1
                CLR      RS0
                RET
        DL1:    MOV      R6,#10
        DL:     MOV      R7,#100
        DL6:    DJNZ     R7,DL6
                DJNZ     R6,DL
                RET
;* * * * * * * * * * * * * * * * *读取温度程序* * * * * * * * * * * * * * * * * *
        DS18B20:SETB     DQ
                LCALL    REST                ;复位
                JB       FLAG,CWST           ;判断18B20是否存在
                RET
        CWST:   MOV      A,#0CCH             ;跳过ROM匹配
                LCALL    WRITE18B20          ;写入数据
                MOV      A,#44H              ;发出转换温度转换命令
                LCALL    WRITE18B20
```

```
        LCALL   REST
        MOV     A,#0CCH
        LCALL   WRITE18B20
        MOV     A,#0BEH          ;发出读温度命令
        LCALL   WRITE18B20
        LCALL   READ18B20        ;读16位温度数据
        RET
```

;＊＊＊＊＊＊＊＊＊＊＊＊＊＊＊18B20复位子程序＊＊＊＊＊＊＊＊＊＊＊＊＊＊＊＊＊

```
  REST:   SETB    DQ
          NOP
          CLR     DQ              ;下拉数据线
          MOV     R2,#250         ;主机发出延时500 μs的复位低脉冲
          DJNZ    R2,$
          SETB    DQ              ;拉高数据线
          MOV     R2,#80          ;延时60 μs等待DS18B20回应
  DS1:    JNB     DQ,ST1
          DJNZ    R2,DS1
          CLR     FLAG            ;FLAG=0,DS18B20不存在
          LJMP    ST2
  ST1:    SETB    FLAG            ;FLAG=1,DS18B20存在
          MOV     R2,#120
          DJNZ    R2,$
  ST2:    SETB    DQ
          RET
```

;＊＊＊＊＊＊＊＊＊＊＊＊＊＊＊DS18B20写程序＊＊＊＊＊＊＊＊＊＊＊＊＊＊＊＊＊＊＊

```
  WRITE18B20:
          MOV     B,#8
          CLR     C
  WR1:    CLR     DQ
          MOV     R3,#6
          DJNZ    R3,$
          RRC     A               ;移出数据送数据总线DQ
          MOV     DQ,C
          MOV     R3,#23
          DJNZ    R3,$
          SETB    DQ
          DJNZ    B,WR1
          SETB    DQ
          RET
```

;＊＊＊＊＊＊＊＊＊＊＊＊＊＊＊18B20读程序＊＊＊＊＊＊＊＊＊＊＊＊＊＊＊＊＊＊＊＊

```
  READ18B20:
          CLR     ET1
          CLR     EX0
          PUSH    ACC
```

```
            MOV     R2, #2
            MOV     R1, #7EH              ;温度低位存进 6EH,高位存进 6FH
    READ0:  MOV     B, #8
    READ1:  CLR     C
            SETB    DQ
            NOP
            NOP
            CLR     DQ
            NOP
            NOP
            NOP
            SETB    DQ
            MOV     R3, #7
            DJNZ    R3, $
            MOV     C, DQ                 ;读总线 DQ 数据
            MOV     R3, #23
            DJNZ    R3, $
            RRC     A                     ;数据依次移入 A
            DJNZ    B, READ1
            MOV     @ R1, A
            INC     R1
            DJNZ    R2, READ0
            POP     ACC
            SETB    ET1
            SETB    EX0
            RET
;* * * * * * * * * * * * * * *温度处理程序* * * * * * * * * * * * * * * * * * * *
    SJCHULI:MOV     A, 7EH
            ANL     A, #0FH
            MOV     3FH, A                ;温度小数存 3FH
            MOV     A, 7EH
            ANL     A, #0F0H
            SWAP    A
            MOV     7DH, A
    TEMPG:  MOV     A, 7FH
            ANL     A, #07H
            SWAP    A
            ORL     A, 7DH
            MOV     40H, A                ;温度整数存 40H
;* * * * * * * * * * * * * *温度转换为十进制程序* * * * * * * * * * * * * * * * *
SJICHULI2:  MOV     A, 3FH
            MOV     B, #06
            MUL     AB
            MOV     B, #10
```

```
            DIV     AB
            MOV     75H,A                    ;测量温度小数放 75H 显示单元
            MOV     A,40H
            MOV     B,#10
            DIV     AB
            MOV     73H,A                    ;测量温度高位放 73H 显示单元
            MOV     74H,B                    ;测量温度低位放 74H 显示单元
            MOV     A,58H
            MOV     B,#10
            DIV     AB
            MOV     70H,A                    ;设定温度高位放 70H 显示单元
            MOV     71H,B                    ;设定温度低位放 71H 显示单元
            JB      20H,SJ1
            MOV     56H,#00
    SJ1:    MOV     72H,56H                  ;PWM 参数放 72H 显示单元
;* * * * * * * * * * * * * * * * 温度比较程序 * * * * * * * * * * * * * * * * * * * *
    WDBIJ:  CLR     C
            MOV     A,58H
            SUBB    A,40H
            JNC     WD0
            MOV     A,#0
            SJMP    WD01
    WD0:    MOV     B,#10
            DIV     AB
            INC     A
    WD01:   MOV     56H,A                    ;PWM 脉宽参数
            MOV     A,#10
            CLR     C
            SUBB    A,56H
            MOV     57H,A                    ;PWM 脉冲间隔参数
            MOV     A,40H
            CJNE    A,59H,WD1
    WD1:    JC      WD2
            CLR     21H                      ;温度高于设定值标志位清 0
    WD2:    CJNE    A,5AH,WD3
    WD3:    JNC     WD4
            SETB    21H                      ;温度低于设定值标志位置 1
    WD4:    MOV     A,40H
            CLR     C
            SUBB    A,#85
    WD5:    JC      WD6
            SETB    P3.5                     ;打开风扇
            SJMP    WDBJCK
    WD6:    CLR     P3.5                     ;关闭风扇
```

```
    WDBJCK:  RET
;* * * * * * * * * * * * * * * * * * * * 延时* * * * * * * * * * * * * * * * * * * * * *
    DEY:     MOV     R7,#18
    DEY1:    MOV     R6,#30
             DJNZ    R6,$
             DJNZ    R7,DEY1
             RET
;* * * * * * * * * * * * * * * * * * * * 查表* * * * * * * * * * * * * * * * * * * * * *
    ;0,1,2,3,4,5,6,7,8,9,A,B,C,D,E,F,灭(10H),-(11H),L(12H),H(13H),°(14H)
    TAB0:    DB0C0H,0F9H,0A4H,0B0H,99H,92H,82H
             DB0F8H,80H,90H,88H,83H,0C6H,0A1H,86H,8EH,0FFH,0BFH,0C7H,89H,9CH
    KAICOM:  DB 01H,02H,04H,08H,10H,20H,40H,80H
    END
```

附录B 51单片机汇编语言指令表

51单片机汇编语言指令表见表B-1。

表 B-1 51 单片机汇编语言指令表

助 记 符		说 明	字节/B	周 期
MOV	A,Rn	寄存器送 A	1	1
MOV	A,data	直接字节送 A	2	1
MOV	A,@ Ri	间接 RAM 送 A	1	1
MOV	A,#data	立即数送 A	2	1
MOV	Rn,A	A 送寄存器	1	1
MOV	Rn,data	直接数送寄存器	2	2
MOV	Rn,#data	立即数送寄存器	2	1
MOV	data,A	A 送直接字节	2	1
MOV	data,Rn	寄存器送直接字节	2	1
MOV	data,data	直接字节送直接字节	3	2
MOV	data,@ Ri	间接 Rn 送直接字节	2	2
MOV	data,#data	立即数送直接字节	3	2
MOV	@ Ri,A	A 送间接 Rn	1	2
MOV	@ Ri,data	直接字节送间接 Rn	1	1
MOV	@ Ri,#data	立即数送间接 Rn	2	2
MOV	DPTR,#data16	16 位常数送数据指针	3	1
MOV	C,bit	直接位送进位位	2	1
MOV	bit,C	进位位送直接位	2	2
MOVC	A,@ A+DPTR	A+DPTR 寻址程序存储字节送 A	3	2
MOVC	A,@ A+PC	A+PC 寻址程序存储字节送 A	1	2
MOVX	A,@ Ri	外部数据送 A(8 位地址)	1	2
MOVX	A,@ DPTR	外部数据送 A(16 位地址)	1	2
MOVX	@ Ri,A	A 送外部数据(8 位地址)	1	2
MOVX	@ DPTR,A	A 送外部数据(16 位地址)	1	2
PUSH	data	直接字节进栈道,SP 加 1	2	2
POP	data	直接字节出栈,SP 减 1	2	2
XCH	A,Rn	寄存器与 A 交换	1	1
XCH	A,data	直接字节与 A 交换	2	1

续表

助 记 符		说　明	字节/B	周　期
XCH	A,@Ri	间接 Rn 与 A 交换	1	1
XCHD	A,@Ri	间接 Rn 与 A 低半字节交换	1	1
ANL	A,Rn	寄存器与到 A	1	1
ANL	A,data	直接字节与到 A	2	1
ANL	A,@Ri	间接 RAM 与到 A	1	1
ANL	A,#data	立即数与到 A	2	1
ANL	data,A	A 与到直接字节	2	1
ANL	data,#data	立即数与到直接字节	3	2
ANL	C,bit	直接位与到进位位	2	2
ANL	C,/bit	直接位的反码与到进位位	2	2
ORL	A,Rn	寄存器或到 A	1	1
ORL	A,data	直接字节或到 A	2	1
ORL	A,@Ri	间接 RAM 或到 A	1	1
ORL	A,#data	立即数或到 A	2	1
ORL	data,A	A 或到直接字节	2	1
ORL	data,#data	立即数或到直接字节	3	2
ORL	C,bit	直接位或到进位位	2	2
ORL	C,/bit	直接位的反码或到进位位	2	2
XRL	A,Rn	寄存器异或到 A	1	1
XRL	A,data	直接字节异或到 A	2	1
XRL	A,@Ri	间接 RAM 异或到 A	1	1
XRL	A,#data	立即数异或到 A	2	1
XRL	data,A	A 异或到直接字节	2	1
XRL	data,#data	立即数异或到直接字节	3	2
SETB	C	进位位置 1	1	1
SETB	bit	直接位置 1	2	1
CLR	A	A 清 0	1	1
CLR	C	进位位清 0	1	1
CLR	bit	直接位清 0	2	1
CPL	A	A 求反码	1	1
CPL	C	进位位取反	1	1
CPL	bit	直接位取反	2	1
RL	A	A 循环左移一位	1	1
RLC	A	A 带进位左移一位	1	1
RR	A	A 右移一位	1	1
RRC	A	A 带进位右移一位	1	1

助　记　符		说　　明	字节/B	周　期
SWAP	A	A 半字节交换	1	1
ADD	A, Rn	寄存器加到 A	1	1
ADD	A, data	直接字节加到 A	2	1
ADD	A, @ Ri	间接 RAM 加到 A	1	1
ADD	A, #data	立即数加到 A	2	1
ADDC	A, Rn	寄存器带进位加到 A	1	1
ADDC	A, data	直接字节带进位加到 A	2	1
ADDC	A, @ Ri	间接 RAM 带进位加到 A	1	1
ADDC	A, #data	立即数带进位加到 A	2	1
SUBB	A, Rn	从 A 中减去寄存器和进位	1	1
SUBB	A, data	从 A 中减去直接字节和进位	2	1
SUBB	A, @ Ri	从 A 中减去间接 RAM 和进位	1	1
SUBB	A, #data	从 A 中减去立即数和进位	2	1
INC	A	A 加 1	1	1
INC	Rn	寄存器加 1	1	1
INC	data	直接字节加 1	2	1
INC	@ Ri	间接 RAM 加 1	1	1
INC	DPTR	数据指针加 1	1	2
DEC	A	A 减 1	1	1
DEC	Rn	寄存器减 1	1	1
DEC	data	直接字节减 1	2	1
DEC	@ Ri	间接 RAM 减 1	1	1
MUL	AB	A 乘 B	1	4
DIV	AB	A 被 B 除	1	4
DA	A	A 十进制调整	1	1
AJMP	addr 11	绝对转移	2	2
LJMP	addr16	长转移	3	2
SJMP	rel	短转移	2	2
JMP	@ A+DPTR	相对于 DPTR 间接转移	1	2
JZ	rel	若 A=0,则转移	2	2
JNZ	rel	若 A≠0,则转移	2	2
JC	rel	若 C=1,则转移	2	2
JNC	rel	若 C≠1,则转移	2	2
JB	bit, rel	若直接位=1,则转移	3	2
JNB	bit, rel	若直接位=0,则转移	3	2
JBC	bit, rel	若直接位=1,则转移且清除	3	2

助 记 符	说 明	字节/B	周 期
CJNE　A,data,rel	直接数与 A 比较,不等转移	3	2
CJNE　A,#data,rel	立即数与 A 比较,不等转移	3	2
CJNE　@Ri,#data,rel	立即数与间接 RAM 比较,不等转移	3	2
CJNE　Rn,#data,rel	立即数与寄存器比较,不等转移	3	2
DJNZ　Rn,rel	寄存器减 1 不为 0 转移	2	2
DJNZ　data,rel	直接字节减 1 不为 0 转移	3	2
ACALL addr 11	绝对子程序调用	2	2
LCALL addr 16	子程序调用	3	2
RET	子程序调用返回	1	2
RETI	中断程序调用返回	1	2
NOP	空操作	1	1

附录C 图形符号对照表

图形符号对照表见表 C-1。

表 C-1 图形符号对照表

序号	名称	国家标准的画法	软件中的画法
1	二极管		
2	发光二极管		
3	晶体管		
4	接地		
5	晶振		
6	电解电容器		
7	按钮开关		
8	变压器		
9	光耦合器		
10	非门		
11	或非门		
12	与非门		

参 考 文 献

[1] 王文海．单片机应用与实践项目化教程[M]．北京:化学工业出版社,2010.

[2] 李萍．AT89S51 单片机原理、开发与应用实例[M]．北京:中国电力出版社,2008.

[3] 彭伟．单片机 C 语言程序设计实训 100 例[M]．北京:电子工业出版社,2012.

[4] 石长华．51 系列单片机项目实践[M]．北京:机械工业出版社,2010.

[5] 丁向荣,贾萍．单片机应用系统与开发技术[M]．北京:清华大学出版社,2009.

[6] 丁向荣．单片微机原理与接口技术[M]．北京:电子工业出版社,2012.

[7] 李全利．单片机原理与接口技术[M]．2 版．北京,高等教育出版社,2009.

[8] 王东峰,王会良,董冠强．单片机 C 语言应用 100 例[M]．北京:电子工业出版社,2009.

[9] 卢永芳．基于单片机控制的电热炉温控系统[J]．焦作大学学报．2010.

[10] 王金喜．一种智能型电动阀门控制系统的设计[J]．微特电机,2009.